INTRODUCTION À LA SOCIALISATION DE LA BIODIVERSITÉ

Essai sur les droits des communautés autochtones et locales dans la Convention sur la Diversité Biologique

Collection Etudes Eurafricaines
Dirigée par André Julien Mbem

Le Sahara et la Méditerranée, frontières entre l'Afrique et l'Europe, sont aussi des passerelles par lesquelles, depuis des siècles, au-delà des tragédies et des drames, se rapprochent et se remodèlent ces deux ensembles géographiques et leurs civilisations. La collection « Etudes Eurafricaines » encourage la diffusion d'études historiques et prospectives sur les symbioses dont cette partie du monde est l'antique théâtre.

Déjà parus

DUBINSKY Fira, *Le bassin du Congo. Plaidoyer pour la préservation du patrimoine naturel,* 2021.
NOUBISSI DOMGUIA Edmond, *L'impact du changement climatique sur le coût de l'eau potable. Une étude de cas dans la ville de Douala au Cameroun*, 2021.
DIARRA Rosalie, *La répression de la cybercriminalité en Afrique de l'Ouest*, 2021.
YAGO Souleymane, *Réflexion sur le vivre ensemble au Burkina Faso. Esquisse pour une éducation à la tolérance à l'école primaire,* 2021.
BABAGNACK Paul, *Les marchés financiers de l'Afrique centrale. Changements structurels et performances*, 2021.
AMOR NDJABO Monique, *Le handicap moteur dans la ville de Yaoundé. Trajectoires et expériences de vie*, 2021.
FOFANA Abdoulaye, *La direction du budget au Mali*, 2020.
KAGAMBEGA Marcel, *Le rôle des Etats africains dans l'encadrement juridique des migrations Sud-Nord et Sud-Sud*, 2020.
BOUSSOU Vivian, *De l'efficacité des mots et concepts dans la définition des politiques économiques. Etude du cas de la Côte d'Ivoire à travers une analyse des discours*, 2020.
OVOUNDAGA Marcy Delsione, *La télévision publique gabonaise et la construction d'une communauté nationale (1963-2014)*, 2020.
AMADOU ADAMOU Bachirou, *Le constitutionnalisme à l'épreuve de l'intégration dans l'espace CEDEAO. Contribution à l'étude de la protection des droits fondamentaux depuis l'ouverture démocratique en Afrique*, 2020.
FOFANA Abdoulaye, *La direction du budget au Mali. Instrument stratégique de prévision et d'exécution de la Loi des finances*, 2020.
KYALO-OCHIENG Nuru Koki, *Le langage du dessin d'actualité. Approche sémiotique*, 2020.
FOFANA Ibrahima Sory, *Mali : enjeux des mutations et des recompositions du foncier à Bamako*, 2020.

Patrice BIGOMBE LOGO

INTRODUCTION À LA SOCIALISATION DE LA BIODIVERSITÉ

Essai sur les droits des communautés autochtones et locales dans la Convention sur la Diversité Biologique

Préface de Marie-Claude SMOUTS

L'Harmattan

5-7, rue de l'École-Polytechnique, 75005 Paris

http://www.editions-harmattan.fr

ISBN : 978-2-343-22737-5
EAN : 9782343227375

DÉDICACE

À Madame Marie-Christine Cormier-Salem, géographe, chercheure à l'IRD et Monsieur Bernard Roussel, ethnobiologiste, professeur au Musée National d'Histoire Naturelle (MNHN), en France, pour leur action pionnière dans le monde scientifique francophone pour la reconnaissance et la valorisation des savoirs naturalistes locaux,

À la mémoire de mon père Logo Dang Dang Mathurin et de ma mère Gomoasse Ateba Marie Félicienne, qui ont tout donné pour notre être au monde et de mes grands frères Dang Dang Logo Théodore et Logo Logo Jean Emmanuel, disparus avant l'achèvement de cette réflexion,

Aux regrettés Célestin Modeste Bomba et Paul Dasse, juristes, respectivement, spécialistes du droit forestier et du droit de l'environnement, en reconnaissance d'une fructueuse et profonde amitié intellectuelle et à ma regrettée bien-aimée belle-sœur, Thérèse Manebou, épouse Dandjora, amoureuse du savoir, disparue avant d'avoir assouvi son infinie soif intellectuelle,

À mon épouse Alice Douanla et à mes enfants Laetitia, Daniel Aimé, Roxanne Marie Thérèse, Suzanne Divine, Sylvana, Leylande et Lauretta, pour leur chaleureuse affection et leur indéfectible soutien.

Au piroguier de l'aube qui reste serein et confiant,
Au fleuve têtu qui rêve, sans cesse, d'embrasser la mer,
Aux rêves ambitieux qui, en dépit de la tyrannie du temps
et des chemins escarpés de la vie, refusent de s'évanouir.

PRÉFACE

Par
Marie-Claude SMOUTS,
Directrice de recherche honoraire,
Centre National de la Recherche Scientifique,
Fondation Nationale des Sciences Politiques,
Professeur à l'Institut d'Études Politiques de Paris
(France)

Prises entre la « conservation forteresse » et la marchandisation triomphante des ressources biologiques, les communautés autochtones et locales[1] sont bien en peine de remplir le rôle de gardiens du patrimoine de la planète que leur assigne le discours international. L'essai de Patrice Bigombe Logo vient à point pour faire le bilan des droits reconnus à ces communautés, des mécanismes prévus pour leur application et des lacunes dans leur garantie effective, vingt et-huit (28) ans après la signature de la Convention sur la diversité biologique (CDB). La démonstration est rigoureuse, fondée sur une connaissance approfondie des négociations internationales et une analyse minutieuse des textes. À juste titre, l'auteur souligne les avancées considérables introduites non seulement par la Convention sur la diversité biologique, mais aussi par la combinaison des travaux de la Conférence des Parties de la CDB avec ceux du Groupe de travail des Nations Unies sur les peuples autochtones, des Congrès mondiaux sur les parcs naturels, de l'OIT, de l'UNESCO, des ONG, des Congrès scientifiques, etc. À travers son analyse des droits directs et indirects reconnus aux communautés autochtones et locales, Patrice Bigombe Logo établit judicieusement les liens entre l'article 3 de la CDB affirmant le droit souverain des États d'exploiter leurs propres ressources selon leur politique d'environnement, l'article 15 leur faisant obligation de mettre en place un système de partage juste et équitable des résultats de la

[1] « Trois cents millions d'individus qui sont le gardien de notre patrimoine », entretien du Secrétaire exécutif de la CDB avec *Objectif Terre,* Vol.8, numéro 2, juillet 2006, p.4.

recherche dans le domaine des ressources génétiques ainsi que des avantages résultant de l'utilisation des dites ressources, et l'article 8 j reconnaissant, pour la première fois dans un traité international, l'importance des connaissances, innovations et pratiques traditionnelles pour l'utilisation durable de la diversité biologique et demandant que le partage équitable des avantages qui en résultent soit « encouragé ».

Bien que les savoirs traditionnels ne soient pas visés par l'article 15 de la Convention, sur le plan théorique et politique, les connaissances, innovations et pratiques des communautés autochtones et locales font partie intégrante du régime international pour l'accès et le partage des avantages (APA) autour du protocole de Nagoya, selon les principes du consentement éclairé, préalable de la partie détentrice des ressources (PIC) et du partage juste et équitable des avantages selon des modalités mutuellement convenues. À la lecture de l'essai de Patrice Bigombe Logo, on voit combien cette incorporation des préoccupations relatives à l'APA de l'article 8j dans un débat mondial et général sur les règles d'investissement, de mise en marché et de commerce des ressources génétiques *in situ* est à double tranchant. Certes, elle peut inciter à ne pas oublier l'échelon local et communautaire dans les négociations sur les procédures d'obtention du PIC, à rechercher des procédures particulières pour l'accès aux connaissances traditionnelles et aux ressources biologiques qui leur sont associées. Logiquement, elle devrait conduire à poser en préalable à toute discussion sur les modalités d'accès aux ressources et de partage des avantages, la prise en compte des différentes conceptions de la propriété, non seulement selon les grands systèmes juridiques — droit écrit, *common law,* droit coutumier — mais selon les spécificités des systèmes sociaux qui peuvent coexister sur un même territoire avec des notions de propriété et de droits d'usage héritées de pratiques ancestrales n'ayant pas grand-chose à voir avec les droits de propriété du théorème de Coase. Or, faute d'avoir le temps, la capacité et la volonté d'intégrer des considérations de sciences sociales dans leurs préoccupations, les Parties risquent fort d'éluder les questions de respect, protection et utilisation durable des savoirs traditionnels, impossibles à codifier dans un corpus juridique global et standardisé, pour s'en tenir à des instruments empruntés aux traités commerciaux ou aux accords sur la protection intellectuelle, à des techniques éprouvées de longue date dans les pays industrialisés (brevets, systèmes de certificat d'origine) dans le souci premier de rentabiliser les projets liés à la biotechnologie et de préserver les possibilités d'exploitation de ressources génétiques potentiellement intéressantes pour l'industrie et la médecine. Là où les rapports avec la nature touchent au sacré, au symbolique, aux traditions ancestrales, on vient parler de systèmes d'information géographique, d'appellation d'origine, de certifications des produits pour valoriser les savoirs traditionnels !

Patrice Bigombe Logo souligne avec force cette sous-estimation « des liens culturels et anthropologiques que les communautés autochtones entretiennent avec la biodiversité » et la prédominance d'une *« lecture marchande des connaissances traditionnelles »*. Il montre comment cette prééminence de la logique commerciale *« limite la portée juridique et pratique des droits garantis aux communautés autochtones et locales »* et conduit à une formalisation *« étroite et parcellaire »* de ces droits : *« À l'évidence, l'approche des États qui consiste à ranger les populations autochtones et locales dans le statut de simples usagers et utilisateurs, et non de propriétaires et dépositaires légitimes des ressources de la biodiversité, même transcrite dans le droit international de l'environnement contemporain n'est pas durable [...]. Les droits des communautés autochtones et locales dans la gestion de la diversité biologique sont indissociables de leur culture, de leur identité et de leur statut »* (p.54). Pour fonder plus fermement ces droits, l'auteur estime que la question des droits de propriété de ces communautés sur les territoires qu'elles occupent et les ressources qui s'y trouvent doit être prise en considération et que leurs liens et leurs rapports historiques aux terres, milieux, ressources et patrimoines convoités doivent faire l'objet d'une reconnaissance étatique (p.66). Pour lui, une telle reconnaissance irait de pair avec le développement d'un pluralisme juridique, sur un mode « consociationiste » permettant la collaboration de sous-systèmes à l'intérieur des États dans la coexistence d'une pluralité de pratiques coutumières régissant la nature, et de ce fait, l'élargissement progressif du champ des droits des communautés autochtones et locales dans la conservation et l'utilisation durable de la biodiversité.

Ces deux propositions sont séduisantes, cependant, nous sommes de ceux qui pensent qu'il ne faut pas tout demander à la négociation intergouvernementale. D'abord pour des considérations écologiques :

lorsque le Secrétaire exécutif de la CDB, M. Ahmed Djoghlaf, a pris ses fonctions en janvier 2006, il a fait remarquer que, treize ans après son adoption, la CDB avait connu sept Conférences des Parties (2000 délégués chaque fois), 282 réunions, 192 décisions[2]. Depuis lors, le charme du Brésil aidant, la 8e Conférence des Parties a réuni 4000 délégués à Curitiba, et combien de réunions de comités et sous-comités se sont tenues, en 2006 et 2007, pour chacun des programmes mis en place, sur chaque thème de la CDB, pour chaque écosystème majeur, sans compter les programmes intersectoriels ? Est-il indispensable de continuer à polluer l'atmosphère en poursuivant cette ronde planétaire, d'un Comité Théodule « à-composition-ouverte-mais — limitée » à un autre Comité Théodule « *ad- hoc*— à-composition — non limitée » ? Beaucoup de ce qui occupe aujourd'hui quantité d'universitaires, experts et fonctionnaires gravitant autour de la CDB — établissement de répertoires sur l'état des connaissances et pratiques traditionnelles, construction d'indicateurs (!), portail électronique d'information, etc. — est pure excitation intellectuelle, du travail que les élites se donnent à elles — mêmes à grand renfort de billets d'avion et de frais de mission. Les diplomates n'en font guère usage, au mieux cette trépidation débouche-t-elle sur l'inscription d'un nouveau point à l'ordre du jour et l'ouverture d'un nouveau cycle de discussions pour au moins cinq ans.

Près de trois décennies après l'adoption de la Convention sur la diversité biologique, la 8e Conférence des Parties a déclaré qu'il était temps de passer à sa mise en œuvre et, pour ne pas prêter à sourire, les Parties ont exprimé *« ce désir très fort de passer à une étape supérieure du renforcement de la mise en œuvre »*[3]. S'agissant des communautés autochtones et locales, ce n'est pas de « mise en œuvre renforcée » qu'il s'agirait, mais bien d'esquisse de début de mise en œuvre. La CDB a deux fonctionnaires travaillant à temps plein sur le programme consacré à la protection des connaissances et pratiques traditionnelles des communautés autochtones et locales. Un organe subsidiaire de la Convention se consacre exclusivement à ce sujet. Un Groupe de travail sur l'article 8 j réunit périodiquement quelque quatre cent délégués de gouvernements (95 États représentés), de peuples autochtones et de

---

[2] *Ibid*, p.6

[3] *Ibid,* p.4, souligné par nous.

communautés locales, d'agences des Nations Unies, d'ONG, du monde des affaires et des milieux scientifiques, avec deux points majeurs à son ordre du jour : les modalités de la participation des communautés autochtones et locales aux travaux sur l'accès et le partage des avantages ; l'élaboration d'un code de conduite pour la protection des savoirs traditionnels.

Comme le montre le travail de Patrice Bigombe Logo, un nombre considérable d'instruments juridiques ont été mis en place. Aujourd'hui, les principes sont là, les lignes directrices ont été données, des mécanismes d'application ont été proposés, un régime international existe (ensemble de règles et procédures formelles et informelles auxquelles les acteurs peuvent se référer). Maintenant, il revient à l'ensemble des acteurs intéressés par la conservation des savoirs traditionnels et le partage des avantages tirés de ces connaissances de les mettre en pratique.

Pour ce faire, un renversement complet de problématique serait nécessaire qui ne saurait émaner de la discussion multilatérale telle qu'elle a été engagée. Comme le soulignent plusieurs auteurs sélectionnés dans la solide bibliographie de sciences sociales accompagnant cet essai, les stratégies de protection des savoirs traditionnels sont « octroyées » aux populations autochtones et locales, règlementées et imposées plutôt que négociées avec elles. Le respect de leurs connaissances et de leurs pratiques traditionnelles n'est pas considéré comme une fin en soi, mais, au mieux, comme un moyen pour conserver la biodiversité, au pire, un coût supplémentaire dont on préférerait ne pas s'acquitter. La fameuse « participation » se réduit le plus souvent à l'adhésion des populations à des objectifs définis en dehors d'elles, obtenus par des incitations diverses.[4] Le premier pas vers un respect des savoirs traditionnels serait l'association des populations qui les détiennent non seulement à la gestion des projets de conservation et d'utilisation durable, mais aux processus de décision sur des choix dont dépendent leur avenir et leur survie. Mais rares sont les États qui s'en soucient, plus rares encore ceux dont l'administration

---

[4] Voir Jacques Weber, « Pour une gestion sociale des ressources naturelles », p.79-105 in : Compagnon D. et Constantin F. (dir.), *administrer l'environnement en Afrique*, Paris, Karthala, 2000.

est équipée des compétences et moyens nécessaires ; quant aux grandes ONG de conservation de la biodiversité, elles sont de moins en moins enclines à financer et soutenir des représentants sur le terrain pour travailler avec des populations « pauvres » et « marginales » au prix d'efforts coûteux pour des résultats éparpillés et peu visibles. Un membre du Center for Native Land résume la situation dans un pamphlet féroce : *« le fait essentiel demeure que les peuples autochtones ne se sont jamais vus offrir la chance de concevoir et gérer leurs propres projets [...]. Même s'ils se gardent bien de le dire ouvertement, de nombreux conservationnistes adoptent une attitude signifiant que vu que ce sont eux qui ont l'argent, ce sont eux qui prennent les décisions »*[5].

Autre limite du droit international : à supposer que l'on procède à un renversement de problématique et que l'on parte des besoins et aspirations des populations pour protéger les savoirs traditionnels au lieu de considérer les peuples autochtones comme des instruments pour la conservation de molécules éventuellement susceptibles d'intéresser un jour l'industrie et les groupes pharmaceutiques ; à supposer aussi que ces peuples expriment librement leurs souhaits quant aux modalités d'utilisation de leurs connaissances, l'intervention de l'État sera, de toute façon, nécessaire pour réguler l'accès aux ressources, veiller à l'application des règles de prospection et d'exploitation ainsi qu'au respect des principes de l'APA établis par la CDB et le protocole de Nagoya. Il est illusoire de penser que cette tâche particulièrement complexe puisse être assurée par le seul pays d'origine. La question dépasse le cadre communautaire et national. Elle implique *« l'ensemble d'une filière économique dont les acteurs, très hétérogènes, ne partagent pas forcément les mêmes valeurs. De plus, les éventuels bénéfices sont souvent accaparés par quelques élites au détriment du plus grand nombre. Les mécanismes locaux de redistribution des bénéfices doivent donc aussi être pris en compte »*[6]. Dans ce jeu de rapport de force très déséquilibré qui se déploie à différents niveaux,

---

[5] Mac Chapin, « Le défi indigène », *Courrier de la planète*, numéro 75, janvier-mars 2005, p.32-33.

[6] *Des espaces protégés pour concilier conservation de la biodiversité et développement durable. Fondements et recommandations d'une stratégie de coopération pour la gestion des espaces protégés,* Paris, Les cahiers de l'IFB, 2003, p.34.

l'aide internationale peut aider au « renforcement des capacités » à l'échelle locale et nationale, à l'établissement de législations appropriées et cohérentes, à l'engagement des gouvernements dans une stratégie nationale de respect des savoirs traditionnels conformément aux principes généraux de la CDB et du protocole de Nagoya. Des mécanismes de contrôle international basés sur la technique du *name and shame* peuvent être mis en place en collaboration avec les grandes ONG. Mais aucun texte standard ne saurait de façon effective énoncer *a priori* et de façon universelle les droits des communautés autochtones et locales sur les terres et les ressources biologiques.

Patrice Bigombe Logo note avec raison la « formalisation parcellaire » de ces droits. Il est peu probable qu'à l'échelle mondiale, on puisse aller beaucoup plus loin que ce qui a été fait. S'engager dans la définition internationale d'un « statut » juridique des communautés autochtones et locales, trancher sur le point de savoir si elles sont « propriétaires », « locataires » ou « usagers » des ressources de la nature qui les entoure et où elles vivent depuis des millénaires (p.66) serait le genre d'entreprise dont les *aficionados* des arènes multilatérales sont friands : l'ONU a mis quarante ans à définir l'agression ; la FAO a mis deux fois dix ans pour donner deux définitions différentes de la forêt ; la définition d'un statut international des droits de propriété des peuples autochtones permettrait des décennies de réunions sympathiques et de vols long-courriers. Mais, si résultats il y avait, probablement seraient-ils inadéquats.

Il est vrai que la première préoccupation des peuples autochtones est de voir reconnus leurs droits d'usage et de propriété sur leurs terres et leurs ressources selon leurs coutumes ancestrales. Mais la propriété n'a pas pour tous la même définition ni le même contenu. Rarement s'agit-il de possession du sol et de propriété immobilière. Rarement s'agit-il de propriété individuelle. Le vœu des communautés locales n'est pas de « posséder », mais de continuer à utiliser leur territoire et ses ressources pour survivre, tout simplement. Transcrire en droits de propriété, au sens où l'entendent l'Organisation mondiale du commerce, l'Organisation mondiale de la propriété intellectuelle et les grandes firmes juridiques américaines, la nature collective des savoirs traditionnels et leur lien étroit, justement souligné par Patrice Bigombe Logo, avec la dimension religieuse, sociale et culturelle des relations avec la nature, serait un non-sens. Compte tenu de la culture juridique dominante sur la scène internationale, c'est pourtant à ce résultat contradictoire qu'aboutirait inéluctablement la négociation.

La solution prometteuse se trouve plutôt dans la reconnaissance du pluralisme juridique prônée par Patrice Bigombe Logo. *De facto,* ce pluralisme existe déjà : sur le même territoire se chevauchent des règles édictées par l'État et des règles coutumières, des droits d'usage individuels et des droits d'usage collectifs, des pratiques traditionnelles d'échanges entre des communautés différentes, des espaces sacrés pour les uns et non pour les autres. En revanche, la « consociation » qui a pu assurer la coexistence d'espaces sociaux différents sur une même terre pendant des siècles s'est trouvée bouleversée par l'irruption de l'économie mondialisée : l'apparition de nouvelles productions agricoles, de nouvelles pratiques d'échange, de nouvelles catégories laborieuses a ébranlé les fondements des systèmes sociaux autochtones, lorsqu'elle n'a pas conduit à des déplacements forcés et à la prolétarisation. Aux jeux sociaux traditionnels sont venues s'ajouter et se combiner de nouvelles règles organisant l'accès aux ressources et à leur utilisation[7]. Dans ce paysage en recomposition, la réalisation des objectifs de l'article 8j appelle de nouvelles formes de gouvernance pour assurer les deux préalables à toute gestion « consociationnelle » des ressources biologiques : la sécurisation foncière, la sécurisation des droits d'usage et d'accès.[8] L'élaboration de lignes directrices et codes de conduite internationaux peut aider à rappeler aux gouvernements et acteurs extérieurs la nécessité de prendre en compte les représentations et valeurs symboliques dans cette démarche d'identification et d'attestation. De même, peut-elle rappeler la nécessité de s'appuyer sur le fonctionnement des institutions locales telles qu'elles existent, sans « forçage », et l'aide internationale peut-elle faciliter le travail d'ingénierie sociale nécessaire pour que les peuples autochtones et les populations locales arrivent à exprimer leurs besoins et leurs objectifs à long terme, à dialoguer avec la nuée d'acteurs extérieurs s'abattant sur leurs territoires : experts, fonctionnaires, prospecteurs, ONG, etc.

---

[7] Voir Winter G. (coord), *Inégalités et politiques publiques en Afrique. Pluralité de normes et de jeux d'acteurs »,* Paris, Karthala-IRD, 2001 et Copans, Jean, *Développement mondial et sociétés contemporaines,* Paris, Armand Colin, 2006, chapitre 3.

[8] Sur ces points, voir Jacques Weber, art. cit., p.87, p.97.

Pour paraphraser une formule bien connue, la gestion de la protection et de la valorisation des savoirs traditionnels est d'abord la gestion des conflits autour de ces savoirs. La diversité des situations locales impose une diversité des dispositifs. Des procédures de négociation, de contractualisation, de résolution des conflits par des techniques de « médiation patrimoniale » commencent à être expérimentées qui, chacune, engendre une histoire particulière. Cet essai nous rappelle que, s'il vaut la peine de se battre pour que la CDB soit autre chose qu'une instance visant à favoriser le commerce des ressources biologiques et pour qu'elle encourage des modes de gouvernance associant la protection et la valorisation des savoirs locaux dans une politique de gestion du territoire et de développement global, il faut se garder de toute vision homogénéisante. La biodiversité est aussi culturelle. Chaque communauté se trouve dans une situation spécifique, porteuse d'exigences particulières (bien que semblables) liées à des représentations de la société et de la nature variées à l'infini. Et c'est précisément cela qu'il s'agit de protéger et de transmettre.

INTRODUCTION GÉNÉRALE

« La tâche n'est point de contempler ce que nul n'a encore contemplé ; mais de méditer comme personne n'a encore médité sur ce que tout le monde a devant les yeux » (SCHOPENHAUER [Arthur], cité par GRAWITZ [Madeleine] ; Méthodes des Sciences Sociales, 7e édition, Paris, Dalloz, 1986, p.359)

« Si ces sociétés traditionnelles ont vécu jusqu'à présent au sein d'une nature que nous, Occidentaux, pouvons juger hostile, c'est essentiellement grâce aux savoirs et savoir-faire naturalistes qu'elles ont accumulés depuis des millénaires et dont nous reconnaissons aujourd'hui la valeur intrinsèque » (SCHEPS (Ruth); La Science Sauvage. Des savoirs populaires aux ethnosciences, Paris, Seuil, mai 1993, p.9)

« À moins que les droits de tenure de la terre des populations y résidant de longue date ne soient respectés, et qu'une partie des profits économiques provenant de la création des aires protégées ne revienne directement aux communautés qui vivent à l'intérieur ou à proximité de ces aires, il est peu probable que les réserves naturelles puissent durer. Les communautés locales doivent également être impliquées dans le projet et la démarcation des frontières des réserves. Enfin, et c'est le point le plus important, leurs traditions doivent être respectées. » (KEMF Elizabeth, cité par COLCHESTER [Marcus] ; Nature sauvage, nature sauvée. Peuples autochtones, aires protégées et conservation de la biodiversité, Moreton-in-Marsch, Forest Peoples Programme, 2003, p. 123.).

SECTION I : ÉPISTÉMOLOGIE DE L'ÉTUDE DES DROITS DES COMMUNAUTÉS AUTOCHTONES ET LOCALES DANS LA CONVENTION SUR LA DIVERSITÉ BIOLOGIQUE[9]

La socialisation de la biodiversité, par la reconnaissance de l'importance du capital humain et des savoirs traditionnels et locaux dans la conservation et l'utilisation durable de la biodiversité, est d'actualité dans le champ de la gestion environnementale[10]. L'analyse de son contenu, de son étendue et de sa portée interpelle le juriste et le politiste à un double titre. D'une part, elle marque une certaine

---

[9] La réalisation de ce travail a bénéficié de l'aide et du concours de plusieurs personnes. Aussi je tiens à leur exprimer ma profonde gratitude. Il s'agit du professeur Jean-Marc LAVIEILLE, maître de conférences de droit public à la Faculté de Droit et des Sciences Economiques de l'Université de Limoges et François PELLISSON, coordinateur de la formation en Master de droit international et comparé de l'environnement qui m'ont inspiré, Messieurs Marcel DJAMA, anthropologue, Alain KARSENTY, économiste, chercheur au Centre de coopération internationale en recherche agronomique pour le développement (CIRAD) et le professeur Alain ONDOUA, agrégé des Facultés de droit, Université de Limoges, pour leur appui en documentation et l'orientation vers les spécialistes francophones d'étude des savoirs locaux et naturalistes, Stéphane GUENAU, chercheur au CIRAD et à l'Institut du développement durable et des relations internationales (IDDRI) et Madame Aurélie BINOT, chercheuse au CIRAD, Montpellier, qui m'ont invité au colloque sur « Conservation de la biodiversité et valorisation des biens et services environnementaux de la forêt tropicale : quelle approche Française ? », tenu à Paris, le 16 décembre 2004.
Je suis aussi reconnaissant à Mesdames Isabelle SCHULTE-TENCKHOFF, professeur à l'Institut des Hautes Études Internationales et du Développement (IHEID) de l'Université de Genève en Suisse, Marie-Claude SMOUTS, politiste, directrice de recherche au CNRS, professeur à l'Institut d'Études Politiques de Paris, Véronique Daou JOIRIS, Chargée de cours à l'Université Libre de Bruxelles, Centre d'Anthropologie Culturelle et Kalioppi ANGO ELA, géographe, directrice de la Fondation Paul ANGO ELA pour la géopolitique en Afrique centrale, pour l'orientation bibliographique, à Mademoiselle Marie Madeleine BASSALANG, Assistante au Programme Cameroun du Fonds Mondial pour la Nature (WWF) à Yaoundé, pour la fructueuse collaboration intellectuelle, mon épouse Alice DOUANLA BIGOMBE, assistante au CERAD et à mon ami Michel TEMTSA, pour l'appui technique à la réalisation de cet essai.

[10] COMPAGNON (Daniel) et RODARY (Estienne) (dir.) ; Les Politiques de la biodiversité, Paris, Presses de Sciences Po, 2017, 253 pages et THOMAS (Frédéric) et BOISVERT (Valérie) (dir.) ; Le Pouvoir de la biodiversité. Néolibéralisation de la nature dans les pays émergents, Marseille et Versailles, IRD et éditions QUAE, 2015, 295 pages.

évolution, et même une rupture, avec les idéologies autoritaires de gestion environnementale et, d'autre part, elle consacre une ouverture souhaitée et encouragée d'affirmation et de garantie des droits des populations autochtones et locales dans la conservation et la gestion durable de la biodiversité[11].

La Convention sur la diversité biologique est le cadre d'expression de cette nouvelle dynamique. Elle occupe dorénavant une place cardinale dans le droit international de la conservation de la nature[12] et, en son sein, l'intérêt pour les savoirs naturalistes locaux et la prise en compte des droits des communautés autochtones et locales va, sans cesse, grandissant[13]. L'unanimité semble maintenant établie sur l'utilité de ces savoirs, la pertinence de l'action séculaire des communautés autochtones et locales dans la préservation des écosystèmes et

[11] NÈGRE (Céline) (dir.) ; La Convention internationale sur la biodiversité. Enjeux de la mise en œuvre, Paris, La Documentation Française, 2010, 235 pages, AUBERTIN (Catherine), PINTON (Florence) et BOISVERT (Valérie) (dir.) ; Les marchés de la biodiversité, Paris, IRD éditions, 2007, pp. 13-20 ; YILDIZ AUMEERUDDY (Thomas) et DE GARINE (Éric) ; « Savoirs locaux : contraintes et opportunités », in Notes Techniques des Réserves de Biosphère : Entre l'Homme et la nature, une démarche pour des relations durables, Paris, UNESCO, Programme sur l'Homme et la biosphère, numéro 3, 2008, pp. 61-64 ; PBERARD (Laurence), CERARRA (Marie), DJAMA (Marcel) et alii ; savoirs et savoir-faire naturalistes locaux : l'originalité française, Paris, IDDRI, 2005, pp. 5-10 ; BUTTOUD (Gérard) ; « Faire vivre la forêt tropicale. Les communautés, passage obligé », in Le Courrier de la Planète, numéro 35, juillet-août 1996, p. 25 ; LEWIS (Jérôme), FREEMAN (Luke) et BORRREILL (Sophie) ; Le consentement libre, informé et préalable et la gestion forestière durable dans le Bassin du Congo. Une étude de faisabilité sur la mise en œuvre des Principes 2 et 3 du FSC dans le Bassin du Congo menée en République Démocratique du Congo, en République du Congo et au Gabon, Berne, Intercoopération et Société pour les peuples menacés, septembre 2008, 69 pages.

[12] DOUMBE BILLE (Stéphane) ; « Le cadre juridique international relatif aux forêts. État de développement », in CORNU (Marie) et FROMEGEAU (Jérôme) (dir.) ; Le droit de la forêt au XXIe siècle. Aspects internationaux, Paris, L'Harmattan, 2004, p.133.

[13] CORMIER-SALEM (Marie-Christine) et ROUSSEL (Bertrand) ; « Patrimoines et savoirs naturalistes locaux », in MARTIN (Jean-Yves) (dir.) ; développement durable ? Doctrines, pratiques, évaluations, Paris, IRD, 2002, p.125 ; IGOE (Jim) ; « Meauring the costs and benefits of conservation to local communities », in Journal of Ecological Anthropology, Volume 10, 2006, p.72; SADELEER (Nicolas de) et BORN (Charles-Hubert) ; Droit international et communautaire de la biodiversité, Paris, Dalloz, 2004, pp. 110-111.

l'incontournable nécessité de leur intégration dans la gestion de la biodiversité[14]. Comme le souligne Laurence TUBIANA, avec la Convention sur la diversité biologique, *« les communautés autochtones et locales ont ainsi trouvé, dans les enceintes internationales, un espace pour négocier la défense de leurs modes de vie, de leurs savoirs et de leurs droits sur l'espace comme une condition de leur contribution au bien commun et au développement durable »*[15].

Longtemps ignorés, marginalisés et méprisés dans les politiques et les pratiques de gestion de la biodiversité, les droits des populations locales et autochtones et les savoirs naturalistes locaux sont présentés aujourd'hui comme le socle de la conservation et de l'utilisation de la biodiversité. Ils sont même devenus des concepts inévitables dans les discours écologiquement corrects. Pourtant, la référence aux savoirs et pratiques traditionnels est bien fort ancienne dans les travaux des sciences de la nature et de la société[16]. C'est à l'évidence aux anthropologues et aux ethnographes que la science doit les travaux fondateurs sur cette question[17]. Ils ont mis un accent particulier sur l'inventaire et l'analyse des ressources et des connaissances indigènes, dans un double souci de caractérisation des cultures indigènes étudiées

---

[14] BAHUCHET (Serge), GRENAND (Françoise), DE MARET (Pierre) et GRENAND (Pierre) ; Forêts des tropiques, forêts anthropiques. Sociodiversité, biodiversité. Guide pratique, Bruxelles, APFT, 2000, pp. 5-10 ; MARCUS (Colchester) ; Nature sauvage, nature sauvée, op. cit., pp. 123-128 ; Forest Peoples Programme ; Indigenous Peoples and the decisions of the Convention on Biological Diversity. À Guide, Moreton-in-Marsch, 2004, 12 pages ; Union Mondiale pour la Nature ; Accord de Durban, 17 septembre 2003, p. 4 et Recommandations finales du Vème Congrès Mondial des Parcs sur les populations autochtones et les aires protégées, Durban, 2003, pp. 67 — 70. Toutefois, dans le bassin du Congo, deuxième massif forestier du monde après l'Amazonie, l'acceptation de cette évolution et le changement concomitant des pratiques de gouvernance forestière tardent à prendre corps. Le travail entamé en ce moment par la COMIFAC, pour l'harmonisation des politiques forestières de cette région, permettra, à terme, de répondre à cette préoccupation.

[15] TUBIANA (Laurence) ; « Les savoirs naturalistes locaux, une question globale », in BERARD (Laurence), CEGARRA (Marie) et alii ; biodiversité et savoirs naturalistes locaux en France, Paris, CIRAD-IDDRI-IFB-INRA, 2005, pp. 7-8.

[16] AUBERTIN (C.) ; « La biodiversité : un problème d'environnement global », in Natures, Sciences et Sociétés, volume 6, numéros et 2, 1998.

[17] BARRAU (J.) ; « Les savoirs naturalistes et la naissance de l'ethnoscience », in SHEPS (Ruth) ; La Science sauvage, op. cit., pp. 15-17.

et de valorisation de ces savoirs pour les besoins des métropoles. C'est progressivement dans ce contexte que s'est développé le concept de « cultures indigènes »[18]. Mais, dans la pratique, c'est dans le champ du développement que la nécessité de considérer et d'intégrer les savoirs locaux va prendre une nette ampleur. Dans le monde francophone, le retentissant colloque de Ouagadougou au Burkina Faso, en 1979, constitue un tournant décisif. Il a eu le mérite de révéler la pertinence et la profondeur de la maîtrise technique paysanne, la flexibilité et l'adaptabilité de leurs systèmes d'exploitation et la forte capacité d'innovation des communautés autochtones et locales. Les chercheurs du Nord et du Sud vont commencer à prendre au sérieux les réponses locales aux projets et programmes de développement. Une liaison forte entre pratiques indigènes et développement durable va être établie et les techniques, logiques et stratégies des acteurs locaux seront l'objet d'attention soutenue des chercheurs et praticiens du développement.

Des voix de référence vont s'élever pour promouvoir et valoriser les capacités innovantes et les savoirs des sociétés indigènes dans la construction du développement[19]. Les halieutes préoccupés par la gestion rationnelle des ressources et la mise en valeur des espaces ne seront pas en reste[20]. De ces approches vont naître et se répandre les nouvelles dynamiques de gestion participative des ressources de la nature, avec, en toile de fond, le souci, à la fois, de garantir les droits d'accès des populations autochtones et locales aux ressources de la nature et aux bénéfices de leur exploitation et de reconnaître leurs cultures et leurs savoirs[21]. Dans cette dynamique, la gestion participative sera progressivement érigée en principe directeur des politiques de développement durable. Les institutions internationales, les agences de développement et les bailleurs de fonds vont tenir pour

[18] FRIEDBERG (Claudine) ; « Les droits de propriété intellectuelle : le point de vue d'une anthropologue », in Natures, Sciences, Sociétés, volume 7, numéro 3, pp. 45-52.

[19] DUPRE (G.) ; savoirs paysans et développement, Paris, Karthala/Orstom, 1991, 526 pages.

[20] CHAUVEAU (Jean-Pierre), EYOLF JUL-LARSEN et CHABOUD (Christian) (dir.) ; Les pêches piroguières en Afrique de l'Ouest. Pouvoirs, mobilités, marchés, Paris, CMI-IRD-Karthala, 2000.

[21] JOIRIS (Daou Véronique) ; « La gestion participative et le développement intégré des aires protégées », in Les Peuples des forêts tropicales aujourd'hui. Volume II : Approche thématique, Bruxelles, APFT, 2000, pp. 489-492.

évident que la réussite des projets de développement durable passe inexorablement par la participation effective des populations autochtones et locales et la reconnaissance de leurs savoirs et pratiques. Elles sont considérées comme des alternatives théoriques et pratiques aux modèles classiques de développement.

Ces évolutions ont trouvé un écho dans le champ de la protection de la nature en 1988, au congrès scientifique international de la Société Internationale d'Ethnobiologie. À l'issue de ses travaux, l'association scientifique publie une déclaration, dite « Déclaration de Belém », dans laquelle les ethnobiologistes s'alarment de la disparition des forêts tropicales et des écosystèmes fragiles, de l'extinction grandissante des espèces végétales et animales utiles à la biodiversité et de la destruction croissante des cultures autochtones et locales dans le monde. Les ethnobiologistes recommandent *« que tous les autres droits inaliénables leur soient reconnus et garantis, y compris l'identité culturelle et linguistique »* et *« que des mécanismes soient établis afin que les peuples autochtones soient indemnisés pour l'utilisation qui est faite de leurs connaissances et de leurs ressources biologiques »*[22]. Deux ans plus tard, au congrès de Kunning, en Chine, les membres de la Société Internationale de l'Ethnobiologie vont adopter un plan d'action mondial demandant que des mesures soient prises pour faire face à l'érosion vertigineuse de la biodiversité.

Ils vont mettre en place une coalition mondiale pour la diversité bioculturelle *« en vue d'amener les peuples autochtones, les organisations scientifiques et les groupes écologistes à travailler ensemble à la mise en œuvre d'une stratégie énergique portant sur l'utilisation des connaissances traditionnelles, la participation des populations locales à la réalisation des stratégies de conservation et de développement, et l'application de nouveaux modèles de conservation axés sur les populations »*[23].

---

[22] POSEY (D. A.) et DUTFIELD (Graham) ; Le marché mondial de la propriété intellectuelle, Genève, Fonds Mondial pour la Nature, 1997.
[23] POSEY (D. A.) et DUTFIELD (Graham) ; Le marché mondial de la propriété intellectuelle, ibidem.

C'est cette coalition mondiale qui va porter le problème des droits des populations autochtones et locales et des savoirs traditionnels sur la scène internationale lors des négociations de Rio dans le cadre de la garantie des droits de propriété intellectuelle (DPI), en jeu dans l'utilisation de la biodiversité[24]. L'affirmation de la nécessité de respecter les droits des communautés autochtones et locales et d'intégrer les savoirs locaux dans la conservation et l'utilisation durable de la biodiversité va transparaître dans la stratégie mondiale pour la biodiversité et sera officialisée dans le préambule et le dispositif de la Convention sur la diversité biologique, signée le 5 juin 1992, au Sommet de la Terre, à Rio de Janeiro, au Brésil[25].

Le préambule reconnaît *« qu'un grand nombre de communautés locales et de populations autochtones dépendent étroitement et traditionnellement des ressources biologiques sur lesquelles sont fondées leurs traditions et qu'il est souhaitable d'assurer le partage équitable des avantages découlant de l'utilisation des connaissances, innovations et pratiques traditionnelles intéressant la conservation de la diversité biologique et l'utilisation durable de ses éléments »*[26]. Les articles 8 (j), 10 (c) et (d) et 14 (a) explicitent les droits reconnus aux populations autochtones et locales et la nécessité de la préservation, du maintien et de la valorisation des *« connaissances, innovations et pratiques »* autochtones et locales et *« le partage équitable des avantages »* découlant de leur utilisation. C'est l'une des principales originalités de la Convention sur la diversité biologique.

En effet, dans la galaxie des normes de droit international de l'environnement, la Convention sur la diversité biologique est l'instrument juridique fondamental qui reconnaît les droits des

[24] IDDRI ; « Naissance et dynamique de la question de la conservation des savoirs et savoir-faire des communautés autochtones et locales », document préparatoire de l'atelier organisé par l'IDDRI et l'Institut Français de Biodiversité, sur « La protection des savoirs locaux : des expériences africaines et européennes », avril 2002, p. 4.

[25] WRI, UICN, PNUE ; Global Biodiversity Strategy. Guidelines for Action to save, study and use Earth's Biotic Wealth sustainably and equitably, Washington, WRI, 1992, 185 page, CORMIER-SAMEL (Marie-Christine) et ROUSSEL (Bertrand); « Patrimoines et savoirs naturalistes locaux », in MARTIN (Jean-Yves) (dir.) ; développement durable ? Doctrines, pratiques, évaluations, op. cit., p. 131.

[26] Paragraphe 12 du préambule de la Convention sur la diversité biologique de 1992.

communautés autochtones et locales et l'importance des connaissances, innovations et pratiques locales dans la conservation et la gestion durable de la biodiversité. À la suite du programme Homme et Biosphère de l'UNESCO, elle installe l'Homme dans le champ de la conservation de la biodiversité et reconnaît ses connaissances, ses innovations et ses pratiques comme des outils d'utilisation et de gestion de la biodiversité et des objets de la conservation, faisant partie intégrante des patrimoines à sauvegarder, à valoriser au même titre que tous les autres éléments de la biodiversité et à en partager équitablement les bénéfices et avantages[27]. Sans vouloir aborder toutes les questions relatives à la reconnaissance des droits des communautés autochtones et locales et de leurs savoirs dans la conservation et la gestion durable de la biodiversité, cet essai se propose d'analyser le contenu et l'étendue des droits ainsi reconnus et d'interroger leur portée réelle au regard des enjeux politiques, économiques, sociaux, anthropologiques et culturels que soulève la problématique de la gestion de la biodiversité dans le temps mondial actuel, dominé, entre autres, par l'écocentrisme, le productivisme et le libéralisme[28]. Cette aventure ne peut être conduite de façon plus ou moins heureuse qu'à la suite d'une fondation conceptuelle (SECTION I) et méthodologique (SECTION II).

SECTION II : LES NOTIONS DE « DROITS » ET DE « COMMUNAUTÉS AUTOCHTONES ET LOCALES » DANS LA CONVENTION SUR LA DIVERSITÉ BIOLOGIQUE

Le rituel de la clarification conceptuelle est un impératif analytique. Toute réflexion scientifique commence par la définition des concepts, afin que l'on sache bien de quoi il est question et le sens qui est donné aux mots utilisés. Le concept de « droits » sera clarifié et ceux de « communautés autochtones et locales » et de « connaissances, innovations et pratiques » explicités.

[27] BERARD (Laurence), CERARRA (Marie), DJAMA (Marcel) et alii ; savoirs et savoir-faire naturalistes locaux : l'originalité française, op. cit. pp. 8-9, LAVIEILLE (Jean-Marc) ; Droit international de l'environnement, Paris, Ellipses, 2004, p. 151.
[28] Sur le poids et la responsabilité du productivisme dans les errances de la mémoire environnementaliste, lire LAVIEILLE (Jean-Marc) ; ibidem, pp. 42-51.

Paragraphe I : La notion de « droits » des communautés autochtones et locales dans la gestion de la diversité biologique

La notion de « droits » revêt un contenu à la fois large et restrictif lorsqu'on aborde la problématique de la gestion des ressources naturelles en général et des ressources biologiques en particulier.

A- L'approche large de la notion de « droits des communautés autochtones et locales » dans la gestion de la biodiversité

Il n'existe pas de définition explicite unanimement partagée de la notion de « droits des communautés autochtones et locales » dans la gestion de la biodiversité. Pourtant, elle est régulièrement et couramment utilisée. Néanmoins, à partir de certaines études, plus ou moins récentes, on peut essayer d'en suggérer un sens[29]. Il faut distinguer deux approches de définition : l'approche fondée sur la coutume, c'est-à-dire le corps de règles qui régissent l'organisation et le fonctionnement des communautés villageoises et celle basée sur le droit positif, c'est-à-dire, le droit moderne ou le droit de l'État.

Au plan coutumier, les « droits des communautés autochtones et locales » peuvent être définis comme l'ensemble des prérogatives d'accès, de contrôle et de jouissance des ressources de la biodiversité garantis par la nature et l'histoire aux populations autochtones et locales dans leur milieu de vie. Ils recouvrent, à la fois, le droit de propriété sur les ressources de leur milieu et de leur terroir et la jouissance des bénéfices politiques, sociaux, culturels et économiques issus de leur exploitation. Ils sont consacrés et garantis par les coutumes et les pratiques indigènes. Ils relèvent du droit coutumier, c'est-à-dire des règles acceptées comme des exigences de conduite obligatoires, des pratiques et des croyances enracinées dans les systèmes sociaux indigènes qui les considèrent comme des lois[30]. Ils s'inscrivent dans une

---

[29] BOMBA (Célestin Modeste) et BIGOMBE LOGO (Patrice) ; « Les droits des populations dans la législation forestière camerounaise. Quels acquis ? Quelles insuffisances ? », in Bulletin Arbres, Forêts et Communautés Rurales, numéro 22, spécial Gestion participative des ressources naturelles dans le Bassin du Congo, décembre 2001, pp. 47-62 ;

[30] Décision de la 7e Conférence des Parties à la Convention sur la Diversité Biologique, PNUE, COP/7/21, 2002, p. 299

logique, à la fois, politique, sociale, culturelle et économique. Dans cette perspective, l'accès ou l'appropriation des ressources est une entreprise d'affirmation identitaire et un moyen de lutte pour la survie. En matière de gestion des forêts, par exemple, la consécration des droits des populations autochtones et locales a une base anthropologique et économique. Dans leur vie, la forêt et ses ressources assument une double fonction : matérielle et spirituelle. En tant que support de leurs activités matérielles, la forêt est utilisée de façon alternative pour l'agriculture, la chasse, la pêche et de façon marginale, pour l'élevage. Elles constituent de ce point de vue l'un des facteurs importants de la production économique, de la sécurité alimentaire et, dans une certaine mesure, de la génération des revenus. Et, en tant que support de leurs activités spirituelles, trait d'union entre les vivants et les morts, elles sont utilisées comme moyen et lieu d'accomplissement des rites et des traditions, de la vie religieuse des habitants. Ces deux dimensions, que l'on ne peut séparer, font davantage de la forêt un espace humanisé qu'une simple réserve de bois d'œuvre et d'autres ressources marchandes. Les usages de la forêt par les « Pygmées » d'Afrique centrale s'inscrivent dans cette logique.

Sur le plan du droit positif, les « droits des communautés autochtones et locales » renvoient à l'ensemble des usages et des pouvoirs concédés et des bénéfices attribués par la législation et la règlementation de l'État aux populations autochtones et locales dans la gestion de la biodiversité. Ce sont des droits acquis par la volonté de la puissance publique. Ils sont règlementés et codifiés. Dans cette logique, ils sont situés et difficilement généralisables. Chaque État concédant à ses populations autochtones et locales que la quantité et la qualité des droits susceptibles de garantir, même de manière subtile, la permanence du pouvoir étatique sur les ressources de la biodiversité.

Cette conception, influencée par la construction étatiste des droits, se rapproche plus de l'approche restrictive, entérinée dans la Convention.

B. L'approche restrictive de la notion de « droits des communautés autochtones et locales » dans la Convention

La Convention ne mentionne pas de manière explicite la notion de « droits des communautés autochtones et locales ». Elle le fait de manière plutôt indirecte, notamment, dans le préambule et les articles 8 (j) et 10 (c) et (d). Ainsi, les « droits des communautés autochtones et locales » sont circonscrits à la reconnaissance du lien ontologique entre les communautés autochtones et locales et les ressources biologiques, la garantie de l'usage coutumier des ressources biologiques conformément aux pratiques culturelles traditionnelles compatibles avec les impératifs de la conservation, la nécessité de respecter, de préserver et de maintenir les connaissances, innovations et pratiques des communautés autochtones et locales présentant un intérêt pour la conservation et l'utilisation durable de la diversité biologique, la pleine participation des femmes à la prise des décisions politiques concernant la conservation de la diversité biologique et leur application et le partage équitable des avantages découlant de l'utilisation des connaissances, innovations et pratiques des communautés autochtones et locales. Ainsi énoncés, ces droits s'inscrivent dans une dynamique globale de reconnaissance de la culture autochtone et locale, de l'usage coutumier des ressources biologiques, de la considération et de la valorisation des savoirs naturalistes locaux. C'est cette conceptualisation restrictive et située qui servira de fil conducteur à l'analyse des droits des communautés autochtones et locales dans la Convention sur la diversité biologique.

Dans le même élan de clarification conceptuelle, il demeure important d'expliciter les concepts de « communautés autochtones et locales » et de « connaissances, innovations et pratiques » locales.

Paragraphe II : Les notions de « communautés autochtones et locales » et de « connaissances, innovations et pratiques » locales[31]

La tentation est forte de ne pas chercher à définir les expressions de « communautés autochtones et locales » et de « connaissances, innovations et pratiques » locales. Tellement, le sens et le contenu semblent aller de soi. On aurait pu s'y faire si nous étions dans le champ de la connaissance spontanée ; mais la rigueur de la construction

[31] Sur la définition de certains concepts clés de la Convention sur la diversité biologique, lire ROUSSEL (Bernard) ; « Convention sur la diversité biologique. Essai de définition des termes utilisés dans les préambules, l'article 8j et les articles connexes concernant "les peuples autochtones et les communautés locales", Paris, 1998, pp. 1-4.

scientifique impose que les concepts clés de l'étude soient toujours explicités. On le fera, de manière successive, pour la notion de « communautés autochtones et locales » et de « connaissances, innovations et pratiques » locales.

A. Essai de définition de la notion de « communautés autochtones et locales » : la triple logique structuraliste, culturaliste et historique

Il n'y a pas encore de définition unanimement acceptée de la notion de « communautés autochtones et locales ». Néanmoins, à la lumière de la littérature disponible et de la pratique, il est possible de construire une définition de cette notion.

La littérature et la pratique établissent une première distinction entre les « communautés autochtones » et « les communautés locales ». Dans le contexte de l'Afrique centrale, par exemple, cette distinction est appliquée à la situation des populations pygmées et des populations Bantu. Cette distinction est plus une construction qu'une réalité vécue[32]. En fait, une communauté peut être considérée, à la fois, comme autochtone et comme locale, tout dépendant de l'orientation qu'on veut donner à la question abordée à ce moment précis.

Toutefois, la distinction construite à l'échelle internationale et dans les pratiques locales semble de plus en plus faire sens dans le champ de la gestion de la biodiversité. Une césure est établie entre la notion d'autochtone et celle de communauté locale. Pris dans son acception littérale, le terme « communauté autochtone » renvoie, de manière essentielle, à un groupe humain culturellement distinct de la société dominante, ce qui le rend vulnérable et susceptible d'être désavantagé dans le processus de développement.

La Convention 169 de l'Organisation Internationale du Travail (OIT), sur les droits des peuples indigènes et tribaux, adoptée en 1989, qui est le principal texte international consacré aux peuples autochtones et qui

---

[32] Pour une discussion de la notion de « peuple autochtone » ou de « peuple premier », lire CLÉMENT (Catherine) ; Qu'est-ce qu'un peuple premier ? Paris, Éditions du Panama, 2006, 225 pages.

sert de repère et de point d'appui à de nombreuses organisations autochtones, dispose que les *« communautés autochtones » sont « les descendants des populations qui habitaient le pays, ou une région géographique à laquelle celui-ci appartient, au moment de la conquête, de la colonisation ou de l'établissement des frontières actuelles de l'État et qui, indépendamment de leur statut légal, conservent certaines ou l'ensemble de leurs propres institutions sociales, économiques, culturelles et politiques »*. Elle met donc l'accent sur l'occupation et la résidence dans une zone antérieurement à sa conquête, sa colonisation ou l'établissement des frontières actuelles de l'État, auquel s'ajoute le critère fondamental et prioritaire d'auto-identification, c'est-à-dire le droit de se considérer et de s'affirmer comme autochtone.

La Banque Mondiale semble, quant à elle, élargir le champ de définition des communautés autochtones. L'ancienne directive opérationnelle 4.10 et le nouveau cadre environnemental et social établissent que les communautés autochtones sont des groupes sociaux qui possèdent une identité culturelle et sociale distincte de celle des groupes dominants dans la société et qui les rend vulnérables dans le processus de développement.

Elles ont un statut économique et social qui limite leurs capacités à défendre leurs intérêts et leurs droits relatifs aux terres et à d'autres ressources productives, ou qui restreint leur capacité à participer au développement et en bénéficier. Ils se caractérisent par un fort attachement aux territoires de leurs ancêtres et aux ressources naturelles de ces lieux, la présence d'institutions sociales et politiques coutumières, des systèmes économiques essentiellement orientés vers la production de subsistance, une langue autochtone souvent différente de la langue prédominante et une auto-identification et une reconnaissance par les pairs comme appartenant à un groupe culturel distinct.

Aujourd'hui, à l'échelle internationale, la définition la plus usitée dans le droit international contemporain, malgré les critiques qui lui sont adressées, est celle élaborée par José Martinez COBO, rapporteur spécial de la Sous-commission de la lutte contre les mesures discriminatoires et la protection des minorités et plus ou moins entérinée par le Groupe de Travail des Nations Unies sur les Peuples autochtones dans le cadre de l'élaboration de la Déclaration des Nations Unies sur les Peuples autochtones. Formulée pour la première fois en 1972, elle est fondée sur trois éléments essentiels, à savoir, l'antériorité de l'installation dans un territoire donné, la non-dominance et la revendication identitaire. Elle dispose que *« les populations autochtones sont constituées par les descendants actuels des peuples qui habitaient l'ensemble ou une partie du territoire actuel d'un pays au moment où sont venues d'autres régions du monde des personnes d'une autre culture ou d'une autre origine ethnique qui les ont dominés et les ont réduits, par la conquête, l'implantation de population ou d'autres moyens, à un état de non-domination ou colonial ; elles vivent actuellement davantage selon leurs propres coutumes et traditions sociales, économiques et culturelles, que selon les institutions du pays dont elles font maintenant partie, sous une structure étatique qui est essentiellement l'expression des caractéristiques nationales, sociales et culturelles d'autres couches, prédominantes, de la population (...). Par communautés, populations et nations autochtones, il faut entendre celles qui, liées par une continuité historique avec les sociétés antérieures à l'invasion et avec les sociétés précoloniales qui se sont développées sur leurs territoires, se jugent distinctes des autres éléments des sociétés qui dominent à présent sur leurs territoires ou parties de ces territoires et sont déterminées à conserver, développer et transmettre aux générations futures leurs territoires ancestraux et leur identité ethnique qui constituent la base de la continuité de leur existence en tant que peuple, conformément à leurs propres modèles culturels, à leurs institutions sociales et à leurs systèmes juridiques »*[33]. Cette définition met un accent particulier sur trois caractéristiques essentielles des « populations autochtones », en l'occurrence, le fait d'être engagé dans une lutte pour la préservation d'une culture et d'un mode de vie marginalisé, être descendant d'un groupe qui a habité une terre déterminée et culturellement importante, depuis un temps immémorial avant que celle-ci soit occupée, envahie, colonisée, ou

[33] Lire le rapport de l'étude de José Martinez COBO sur le problème de la discrimination à l'encontre des populations, Genève, Nations Unies, 1986 et E/CN.4/ Sub.2/L.566, paragraphe 34. Dans une perspective globale et comparative, lire La Revue Alternatives Sud ; L'avenir des peuples autochtones. Le sort des premières nations, volume VII, numéro 2, Louvain-la-Neuve, Centre Tricontinental, 2000, 276 pages, la Revue Politique et Sociétés, volume 23, numéro1, Peuples autochtones et enjeux politiques, Montréal, 2004, pp. 3-114.

avant l'établissement des frontières des États et souffrir des discriminations dues à la volonté de préserver un mode de vie jugé rétrograde et en décalage avec ma modernité occidentale.

En Afrique, la définition de la notion de « populations autochtones » est encore plus controversée et difficile à circonscrire[34]. Certains auteurs pensent que tous les Africains sont des autochtones libérés du joug colonial[35] ; et d'autres estiment qu'il est difficile de déterminer qui est « autochtone » et qui ne l'est pas en Afrique[36]. Mais, le groupe de travail des experts de la Commission africaine des droits de l'homme et des peuples sur les populations/communautés autochtones vient de proposer une définition plus ou moins opératoire dans le contexte africain, même si elle s'inspire largement de la conceptualisation développée à l'échelle internationale, sans se confondre à elle[37]. Il relève qu'une *« stricte définition de peuples autochtones n'est ni nécessaire ni souhaitable. Il est beaucoup plus pertinent et constructif d'essayer de relever les principales caractéristiques qui peuvent aider à identifier qui sont les peuples et les communautés autochtones en Afrique (...). Les caractéristiques globales des groupes s'identifiant comme peuples autochtones sont que leurs cultures et leurs modes de vie diffèrent considérablement de ceux de la société dominante et que leurs cultures sont menacées, au point de l'extinction dans certains cas. Une caractéristique clé pour la plupart d'entre eux est que la survie de leurs modes de vie particuliers dépend de la reconnaissance de leurs droits d'accès à leurs terres et à leurs ressources naturelles*

[34] BARUME KWOKWO (Albert) ; étude sur le cadre légal pour la protection des droits des peuples indigènes et tribaux au Cameroun, Genève, OIT, 2005, pp. 20-30, KOUEVI AYITEGAN (G.) ; « La problématique autochtone en Afrique », in Alternatives Sud, volume VII, 2, 2000, pp. 175-188 et MÉDARD (Claire) ; « Il existe un droit ancestral à la terre des communautés dites "autochtones" », in COURADE (Georges)(dir.) ; L'Afrique des idées reçues, Paris, Belin, 2006, pp. 166-172.

[35] BARSH (R.) ; Socially responsible investing and World's Indigenous Peoples, First Nations Development Institute, 2000, cite par BARUME KWOKWO (Albert), idem.

[36] KINGSBURY (B.) ; « Indigenous Peoples as an international legal concept », in BARNES (R.) and others ; Indigenous Peoples in Asia, Association for Asian Studies, 1995, pp. 22-23; BARNARD (Alan) and KENRICK (Justin); Africa's Indigenous Peoples: "First Peoples" or "Marginalized Minorities", Edinburgh, University of Edinburgh, Centre of African Studies, 2001, 322 pages.

[37] THORNBERRY (Patrick) ; "Indigenous Peoples in International Law", in BARNARD (Alan) and KENRICK (Justin); idem.

traditionnelles. Ils souffrent de la discrimination dans la mesure où ils sont considérés comme étant moins développés et moins avancés que les autres groupes plus dominants de la société »[38].

La notion de « populations autochtones » semble avoir évolué en trois phases en Afrique : la période coloniale, le moment de l'indépendance et la période postcoloniale. Pendant la colonisation, l'« autochtone » était toute personne originaire de tout territoire sous colonisation. Dans cette optique, tous les Africains étaient des « autochtones ». Au lendemain des indépendances jusqu'au début des années 70, le terme « autochtone » désignait les Africains non civilisés, par rapport à ceux qui avaient déjà adopté le mode de vie moderne, calqué sur le mode de vie occidental du colon. Être « autochtone », assimilé à être « indigène », signifiait, à cette époque, être arriéré, rétrograde, en retard et en marge de l'évolution du monde moderne[39]. C'était même, à la limite, péjoratif. Cela explique pourquoi certaines « communautés autochtones » en Afrique rebutent à être appelées « indigènes ». À partir des années 80, jusqu'aujourd'hui, le qualificatif « autochtone » renvoie aux communautés qui se sentent, à la fois, vulnérables et marginalisées de la vie politique, sociale, économique et culturelle de leur pays.

De manière globale, la définition de la notion de « communautés autochtones » repose sur trois approches essentielles : structuraliste, culturaliste et historique[40]. L'approche structuraliste définit les « communautés autochtones » en fonction de leur position au sein de la structure sociale du pays dans lequel elles vivent[41]. C'est le critère du rapport de domination dont les communautés autochtones sont l'objet. Elles vivent dans une position subalterne. L'approche culturaliste,

---

[38] CADHP et IWGIA ; Rapport du Groupe de travail d'experts de la Commission africaine des Droits de l'Homme et des Peuples sur les Populations/Communautés autochtones, adopté par la Commission africaine des Droits de l'Homme et des Peuples lors de sa 28ᵉ session ordinaire, Banjul, 2005, pp. 99 et suivantes.

[39] FRITZ (Jean-Claude) ; Introduction générale au livre sur La Nouvelle question indigène. Peuples autochtones et ordre mondial, Paris, L'Harmattan, 2005, pp. 11-22.

[40] Éditorial au volume VII de la revue Alternatives Sud, « Peuples indigènes et minorités ethniques : les conditions sociales de reconnaissance », Louvain-la-Neuve, 2000, pp. 5-31.

[41] VEBER (H.) and WAEHLE (E.) ; "Never drink from the same cup", in Proceedings of the conference on Indigenous Peoples in Africa, Copenhagen, CDR-IWGIA, Document number 74, 1993.

régulièrement opposée à la précédente, met en avant les aspects culturels. C'est le critère des traits socioculturels spécifiques partagés par un groupe social particulier et qui en fondent l'identité (langue, représentations et habitudes collectives, rapport à la nature, distribution sociale des rôles et autres). Mais, cette approche culturaliste a le défaut de considérer les cultures autochtones comme des entités statiques, rigides et immuables à préserver mordicus. Elle reste essentialiste. La troisième et dernière approche correspond le mieux à l'appellation autochtone et indigène. Il s'agit de l'approche historique qui se fonde sur le critère d'antériorité ou celui du premier occupant. On parle alors de « peuples premiers », c'est-à-dire des peuples issus des territoires et des sols où leurs descendants habitaient avant les différents processus d'occupation et de colonisation[42] un ensemble de critères caractéristiques de l'identité autochtone, à savoir, l'occupation et l'utilisation d'un territoire spécifique, la perpétuation volontaire de caractéristiques culturelles comprenant les aspects relatifs à la langue, à l'organisation sociale, aux valeurs religieuses et spirituelles, au mode de production ainsi qu'aux lois et institutions, l'auto-identification et la reconnaissance par les autres groupes en tant que collectivité distincte et une expérience d'assujettissement, de marginalisation, d'expropriation, d'exclusion ou de discrimination. C'est cette acception qui servira de référence dans le cadre de cette étude. Les populations les plus concernées dans cette logique [43]sont les Aborigènes d'Australie, les Indiens et les Inuit d'Amérique, les Pygmées, les Sans, les Touaregs, les Mbororo, les Ogiek, les Masaï d'Afrique, les Kichwas et les Sarayaku d'Amazonie, les Sami et les Maoris d'Europe, entre autres.

Ces éléments de définition permettent d'établir une frontière avec le concept voisin de « populations locales ». De manière globale, ce

[42] BURGER (Julian) ; First Peoples. A Future for the Indigenous World, Londres, 1990.

[43] Les peuples autochtones sont évalués aujourd'hui à plus de 300 millions d'habitants. Ils sont présents dans toutes les surfaces du globe. Pour une information générale sur les peuples autochtones, lire BERNARD (Patrick) ; Les voix de l'oubli. Chroniques des civilisations en danger, préface du professeur Yves COPPENS, Paris, Anako, 1998, 263 pages et SHULTE-TENCKHOFF (Isabelle) ; La question des peuples autochtones, préface de Rémi SAVARD, Paris, Bruxelles, LGDJ, Bruylant, 1997, pp. 1-20.

concept regroupe l'ensemble des habitants des régions disposant de ressources biologiques. On parle aussi, pour les désigner, dans le domaine de la gestion de la biodiversité, de « populations riveraines ». Pour la gestion des forêts par exemple, il s'agit de populations vivant de et dans la forêt, en plus des populations dites « autochtones », avec lesquelles elles entretiennent des relations ambivalentes de collaboration, de complémentarité et de conflit depuis des millénaires.

Les deux groupes de populations revendiquent, chacune à partir de ses représentations et de ses valeurs, des droits et des pouvoirs sur la biodiversité, fondés, essentiellement, sur le lien naturel, anthropologique, social et culturel et l'occupation spatiale et territoriale avec la biodiversité. En fait, la distinction entre les « communautés autochtones » et « communautés locales » doit être faite dans le double objectif de mettre en exergue la spécificité, la profondeur et l'étendue des liens que les autochtones entretiennent avec la biodiversité et l'étroite dépendance de leur survie physique et spirituelle de la préservation avec la nature. La biodiversité est le socle de la survie politique, économique, sociale et culturelle des communautés autochtones. Au-delà, il ne faudrait pas absolutiser ou radicaliser la distinction « populations autochtones » et « populations locales », d'une part du fait des multiples échanges développés à travers les âges entre les deux groupes et des mélanges qui commencent à prendre une réelle ampleur et à se cristalliser avec la mondialisation. D'autre part, les populations dites « autochtones » peuvent bien, dans un contexte et une conjoncture déterminés, être considérées et responsabilisées comme des « populations locales ». Dans cette logique, le groupe de « populations autochtones » est un élément de l'ensemble « populations locales ». Les « populations autochtones » font partie intégrante des « populations locales ». La relativisation de la construction du concept de « populations autochtones » ne vise pas, comme le laisse parfois croire le discours indigéniste, à vouloir faire bénéficier aux « populations locales » des droits spéciaux potentiels dont bénéficieraient les « autochtones ». De même, il ne faut pas continuer à penser, comme le font les Gouvernements, que la reconnaissance des « populations autochtones » et la garantie de leurs droits sur les ressources naturelles de leur milieu peuvent radicaliser la distinction entre les « autochtones » et les autres populations et générer, ipso facto, des conflits ethniques. La reconnaissance des différents groupes, de leurs cultures et de leurs valeurs, de la diversité culturelle et sociologique des sociétés humaines est le point de départ d'une politique volontariste de prévention et de gestion des conflits[44].

La notion de « connaissances, innovations et pratiques locales » doit aussi être définie et clarifiée.

B. La notion de « connaissances, innovations et pratiques locales »

Au regard de la multiplicité de synonymes que lui assigne la littérature, la notion de « connaissances, innovations et pratiques locales » mérite d'être clarifiée, afin de préciser l'entendement qui est lui est donné dans ce travail. Les auteurs utilisent indifféremment les termes de « savoirs naturalistes locaux », de « connaissances traditionnelles », de « savoirs locaux », de « savoirs indigènes » ou de « savoirs autochtones »[45].

Ces expressions renvoient à une même réalité. Dans une conception large, les « connaissances, innovations et pratiques locales » désignent l'ensemble des éléments du patrimoine culturel, les savoirs sur la nature, les croyances, les pratiques, les systèmes d'exploitation, d'utilisation et de valorisation des ressources biologiques, les rites et les cultes, les coutumes que les communautés autochtones et locales détiennent et utilisent dans la gestion des ressources naturelles. Dans une acception plus étroite, les « connaissances, innovations et pratiques locales » regroupent les pratiques, les modes de vie et les systèmes de gestion des ressources naturelles présentant un intérêt pour la conservation et l'utilisation durable de la diversité biologique.

---

[44] KYMLICKA (W.) ; 2001 ; La Citoyenneté Multiculturelle. Une Théorie Libérale du droit des minorités, Paris, La Découverte, 358 pages, DOYTCHEVA (Milena) ; Le multiculturalisme, Paris, La Découverte, 2005 et SCHULTE-TENCKHOFF (Isabelle) ; Altérité et droit. Contributions à l'étude du rapport entre droit et culture, Bruxelles, Bruylant, 2002.

[45] ROUSSEL (Bernard) ; « Convention sur la diversité biologique. Essai de définition des termes utilisés dans les préambules, l'article 8j et les articles connexes concernant "les peuples autochtones et les communautés locales", op. cit., p. 38 et CORMIER-SALEM (Marie-Christine) et ROUSSEL (Bernard) ; "Patrimoines et savoirs naturalistes locaux", op. cit., pp. 124-139.

Ces connaissances sont considérées aujourd'hui comme des outils de gestion et des patrimoines utiles à la conservation et à l'utilisation durable de la diversité biologique.

La clarification des concepts fondamentaux de l'étude s'accompagne et se complète de la détermination de ses orientations méthodologiques.

SECTION III : LES MODÈLES D'ANALYSE DES DROITS DES COMMUNAUTÉS AUTOCHTONES ET LOCALES DANS LA CONVENTION

L'analyse des droits des communautés locales et autochtones dans la Convention sur la diversité biologique repose sur l'intégration des deux grands courants méthodologiques classiques de l'étude du droit que sont l'approche positiviste et l'approche naturaliste. L'éclairage fourni par ces grilles d'analyse conduit logiquement à la présentation des hypothèses de base de l'étude.

Paragraphe I : La pertinence des modèles d'analyse positiviste et naturaliste de l'étude des droits des communautés locales et autochtones

L'étude des droits des communautés autochtones et locales ne peut avoir pour point de départ que l'analyse des dispositions normatives contenues dans la Convention. Elles sont repérées de manière systématique, analysées et mises en rapport avec les pratiques en matière de conservation et de gestion durable de la biodiversité. L'approche naturaliste quant à elle complète la posture positiviste d'étude des droits des communautés autochtones et locales. Elle apporte un éclairage spécifique à la question et permet d'élargir son champ épistémologique. Et, la démarche analytique procédant de l'intégration de ces deux approches sera enrichie des apports de l'approche évaluative qui permettra d'aborder, avec plus ou moins d'autorité, la question de l'efficacité et de la portée des droits garantis aux communautés autochtones et locales dans la Convention sur la diversité biologique.

A- La prééminence de l'approche positiviste de l'étude des droits des communautés autochtones et locales dans la Convention

Au sein des approches épistémologiques contemporaines d'études du droit[46], l'école positiviste occupe une place essentielle. Elle est au cœur de la théorie générale du droit et, plus spécifiquement, du droit de l'environnement.

L'école positiviste du droit regroupe les juristes qui étudient le droit tel qu'il existe dans les textes juridiques, à savoir, les conventions régulièrement ratifiées par l'État, la Constitution, les lois et les règlements en vigueur. Ce que Hans Kelsen appelle le « droit posé » et que l'on désigne sous le vocable « droit positif ». Comme le souligne le professeur Maurice KAMTO, *« l'école positiviste postule que le droit n'est nulle part ailleurs que dans les codes et les textes juridiques en vigueur »*[47].

Le droit n'est sous l'emprise ni de la nature, ni de la religion ou de la philosophie. Le juriste est un technicien du droit positif et, à ce titre, il doit se limiter à l'étude du seul texte en vigueur[48]. Il doit le considérer tel qu'il est et tel qu'il doit être. Hans Kelsen dit, à ce sujet, que *« la théorie du droit doit essayer de le saisir tel qu'il est sans essayer de le légitimer comme juste ou de le qualifier comme injuste ; elle veut connaître le droit réel et possible, non le droit juste »*[49]. Cette approche théorique du droit valorise le droit écrit et le droit créé, engendré, produit ou légitimé par l'État. Elle est davantage valable au plan étatique. Elle ne prend pas en compte le droit local, le droit « indigène » ou le droit « coutumier », caractéristique, quant à lui, des fondements et des valeurs des sociétés autochtones et locales et dont les référents

---

46 AMSELEK (Paul) ; « Éléments d'une définition de la recherche juridique », in Archives de la Philosophie du Droit, Tome 24, 1978, pp.297-305.

47 KAMTO (Maurice) ; Pouvoir et droit en Afrique noire. Essai sur les fondements du constitutionnalisme dans les États d'Afrique noire francophone, Paris, LGDJ, 1987, p. 38.

48 Cette vision est le fondement de la pensée des juristes classiques comme Carré de MALBERG, développée dans sa Contribution à la théorie générale de l'État, tome 1, Paris, Sirey, 1920.

49 KELSEN (Hans), cité par KAMTO (Maurice) ; Pouvoir et Droit en Afrique noire, op.cit., p. 38.

juridiques majeurs s'inscrivent dans le sillage de l'école naturaliste du droit.

B- La fécondité heuristique additionnelle de l'approche naturaliste dans l'étude des droits des communautés autochtones et locales

L'école du droit naturel estime que le droit préexiste aux hommes. Il existe dans la nature et l'homme n'en a pas la maîtrise. Cette définition soulève un débat autour de la notion de la « nature ». Certains estiment qu'elle fait référence à Dieu, d'autres au cosmos, d'autres enfin à la raison humaine. Dans cette optique, c'est la logique de la nature qui crée les normes juridiques. Le droit est un fait de culture. Le droit ne se résume pas à la règle édictée ou légitimée (pour ce qui est du droit international dont l'État est aussi un producteur) par l'État, encore moins au seul texte écrit. Il plonge aussi ses racines dans la raison, la conscience et les valeurs humaines. Ainsi, le droit apparaît comme un système de normes établies par la nature et utilisées pour la régulation de la vie en société. En dépit de son inspiration religieuse ou philosophique, l'école du droit naturel inscrit dans le vécu des hommes. Elle permet de valoriser les normes de droit traditionnel ou coutumier auxquelles sont attachées et se réfèrent les communautés autochtones et locales. Ici, la coutume doit être comprise comme la représentation du droit qu'un groupe humain impose à chacun de ses membres. C'est un usage répété *(diurtunus usus)* tenu pour obligatoire *(opinio necessitatis)* d'une quelconque pratique sociale. En général, la coutume est faite d'une série d'actes plus ou moins semblables, conduisant à l'émergence d'un modèle de comportement social qui reçoit le nom d'accoutumance, d'habitude ou de tradition[50]. D'origine parfois mystérieuse, parce que le plus souvent fondée sur un mythe, elle se présente comme une pratique ancestrale qu'il faut inlassablement répéter si l'on ne veut pas s'aliéner les puissances invisibles qui protègent la communauté.

Elle est donc une parole pérenne ; et comme toute règle de droit, elle est munie de sanctions et devrait normalement être appliquée par les autorités chargées de la faire respecter. Mais, elle n'a pas besoin de

---

[50]LE ROY (E) et WANE (M) ; « La Formation des droits non étatiques », *Encyclopédie Juridique de l'Afrique, tome 1, p. 359.*

surveillance judiciaire particulière. Son caractère plus ou moins sacré qu'elle tient tantôt du mythe, tantôt de la religion expose les contrevenants à des sanctions symboliques redoutables et redoutées, qui peuvent apporter malheur et désolation sur la communauté ou ses membres.

En fait, le caractère obligatoire de la coutume ne découle pas nécessairement de la répétition, mais surtout de la croyance fortement enracinée dans les sociétés qu'elles ne peuvent impunément transgresser les règles coutumières qui leur sont léguées par leurs ancêtres et sur lesquelles veillent les puissances auxquelles il ne faut point déplaire[51].

La perspective d'analyse des droits des communautés autochtones et locales dans la Convention sur la diversité biologique valorise les apports de ces deux écoles du droit.

Elle situe le droit comme une construction porteuse de sens dans la régulation des relations sociales. Ici, l'analyse rigoureuse des normes de droit en vigueur, c'est-à-dire, celles qui sont consacrées par la Convention et plus ou moins réceptionnées dans les droits étatiques, est mise en rapport avec les normes coutumières, c'est-à-dire, les représentations, les perceptions, les valeurs, les croyances et les pratiques produites ou établies par les communautés autochtones et locales.

La combinaison de ces deux approches aide à mettre un accent sur le sens du droit, sur la signification profonde de la règle posée et la situation à laquelle elle conduit dans la pratique ; et, en cela, elle concilie l'approche analytique et la démarche évaluative.

---

[51]Ibidem, pp. 359-360.

C. La conciliation de la démarche analytique et de l'approche évaluative : la pertinence d'une approche dynamique et dialectique de l'étude des droits des communautés autochtones et locales dans la Convention sur la diversité biologique

L'approche analytique constitue la méthode par excellence du juriste[52]. Elle repose sur le repérage, l'analyse et la critique des normes en vigueur. Mais, elle confine le juriste dans la perspective exégétique.

Il devient alors nécessaire de la compléter avec une perspective évaluative qui, elle, s'ouvre sur une approche dynamique et dialectique des normes étudiées. L'étude valorise cette approche syncrétique. En effet, comme le souligne le professeur Léopold DONFACK SOKENG, *« la tâche du juriste est avant tout de chercher à comprendre la règle de droit telle qu'elle est, il ne saurait cependant en éluder la critique »*[53].

La dimension dynamique et dialectique invite à développer la perspective matérielle du droit qui permet de prendre en compte les pratiques, les us et coutumes, les normes et systèmes juridiques indigènes parallèles ou complémentaires au droit édicté par l'État au plan interne et international[54]. Elle ouvre une brèche vers l'anthropologie juridique qui, elle-même, pose la problématique de l'intégration du pluralisme juridique dans l'analyse des droits des communautés autochtones et locales dans la Convention sur la diversité biologique[55]. Une telle lecture contribue à rendre l'étude intéressante et stimulante.

---

[52] Lire à ce propos VILLA (Vittoria) ; La Science du Droit, traduction française, Paris, LGDJ, 1989, pp. 21-40 et MILLARD (Éric) ; Théorie générale du droit, Paris, Dalloz, 2006, 136 pages.

[53] DONFACK SOKENG (Léopold) ; Le Droit des minorités et des peuples autochtones au Cameroun, Thèse de Doctorat en Droit, Université de Nantes, Faculté de Droit et des Sciences Politiques, année académique 2000-2001, p. 48.

[54] Lire à ce sujet l'excellent ouvrage de ROULAND (N.) et alii ; Droit des minorités et des peuples autochtones, Paris, PUF, 1996, pp. 15 et suivantes.

[55] Sur la conception anthropologique du droit et le pluralisme juridique, lire CARBONNIER (Jean) ; Sociologie juridique, 2e édition, Paris, PUF, 2004, pp. 33-38, VANDERLINDEN (Jacques) ; Anthropologie juridique, Paris, Dalloz, 196, 123 pages et DE GAUDUSSON (Jean Du Bois) et DARBON (Dominique) (dir.) ; La création du droit en Afrique, Paris, Karthala, 1997, 496 pages.

Paragraphe II : La pertinence et l'intérêt de l'étude de la problématique des droits des communautés autochtones et locales dans la Convention sur la diversité biologique

La pertinence de l'étude des droits des communautés autochtones et locales dans la Convention sur la diversité biologique se dégage du corpus des hypothèses qui structurent l'essai. Il s'agit, à la fois de l'hypothèse centrale et des hypothèses secondaires. Elles reposent de manière globale sur le contenu et l'étendue des droits des communautés autochtones et locales garantis par la Convention et leur portée dans le champ du droit international et de leur effectivité dans la pratique, toutes choses qui confèrent à l'étude un intérêt particulier, malgré les difficultés évidentes qui se posent à ce type de réflexion.

A. L'hypothèse de l'énonciation parcellaire et incomplète des droits des communautés autochtones et locales dans le Convention sur la diversité biologique

Comment saisir le contenu et l'étendue des droits reconnus et garantis aux communautés autochtones et locales dans la Convention sur la diversité biologique et d'en évaluer la portée et l'effectivité au regard des politiques et pratiques mises en œuvre par les États, les agences de coopération et de développement, les privés et les organisations non gouvernementales dans la conservation et l'utilisation durable de la biodiversité ? L'hypothèse centrale que nous postulons est la suivante : *l'énonciation et la garantie conventionnelle actuelle des droits des communautés autochtones et locales dans la Convention sur la diversité biologique est d'essence patrimonialiste et utilitariste. Elle s'inscrit davantage dans la logique de la privatisation et de la marchandisation des savoirs, connaissances, innovations et pratiques des communautés autochtones et locales sur la biodiversité que dans la perspective politique, anthropologique et culturelle qui, elle, exige la reconnaissance des droits historiques et naturels des communautés autochtones et locales à la fois sur les terres, les ressources et les savoirs. La formalisation actuelle des droits des communautés autochtones et locales dans la Convention marque certes une évolution dans le droit de la conservation et de la gestion durable de la nature ; mais cette inclusion reste encore fondamentalement parcellaire, incomplète et lacunaire. Elle ignore encore largement les logiques politiques, culturelles et identitaires qui constituent le support de la dimension économique et commerciale des droits des communautés autochtones et locales sur la biodiversité.* L'écart qui se dégage entre le droit conventionnel positif de la gestion de la biodiversité et les attentes indigènes explique, entre autres, la dynamique continue de lutte indigéniste au niveau de la Conférence des Parties et dans d'autres arènes internationales et nationales pour la reconnaissance complète et intégrale des droits indigènes sur la biodiversité.

La posture d'analyse qui jaillit de cette hypothèse vise à mettre en exergue le caractère inachevé du processus de reconnaissance des droits des communautés autochtones et locales sur la biodiversité et de leur intégration dans le texte de la Convention.

B- Le champ et l'intérêt de l'étude sur les droits des communautés autochtones et locales dans la Convention sur la diversité biologique

La formulation du thème de l'essai invite à la globalité et à une certaine généralisation. Néanmoins, pour garantir la modestie du travail, il s'avère nécessaire de préciser d'une part le champ analytique, c'est-à-dire, les normes de droit qui font l'objet d'analyse exégétique et celles qui sont mises à contribution pour relever leurs insuffisances, limites et lacunes et le champ géographique de référence de l'étude.

Au plan analytique, les normes investiguées sont issues de la Convention sur la diversité biologique du 5 juin 1992, plus spécifiquement, du préambule et des articles 8 (j) et 10 (c) et (d). Au plan géographique, les sites de référence pour la conservation et l'utilisation durable de la biodiversité sont les zones tropicales, plus spécifiquement, le bassin amazonien, le bassin du Congo et, dans une certaine mesure, le sud-est asiatique. Les arguments et les exemples permettant d'étayer et d'illustrer le processus d'analyse des dispositions de la Convention sont tirés de ces trois réservoirs mondiaux de la biodiversité qui sont, en même temps, le lieu d'existence de différents groupes de communautés autochtones et locales. Cette tendance à la globalité ne rend pas moins l'étude intéressante pour la science du droit et le processus des négociations internationales sur la diversité biologique.

L'intérêt de l'étude est double. Il est scientifique et politique. Du point de vue scientifique, l'étude est une contribution à l'élargissement théorique du champ des droits des communautés autochtones et locales consacrés dans la Convention et à l'intégration progressive de la science juridique dans l'anthropisation et l'indigénisation du droit de la biodiversité. En effet, comme le souligne, à juste titre, Geneviève MICHON, *« la recherche sur les savoirs naturalistes interpelle surtout la sociologie et l'anthropologie, mais aussi l'économie et le droit (...). Les droits des communautés et des peuples sur leurs ressources, les droits des brevets issus du monde industriel, appartiennent-ils au même univers juridique et symbolique ? Et puis les questions d'appropriation des ressources et d'accès aux ressources peuvent-elles être réduites à des questions de droits et de régulation ? (...). L'importance des enjeux implique une mobilisation novatrice de disciplines jusqu'à présent peu impliquées »*[56]. L'intérêt politique quant à lui concerne l'éventualité de l'enrichissement du débat relatif aux négociations internationales sur la diversité biologique. Certes, les représentants des communautés autochtones et locales sont davantage portés vers les aspects économiques de la reconnaissance de leurs droits ; mais cette inclinaison édictée par la logique du marché et le néolibéralisme peut être rattrapée et enrichie par la dimension politique, économique, historique et culturaliste de la reconnaissance des droits des communautés autochtones et locales[57].

Dans cette logique, l'étude est subdivisée en deux parties essentielles : la consécration formelle des droits des communautés autochtones et locales dans la Convention sur la diversité biologique (Première partie) et les lacunes et les insuffisances de l'aménagement juridique des droits des communautés autochtones et locales dans la Convention sur la diversité biologique (deuxième partie).

---

[56] MICHON (Geneviève) ; « Sciences sociales et biodiversité : des problématiques nouvelles pour un contexte nouveau », in Natures, Sciences, Sociétés, numéro 11, 2003, p. 428.

[57] CONSTANTIN (François) ; « L'Homme et la nature : une gestion à réinventer », introduction au numéro 53 de la revue Politique africaine, L'Homme et la nature en Afrique, mars 1994, pp. 3-11.

PREMIÈRE PARTIE

LES DROITS RECONNUS AUX COMMUNAUTÉS AUTOCHTONES ET LOCALES DANS LA CONVENTION SUR LA DIVERSITÉ BIOLOGIQUE

« Pour ce qui est de la hiérarchisation des droits environnementaux globaux, il y a tout d'abord les acteurs de proximité, ceux que l'on peut qualifier de prétendants du premier cercle : les communautés locales et l'État. La légitimité des communautés locales est largement fondée sur le droit du premier occupant. C'est un droit historique universel qui leur procure souvent un accès privilégié aux ressources. Ces populations ont ensuite construit un système institutionnel cohérent qui organise ce droit du premier occupant. La deuxième source de légitimité est fondée sur le fait que l'appropriation foncière est basée sur l'incorporation du travail à la ressource : là où il est évident qu'un espace a été transformé par l'activité humaine, il reste en la possession du transformateur, celui qui a créé la valeur. La personne ou le groupe est alors détenteur de tous les droits relatifs à son investissement : droits généalogiques, productifs et d'héritage, qui sont des droits "constitutionnels" dans le système coutumier (...). Les communautés locales et autochtones ont une légitimité historique profonde sur la biodiversité ».

DIAW (Mariteuw Chimère) ; « Un plaidoyer humaniste », interview au Courrier de la Planète, numéro 75, « Biodiversité : conserver pour qui ? », janvier-mars 2005, pp. 44-45.

Négociée sous l'égide du Programme des Nations Unies pour l'Environnement (PNUE), la Convention sur la diversité biologique a été ouverte à la signature le 5 juin 1992, à Rio de Janeiro, au Brésil, lors du Sommet de la Terre et elle est entrée en vigueur le 29 décembre 1993[58]. Après sa signature, c'est la Conférence des Parties de Djakarta,

[58] La Convention sur la diversité biologique compte actuellement 188 Parties. Elle vise à promouvoir la conservation de la biodiversité, l'utilisation durable de ses

en Indonésie, en 1995, qui a décidé, pour la première fois, d'inscrire la question de l'application de l'article 8 (j) à l'ordre du jour de la réunion suivante prévue à Buenos Aires en 1996, au même moment que devait être étudié l'article 3 de la Convention relative à l'accès et au partage des bénéfices[59]. Depuis lors, elle est à l'ordre du jour de toutes les négociations relatives à la biodiversité[60].

Cette omniprésence est entretenue par les organisations on gouvernementales internationales et les organisations de populations autochtones et locales, galvanisées, entre autres, par l'Instance Permanente des Nations Unies pour les Peuples autochtones (IPP) et le Groupe de Travail des Nations Unies pour les Peuples autochtones (GTPA), dans le cadre de la décennie mondiale pour les peuples autochtones. Pourtant, en 992, au moment de la signature de la Convention, cette thématique était jugée marginale, voire mineure, en comparaison avec les objectifs majeurs de la Convention, à savoir, conserver et gérer durablement la biodiversité et assurer le partage juste et équitable des bénéfices.

Bien que la Convention accorde aux États un droit souverain sur les ressources de la biodiversité, cette primauté se conjugue avec la reconnaissance des droits des communautés locales et des populations autochtones. Ce qui constitue une innovation majeure dans le droit international de la conservation de la nature. L'innovation est perceptible à travers la densité des droits reconnus (Chapitre I) et la diversité des mécanismes et des acteurs de garantie de leur mise en œuvre (II).

---

composantes et le partage équitable des avantages tirés de l'utilisation des ressources génétiques.

[59] Ce n'est que depuis l'année 2000 que la Conférence des Parties de la Convention (COP) a décidé de tenir des réunions ordinaires tous les deux ans. À ce jour, la COP s'est réunie à 9 reprises, à savoir, aux Bahamas, du 28 novembre au 9 décembre 1994, à Jakarta du 06 au 17 novembre 1995, à Buenos Aires du 04 au 15 novembre 1996, à Bratislava du 04 au 15 mai 1998, à Nairobi du 15 au 26 mai 2003, à La Haye en avril 2002 et à Kuala Lumpur en février 2004. La huitième réunion s'est tenue à Curitiba, au Brésil, du 20 au 31 mars 2006 et la neuvième s'est tenue du 19 au 30 mai 2008, à Bonn en Allemagne.

[60] Les réunions des groupes de travail sur l'article 8 (j) et sur l'accès et le partage des avantages de la Convention sur la diversité biologique ont eu lieu du 23 janvier au 3 février 2006 à Granada, en Espagne.

CHAPITRE I

LA DENSITÉ DES DROITS RECONNUS AUX COMMUNAUTÉS AUTOCHTONES ET LOCALES DANS LA CONVENTION SUR LA DIVERSITÉ BIOLOGIQUE

Les « droits positifs » reconnus aux communautés autochtones et locales sont liés au processus décisionnel en matière de gestion de la biodiversité, aux savoirs locaux, à l'usage coutumier des ressources biologiques et à l'accès aux avantages et aux bénéfices de la conservation et de l'utilisation durables de la biodiversité. Il s'agit des « droits positifs » directs (Section I) et des « droits positifs » indirects (Section II).

SECTION I : LES DROITS DIRECTS RECONNUS AUX COMMUNAUTÉS AUTOCHTONES ET LOCALES DANS LA CONVENTION SUR LA DIVERSITÉ BILOGIQUE

Le concept de droits directs renvoie à l'ensemble de prérogatives substantielles reconnues aux communautés autochtones et locales en matière de conservation et de gestion durable de la biodiversité en tant que dépositaires des droits généalogiques sur la biodiversité. Ce sont des droits tangibles et incompressibles. Ils portent sur la participation des communautés autochtones et locales à la prise et à la mise en œuvre des décisions relatives à la gestion durable de la diversité biologique, le respect, la préservation et le maintien des connaissances, innovations et pratiques traditionnelles, l'usage coutumier des ressources biologiques et l'accès aux avantages et aux bénéfices de la conservation et de l'utilisation durable des ressources biologiques.

Paragraphe I : La participation à la prise et à la mise en œuvre des décisions sur la conservation et l'utilisation durable de la diversité biologique

Le préambule de la Convention sur la diversité biologique reconnaît le rôle capital des communautés autochtones et locales, notamment des femmes, dans la conservation et l'utilisation durable de la diversité biologique et affirme *« la nécessité d'assurer leur pleine participation à tous les niveaux de décision politique concernant la conservation de la diversité biologique et leur application »*[61]. En fait, la conjoncture environnementaliste de ces deux dernières décennies a reconnu la participation des communautés autochtones et locales au processus décisionnel comme un facteur et un moyen de réussite des programmes de gestion de la biodiversité et de développement durable. Elle s'illustre comme la matérialisation de la prise de conscience des liens qui existent entre ces populations et les ressources naturelles et de leur indispensable adhésion aux actions entreprises. La forme contemporaine du modèle participatif émerge dans un contexte de recherche d'une conception alternative aux orientations antérieures de développement rural face à l'échec des approches et pratiques de développement rural autoritaires élaborées et mises en œuvre au cours des années 60 et 70. Les évolutions du contexte institutionnel international et le constat de l'incapacité du monopole d'État à garantir l'utilisation et la gestion durable et bénéfique des forêts sont à l'origine du recours au modèle participatif[62]. Les modes de gestion efficaces seraient donc ceux qui obéissent à la responsabilisation des populations autochtones et locales. Le processus participatif vise d'une part à mettre à leur disposition toutes les informations nécessaires relatives à la gestion durable de la biodiversité et d'autre part de les amener à faire des choix décisionnels en toute connaissance de cause.

L'importance de la participation populaire au processus décisionnel en matière de gestion de la biodiversité a été réaffirmée dans la Convention d'Aarhus du 25 juin 1998, qui elle-même résulte du principe 10 de la déclaration de Rio sur l'environnement et le développement. Ce dernier stipule que *« la meilleure façon de traiter les questions d'environnement est d'assurer la participation de tous les citoyens concernés. Au niveau national, chaque individu doit avoir dûment accès aux informations relatives à l'environnement que détiennent les autorités (...) et avoir la possibilité de participer au processus de décision (...) ».* S'agissant particulièrement des communautés

---

[61] Paragraphe 13 du préambule de la Convention de 1992.

[62] NGUINGUIRI (Jean-Claude) ; Les approches participatives dans la gestion des écosystèmes forestiers d'Afrique Centrale. Revue des initiatives existantes, Bogor, CIFOR, 1999, p.1. ; LAZAREV (Grogori) ; Vers un éco-développement participatif, Paris, L'Harmattan 1993, 272 pages.

autochtones et locales, le Vème Congrès mondial des parcs de Durban en septembre 2003, a recommandé, entre autres, que *« les populations autochtones et mobiles, les communautés locales, les femmes et les jeunes participent pleinement à l'établissement et à la gestion des aires protégées »*[63]. Le Congrès de Durban a aussi clairement établi que *« la conservation des écosystèmes du monde entier a énormément bénéficié de la contribution des populations autochtones, de leurs territoires, de leurs eaux et autres ressources. Pour que cela continue, il faudrait que les aires protégées, actuelles et futures, tiennent compte, le cas échéant, du principe de cogestion pour satisfaire les intérêts et les besoins des populations autochtones (...). Les programmes de conservation ne peuvent réussir, à long terme, qu'avec le consentement et l'accord des populations autochtones, entre autres, dont la culture, les connaissances et les territoires contribuent à la création de vastes aires protégées »*[64]. Rappelant les décisions VI/10 et VI/18, la dernière Conférence des Parties de Kuala Lumpur a proposé des mécanismes propres à assurer la participation des communautés autochtones et locales dans la gestion durable de la biodiversité.

Elle commence par reconnaître l'importance d'une pleine et effective participation des communautés autochtones et locales au processus de prise de décision et à la mise en œuvre de la Convention et la nécessité du renforcement de leurs capacités pour garantir cette participation. Elle invite les parties à inclure des informations concernant le niveau de participation des communautés autochtones et locales dans les rapports nationaux de mise en œuvre de la Convention, ainsi que les mesures et les approches utilisées pour encourager cette participation. La Conférence des Parties a pris la décision de créer *« un mécanisme de financement volontaire au titre de la Convention, pour faciliter la participation des communautés autochtones et locales (...) aux réunions organisées dans le cadre de la Convention »*[65].

---

[63] Message à la Convention sur la diversité biologique, Durban, 8-17 septembre 2003, p.3.
[64] Recommandations finales du Vème Congrès Mondial des Parcs sur les populations autochtones et les aires protégées, septembre 2003, p. 68.
[65] Décision VII/21 de la Conférence des Parties de Kuala Lumpur, 2004, pp. 315-317. Voir aussi les décisions du Groupe de travail sur l'accès et le partage des avantages de la 9e COP, Bonn, 30 mai 2008, 15 pages.

Le droit à la participation au processus décisionnel en matière de biodiversité est complété par les autres droits reconnus aux communautés autochtones et locales et dont l'un des plus importants dans les négociations internationales actuelles, en l'occurrence, le respect, la préservation et le maintien des connaissances, innovations et pratiques.

Paragraphe II : Le respect, la préservation et le maintien des connaissances, innovations et pratiques traditionnelles

Le respect, la préservation et le maintien des connaissances, innovations et pratiques traditionnelles sont au centre des droits tangibles reconnus aux communautés autochtones. C'est la substantifique moelle de l'ensemble des droits concédés aux communautés autochtones et locales. Ils sont énoncés dans le fameux article 8 (j) de la Convention. Il dispose que *« sous réserve des dispositions de sa législation nationale, chaque partie contractante respecte, préserve et maintient les connaissances, innovations et pratiques des communautés autochtones et locales qui incarnent des modes de vie traditionnels présentant un intérêt pour la conservation et l'utilisation durable de la diversité biologique et en favorise l'application sur une plus grande échelle, avec l'accord et la participation des dépositaires de ces connaissances, innovations et pratiques »*[66].

Cette disposition de la Convention qui consacre la nécessité du respect, de la préservation et du maintien des connaissances, innovations et pratiques des communautés autochtones et locales est une matérialisation de l'intégration de l'importance des savoirs naturalistes locaux dans le droit international de l'environnement. Elle repose sur le double postulat qu'il existe des savoirs locaux qui présentent un intérêt pour la conservation et l'utilisation durable de la diversité biologique et qu'on peut mettre en place des mécanismes et des stratégies permettant de les valoriser dans le processus de conservation et d'utilisation durable de la diversité biologique.

En effet, depuis quelques décennies maintenant, les ethnologues, les écologues et les sociologues ont établi que les communautés

[66] Article 8 (j) de la Convention sur la diversité biologique.

autochtones et locales ont des connaissances pratiques et sociales propres en matière de gestion de la biodiversité ; que ces savoirs locaux ont une valeur écologique importante et qu'elles peuvent être utilisées comme outils de gestion durable de la biodiversité[67]. À travers les âges, il est apparu que des liens étroits unissent les communautés autochtones et locales à leurs ressources biologiques.

Ces liens ont permis la constitution d'un patrimoine culturel de connaissances, d'usages et de pratiques traditionnelles d'une valeur inestimable dont la prise en compte, l'intégration et l'utilisation dans les systèmes de gestion modernes de gestion des écosystèmes forestiers constitueraient un moyen efficace de gestion durable et bénéfique de la diversité biologique. Comme le soulignent Serge BAHUCHET, Pierre de MARET, Pierre et Françoise GRENAND, *« la nature sauvage n'existe pas (ou peu). Par conséquent, la persistance des milieux riches en biodiversité prouve l'ancienneté des pratiques humaines compatibles avec la continuité des milieux »*[68]. Le maintien de la biodiversité des forêts tropicales est une preuve matérielle de la capacité des populations autochtones et locales à gérer de manière durable les ressources biologiques. Marie-Christine CORMIER-SALEM et Bernard ROUSSEL le soulignent aussi avec force. Ils constatent que *« si les éléments de la biodiversité considérés importants sont parvenus jusqu'à nous, c'est que leur utilisation* a été durable. Les pratiques et

---

[67] Pour une analyse approfondie de l'apport de l'ethnologie à la valorisation écologique et scientifique des savoirs naturalistes locaux, lire l'excellent ouvrage de SCHEPS (Ruth) ; La Science Sauvage. Des savoirs populaires aux ethnosciences, op. cit. ; CORMIER-SALEM (M.C.) et JUHE-BEAULATON (D.), BOUTRAIS (J.) et ROUSSEL (B.)(dir.) ; patrimonialiser la nature tropicale. Dynamiques locales, enjeux environnementaux, Paris, IRD, 2002, 468 pages ; DELVINGT (Willy) (dir.) ; La forêt des hommes. Terroirs villageois en forêt africaine, Gembloux, Presses Agronomiques de Gembloux, 2001 ; LALONDE (A.) et AKHTAR (S.) ; « L'étude des connaissances traditionnelles au service du développement durable », in Nature et ressources, « Les connaissances traditionnelles au vingt-et-unième siècle », UNESCO, 3=numéro 30, pp. 22-28 et VERMEULEN (Cédric) ; Le facteur humain dans l'aménagement des espaces-ressources en Afrique centrale forestière. Application aux Badjoue de l'Est-Cameroun, Thèse de Doctorat en Sciences Agronomiques et Ingénierie Biologique, Faculté Universitaire des Sciences Agronomiques de Gembloux, 2000, 381 pages.

[68] BAHUCHET (Serge), DE MARET (Pierre), GRENAND (Pierre) et GRENAND (Françoise) ; Les Peuples des Forêts Tropicales Aujourd'hui, Volume I, Forêts des tropiques, forêts anthropiques. Sociodiversité, biodiversité. Un guide pratique ; Bruxelles, 2000, p. 9.

les savoirs correspondants doivent être maintenus et encouragés »[69]. Il n'est donc pas possible aujourd'hui de concevoir la gestion durable de la biodiversité sans une prise en compte de ces savoirs naturalistes qui ont contribué à sa préservation depuis des millénaires.

Il en est ainsi des ressources de la pharmacopée traditionnelle, des savoirs de chasse, de cueillette et de pêche, de la médecine traditionnelle, des usages alimentaires, de la mémoire individuelle et collective, de la culture matérielle et immatérielle et autres. Les systèmes de production de ces savoirs combinent le culturel et le biologique. Ce sont ces savoirs qui doivent être gérés de manière durable, avec les communautés autochtones et locales, de manière à satisfaire les besoins des générations actuelles et futures. C'est dans ce même élan que la Convention des Parties de Kuala Lumpur a encouragé les parties à mettre en œuvre les mécanismes d'identification et de valorisation des connaissances, innovations et pratiques des communautés autochtones et locales.

En fait, dans la logique de la Conférence des Parties, la nécessité de la prise en compte des connaissances traditionnelles ne se limite pas seulement à les considérer comme des outils de gestion de la biodiversité ; mais aussi et surtout comme des objets de conservation, des parties intégrantes des patrimoines à sauvegarder et à valoriser, au même titre que les autres éléments de la biodiversité. Pour y arriver, il faut les identifier, les inventorier, décrire et documenter.

Dans la décision VII/21, la Conférence des Parties reconnaît *« l'utilité de la collecte continue d'informations sur les connaissances, les innovations et les pratiques des communautés autochtones et locales qui incarnent des modes de vie traditionnels présentant un intérêt pour la conservation et l'utilisation durable de la diversité biologique »*[70]. Elle exige que cet exercice de collecte soit *« effectué avec l'accord préalable en connaissance de cause des dépositaires de telles connaissances, innovations et pratiques »*[71]. Elle a invité le Secrétaire

[69] CORMIER-SALEM (Marie-Christine) et ROUSSEL (Bernard) ; « Patrimoines et savoirs naturalistes locaux », op. cit. pp. 131-132.
[70] Décision VII/21 de la septième Conférence des Parties, p. 289.
[71] Idem.

exécutif de la Convention à poursuivre le travail sur la première phase du rapport de synthèse sur l'état et l'évolution des connaissances, innovations et pratiques des communautés autochtones et locales et à s'assurer qu'elle comportera les éléments suivants : *« l'évaluation, notamment par les communautés autochtones et locales, du degré de succès des mesures et initiatives destinées à soutenir la préservation et l'utilisation des connaissances, innovations et pratiques traditionnelles qui incarnent des modes de vie traditionnels présentant un intérêt pour la conservation et l'utilisation durable de la diversité biologique, y compris les avantages et les limites des registres utilisés comme mesure pour protéger les connaissances, innovations et pratiques traditionnelles ainsi que pour en promouvoir et faciliter l'utilisation et les approches utilisées pour l'application des registres et les avantages et inconvénients relatifs à la préservation et l'utilisation des connaissances, innovations et pratiques traditionnelles utiles à la conservation et l'utilisation durable de la diversité biologique »*[72].

Enfin, elle a encouragé les Parties, les Gouvernements et les organisations *compétentes « à soutenir et accompagner les efforts que les communautés autochtones et locales déploient pour déterminer l'état et l'évolution des connaissances, innovations et pratiques traditionnelles qui incarnent des modes de vie traditionnels présentant un intérêt pour la conservation et l'utilisation durable de la diversité biologique, ainsi que les dangers qui les menacent, avec la pleine participation et le consentement de ces communautés. Lors de la conduite de ces études, il sera nécessaire de respecter et suivre les principes généraux du programme de travail sur l'article 8 j) et les dispositions connexes ainsi que les dispositions du paragraphe 28 d) de l'annexe I à la décision VI/10, aux termes duquel il faudra veiller à ce que les codes d'éthique des communautés autochtones et locales selon lesquels il convient d'obtenir leur autorisation ou leur accord pour conduire les recherches soient respectés et observés »*[73]. Les mesures

---

[72] Idem.

[73] Décision VII/21 de la 7e Conférence des Parties, p. 291. Lire aussi le travail publié dans cette dynamique, par Forest Peoples Programme ; Indigenous Peoples and the Decisions of the Convention on Biological Diversity. À Guide, May 2005, 12 pages et le Rapport de la 8e Conférence des Parties à la Convention sur la Diversité Biologique, Secrétariat de la Convention, 15 juin 2006, 409 pages. Ce document rappelle toutes les décisions importantes prises par la Conférence des Parties et

ainsi édictées par la Conférence des Parties vont permettre de poser les jalons essentiels de la prise en compte des savoirs naturalistes locaux et garantir l'usage coutumier des ressources biologiques.

Paragraphe III : L'usage coutumier des ressources biologiques

L'usage coutumier des ressources biologiques constitue l'un des droits tangibles et incompressibles reconnus aux communautés autochtones et locales par la Convention sur la diversité biologique. Plus que tous les autres, c'est le droit dont la consécration semble faire l'unanimité, y compris auprès des écologistes radicaux. En effet, l'article 10 (c) de la Convention dispose que chaque Partie *« protège et encourage l'usage coutumier des ressources biologiques conformément aux pratiques culturelles compatibles avec les impératifs de leur conservation ou de leur utilisation durable »*.

En droit forestier occidental, les droits d'usage sont considérés comme des droits naturels, au sens où les populations forestières les détiendraient de la nature, du seul fait de vivre dans la forêt et d'en dépendre presque totalement pour leur subsistance. C'est une catégorie de droits très anciens. Leur établissement remonte aux temps les plus reculés. On estime qu'ils furent au Moyen-Âge en Europe, l'arme la plus efficace contre le paupérisme[74]. L'usage forestier s'apparente à une servitude réelle, discontinue et non apparente qui confère à celui qui l'exerce le droit d'exiger, pour ses besoins et à raison de son domicile, certains produits de la forêt. 0 n le considère parce qu'il profite au propriétaire du fonds auquel il est attaché, quel que soit l'individu qui l'habite et le détient, et non à une personne déterminée. En effet, dans les sociétés traditionnelles africaines, l'occupant du sol n'a sur celui-ci qu'un simple droit d'usufruit, c'est-à-dire le droit d'user du sol et d'en récolter les produits sans pouvoir en disposer. Les usages forestiers sont

---

relatives aux droits des communautés autochtones et locales dans la gestion de la diversité biologique.

[74]GRAND (R.) ; *L'agriculture au Moyen Âge : de la fin de l'Empire romain au XVI siècle,* Paris, Éditions de BOCCARD, 1950, pp. 224 et s., cité par BOMBA (Célestin Modeste) ; L'Afrique et son patrimoine forestier. Essai de problématique générale du droit forestier en Afrique de l'Ouest et du Centre, Thèse de Doctorat 3e Cycle en Relations Internationales, Université de Yaoundé, Institut des Relations Internationales du Cameroun, décembre 1991, pp. 340 et suivantes.

calqués sur la nature de ces régimes fonciers dans lesquels il n'est pas question de droit de propriété absolue pour les individus.

Comme l'usufruit, l'usage est un démembrement de la propriété, mais un démembrement qui n'engendre au profit de l'usager aucun droit de copropriété. L'usage a pour effet de restreindre la propriété, en ce sens qu'il affaiblit la jouissance de la propriété ; ce que les Romains appelaient le « *dominium plenum* » devient une propriété restreinte, « *dominium minus plenum* ». L'usage apparaît-il en définitive moins comme un démembrement de la propriété elle-même que comme une division de sa jouissance.

Cette théorie des droits d'usage connaît quelques difficultés en Afrique. En effet, en pratique, l'État étant le propriétaire de la plus grande partie des forêts, les usagers sont naturellement tentés d'accroître le contenu de leurs droits et finissent par se comporter en propriétaires d'un sol dont ils ont déjà une partie du fruit[75].

La législation forestière camerounaise, par exemple, définit les droits d'usage comme des « *droits résultant de faits matériels ancestraux par lesquels les habitants d'une collectivité rurale peuvent, dans une forêt qui ne leur appartient pas, soit prélever certains produits, soit se livrer à certaines activités productrices, mais seulement dans la limite de la satisfaction de leurs besoins réels, personnels ou collectifs* »[76].

Mais, c'est le Code Forestier de Guinée qui en donne une définition plus complète. L'article 77 dispose que « l*es droits d'usage sont des droits coutumiers que les populations vivant traditionnellement à l'intérieur ou à proximité du domaine forestier peuvent exercer en vue de satisfaire leurs besoins en produits forestiers* ».

La consécration des droits d'usage coutumiers établit en même temps la nécessité de protéger les pratiques culturelles et traditionnelles de

---

[75] NGUESSAN (K.) ; *Commentaire du code forestier et de la législation forestière de la Côte-d'Ivoire*, Paris, LGDJ, 1989, pp. 30-31., cité par BOMBA (Célestin Modeste) ; L'Afrique et son patrimoine forestier. Essai de problématique générale du droit forestier en Afrique de l'Ouest et du Centre, idem.

[76]NGUESSAN (K.) ; *Commentaire du code forestier et de la législation forestière de la Côte-d'Ivoire*, op. cit., p.211.

gestion de la biodiversité et reconnaît les communautés autochtones et locales comme les dépositaires légitimes de pratiques compatibles avec la conservation et l'utilisation durable de la diversité biologique. La gestion des aires protégées et des concessions forestières se présente comme le domaine privilégié d'expression de l'indispensable reconnaissance des droits d'usage coutumiers. Dans ce sens, le Vème Congrès des Parcs de Durban a encouragé *« la reconnaissance des droits des populations autochtones sur leurs terres, territoires et ressources à l'intérieur des aires protégées et (...) la nécessité de conclure des accords avec les autochtones avant la création d'aires protégées sur leurs terres ou territoires »*[77]. C'est aussi cette vision qu'a entérinée la 7e Conférence des Parties de Kuala Lumpur. S'agissant des aires protégées, elle s'est largement inspirée des recommandations de Durban. La décision VII/21 *« rappelle les obligations des Parties envers les communautés autochtones et locales, en application de l'article 8 (j) et des dispositions connexes de la Convention, et note que la création, la gestion et la surveillance des aires protégées devraient se faire avec la participation pleine et entière des communautés autochtones et locales et dans le plein respect de leurs droits, conformément aux lois nationales et aux obligations internationales »*[78]. Même le programme de travail sur les aires protégées mis en place par la Convention des Parties accorde une place importante au respect des droits d'usage coutumiers des communautés autochtones et locales dans la gestion des aires protégées.

Il exige, par exemple, que d'ici 2008, les Parties garantissent *« l'utilisation durable et coutumière des ressources des aires protégées par les communautés autochtones et locales, conformément à l'article 10 (c) de la Convention »*[79]. Ainsi construite, la reconnaissance des droits d'usage coutumiers dans la Convention conduit presque inexorablement à l'accès aux avantages et aux bénéfices de conservation et de l'utilisation durable de la diversité biologique.

---

[77] Recommandations du Congrès de Durban sur les populations autochtones et aires protégées, Durban, 2003, p. 68.
[78] Décision VII/21 de la 7e Convention des Parties, p. 399.
[79] Programme de travail sur les aires protégées, décision VII/21 de la Conférence des Parties de Kuala Lumpur, février 2004, p. 409.

Paragraphe IV : L'accès aux avantages et aux bénéfices de la conservation et de l'utilisation durable des ressources biologiques

Le partage juste et équitable des bénéfices de la conservation et de l'utilisation durable de la biodiversité constitue le troisième objectif clé de la Convention sur la diversité biologique. Il a été soutenu et défendu par les pays en voie de développement qui sont conscients du potentiel économique de leurs ressources et veulent jouir des bénéfices de leur utilisation. Cette disposition a donné à la Convention une dimension utilitariste matérialisée par la création des liens entre la conservation de la biodiversité, le commerce mondial et les droits de la propriété intellectuelle. En ce qui concerne les communautés autochtones et locales, le paragraphe 12 du préambule dispose qu'*« un grand nombre de communautés locales et de populations autochtones dépendent étroitement et traditionnellement des ressources biologiques sur lesquelles sont fondées leurs traditions et qu'il est souhaitable d'assurer le partage équitable des avantages découlant de l'utilisation des connaissances, innovations et pratiques traditionnelles intéressant la conservation de la diversité biologique et l'utilisation durable de ses éléments »*. Et, l'article 8 (j) ajoute que chaque Partie *« encourage le partage équitable des avantages découlant de l'utilisation de ces connaissances, innovations pratiques »*.

Extrêmement complexe et d'interprétation difficile, le dispositif conventionnel du partage des avantages et des bénéfices a été complété par le traité international sur les ressources phytogénétiques pour l'alimentation et l'agriculture adopté à Rome en 2001, de valeur contraignante pour les Parties, et par des lignes directrices sur l'accès aux ressources génétiques et le partage juste et équitable des avantages résultant de leur utilisation établis à la réunion intergouvernementale de Bonn en octobre 2001 et adoptés à la 6e Conférence des Parties à la Haye, en avril 2002.

Ces lignes directrices visent, entre autres, *« à fournir aux Parties à la Convention et aux parties prenantes un cadre transparent pour faciliter l'accès aux ressources génétiques et assurer un partage juste et équitable des avantages (...), aider les Parties à élaborer des mécanismes et des régimes d'accès et de partage des avantages qui reconnaissent la protection des connaissances, innovations et pratiques traditionnelles des communautés autochtones et locales, conformément aux législations nationales et aux instruments internationaux pertinents et contribuer à l'atténuation de la pauvreté (...)* »[80].

De manière globale, même si la Convention réserve aux États la souveraineté sur « leurs » ressources naturelles et le pouvoir d'adopter une législation nationale régissant l'accès aux ressources et aux bénéfices de leur gestion, elle accorde une place importante à la part des avantages et bénéfices qui doit revenir aux communautés autochtones et locales. Mais, le processus de partage passe par la valorisation des connaissances et pratiques traditionnelles.

Elle repose sur un ensemble d'actions allant de la reconnaissance des savoirs à la commercialisation et à la protection des droits de propriété intellectuelle. En ce qui concerne l'identification et la reconnaissance des savoirs naturalistes, Marc GALVIN distingue cinq types de savoirs à prendre en compte dans le processus de valorisation : les savoirs individuels, des savoirs utilisés par des individus spécifiques comme les guérisseurs, les chamanes et les esprits, des savoirs communautaires, propriété communautaire et transmis de génération en génération, des savoirs consignés sous forme de banques de données et les savoirs devenus publics[81]. Mis à part leurs logiques coutumières et traditionnelles d'utilisation et de valorisation de ces savoirs, les communautés autochtones et locales n'ont ni les moyens, ni les systèmes adaptés pour gérer ces nouveaux modèles de transaction marchande et utilitariste, de valorisation commerciale des savoirs locaux.

Il est bien clair, par exemple, que les marchés et les contrats de bioprospection, c'est-à-dire, l'exploitation, l'extraction et le criblage ou le tri de la diversité biologique et des connaissances indigènes pour découvrir les ressources génétiques ayant une valeur commerciale, peuvent générer des fonds considérables. Mais, il faut établir des

---

[80] Lignes directrices de Bonn sur l'accès aux ressources génétiques et le partage juste et équitable des avantages résultant de leur utilisation, Secrétariat de la Convention sur la Diversité Biologique, 2002, pp.2-3.

[81] GALVIN (Marc) ; « La construction du nouvel ordre global des savoirs traditionnels des populations indigènes et des communautés locales », texte élaboré pour l'IUED, Genève, 2001.

mécanismes qui permettent aux indigènes de bénéficier de ces activités. Comme les États et autres parties prenantes, les communautés autochtones et locales doivent bénéficier de l'exploitation des ressources biologiques et des savoirs naturalistes locaux. Divers systèmes de valorisation des ressources génétiques et des savoirs locaux ont été proposés : la certification d'obtention végétale, la protection par brevet et par systèmes sui generis pour les variétés végétales. Mais, l'un des moyens techniques efficaces pour y arriver semble être les systèmes d'indications géographiques protégées (IGP)[82].

Ils permettent d'établir et de protéger la relation entre un produit et un lieu d'une part et entre ce produit et la tradition de l'autre. Comme l'écrivent Laurence BERARD et les autres, *« la protection formelle de l'origine géographique par l'appellation d'origine contrôlée ou par l'indication géographique protégée constitue une forme de valorisation de la plus-value culturelle. En effet, le lien avec son origine géographique confère au produit une typicité, qui suscite, avec l'expérience et le temps, une attente des consommateurs pour un produit unique, dont le prix récompense l'originalité »*[83].

Cette approche de protection a des effets structurants sur le marché. La reconnaissance des droits sur les ressources et les savoirs, préalable à la création des marchés, permet de développer un compromis où les brevets issus de l'industrie deviennent l'équivalent des droits reconnus aux États et aux populations et intégrant les droits socio-économiques et les droits de propriété. Dans cette logique, les savoirs locaux constituent davantage une marchandise protégée par des droits de propriété. Ce qui devrait logiquement conduire à l'application des systèmes juridiques sui generis adaptés à leur nature et à leur statut.

Ils touchent aux aspects des droits de propriété intellectuelle relatifs au commerce. C'est la raison pour laquelle la Convention a confié la

---

[82] Sur les possibilités d'application de ces systèmes dans la valorisation du patrimoine naturel, lire ROUSSEL (Bernard) et VERDEAUX (François) ; « Patrimoine naturel et communautés locales en Éthiopie : avantages et limites d'un système d'indications géographiques protégées », communication au 29e symposium sur « la nature comme héritage : patrimoine, conservation et territoire », du 6 au 10 April 2003, 16 pages.

[83] BERARD (Laurence) et alii ; savoirs et savoir-faire naturalistes locaux : l'originalité française, op. cit., p. 26.

tâche d'instruire cette question à l'Organisation Mondiale du Commerce (OMC) qui a créé, en son sein, le comité intergouvernemental sur les droits de propriété intellectuelle, les ressources génétiques, les savoirs traditionnels et le folklore qui soumet des rapports réguliers à la Convention[84].

Les textes adoptés à la dernière Conférence des Parties de Kuala Lumpur informent largement sur le sens que la Convention donne à cette forme de reconnaissance des droits des populations autochtones et locales. Ceux-ci suggèrent, fortement, que les Parties tiennent compte de l'article 8 (j) pour toute mesure législative, administrative ou de politique générale sur l'accès et le partage des avantages d'exploitation des ressources biologiques.

Pour approfondir les différentes questions qui se posent et proposer les éléments de solutions possibles, la Convention a confié *le « mandat d'élaborer et de négocier un régime international sur l'accès aux ressources génétiques et le partage juste et équitable des avantages, en vue d'adopter un ou plusieurs instruments qui puissent mettre en œuvre de façon efficace des dispositions des articles 15 et 8 (j) de la Convention et les trois objectifs de la Convention »*[85] au Groupe de travail spécial à composition non limitée sur l'accès et le partage des avantages qui travaillera en collaboration avec celui sur l'article 8 (j) et les dispositions connexes. À partir d'une analyse des instruments juridiques nationaux, régionaux et internationaux et d'autres instruments liés à l'accès et au partage des avantages, y compris les contrats d'accès, les mécanismes de conformité et d'exécution, le Groupe spécial sur l'accès et le partage des avantages doit élaborer et négocier la nature, la portée et les éléments d'un régime international sur l'accès aux ressources génétiques et le partage des avantages dans le cadre de la Convention sur la diversité biologique. Les éléments qui

---

[84] Sur les débats et les prises de position sur cette dimension de la valorisation des savoirs naturalistes locaux, lire l'excellent rapport de IIBERT (Hélène) ; « La Convention sur la Diversité Biologique et les Accords de Droit de Propriété Intellectuelle : Enjeux et perspectives », étude pour le Ministère de l'Aménagement et du Territoire, SOLAGRAL, avril 2001, 65 pages et SAMBUC (Henri Philippe) ; La protection internationale des savoirs traditionnels. La nouvelle frontière de la propriété intellectuelle, Paris, L'Harmattan, 2003, 296 pages.

[85] Décision VII/21 de la Conférence des Parties, p. 341.

seront être examinés par le Groupe de travail portent, entre autres, sur *« les mesures assurant le respect du principe de consentement préalable en toute connaissance de cause pour les communautés autochtones et locales détenant des connaissances traditionnelles associées aux ressources génétiques (...), le certificat reconnu internationalement concernant l'origine, la source et la provenance légale des ressources génétiques et des connaissances traditionnelles associées (...), la reconnaissance et la protection des droits des communautés autochtones et locales concernant les savoirs traditionnels issus des ressources génétiques soumises aux lois des pays où ces communautés vivent, les pratiques culturelles traditionnelles et de droit coutumier des communautés autochtones et locales (...), le code d'éthique, le code de conduite et les modèles concernant le consentement en connaissance de cause ou autres instruments, afin d'assurer le partage juste et équitable des avantages avec les communautés autochtones et locales (...), l'Instance permanente des Nations Unies sur les questions autochtones (...), la loi type africaine sur les droits des communautés locales, des agriculteurs et des éleveurs et sur l'accès aux ressources biologiques »*[86].

Comme on peut le constater, les processus de reconnaissance, de protection et de garantie des droits des communautés locales et autochtones dans la gestion de la diversité biologique se mettent progressivement en place. Ils concernent autant les droits directs que les droits indirects.

SECTION II : LES DROITS INDIRECTS RECONNUS AUX COMMUNAUTÉS AUTOCHTONES ET LOCALES DANS LA CONVENTION SUR LA DIVERSITÉ BIOLOGIQUE

La notion de droits indirects désigne l'ensemble des droits garantis aux communautés autochtones et locales dans la gestion de la diversité biologique portant sur des aspects qui ne sont pas directement liés à la culture et à l'identité des populations autochtones et locales. Mais, leur reconnaissance, leur affirmation et leur valorisation s'inscrivent en droite ligne des objectifs définis par la Convention. Il s'agit précisément de la construction du développement durable des zones adjacentes aux zones protégées, la participation aux études

[86] Décision VII/21 de la Conférence des Parties, pp. 342-345.

d'impact des projets devant affecter la diversité biologique et la protection des risques sanitaires résultant des projets.

Paragraphe I : Le développement durable des zones adjacentes aux zones protégées

Bien qu'on en parle assez peu lorsqu'on analyse les droits des communautés locales et autochtones dans la Convention sur la diversité biologique, la promotion du développement durable des zones adjacentes aux zones protégées figure parmi les dispositions anthropocentriques de la Convention. L'article 8 (e) de la Convention dispose que chaque Partie *« promeut un développement durable et écologiquement rationnel dans les zones adjacentes aux zones protégées en vue de renforcer la protection de ces dernières »*. Il constitue la traduction juridique d'un des principes majeurs du développement durable, à savoir, l'intégration de la conservation et du développement, dite encore « conservation intégrée ».

La nécessité d'intégrer la conservation et le développement repose sur le postulat que posent Serge BAHUCHET, Pierre de MARET, Pierre et Françoise GRENAND : *« il ne peut y avoir une gestion saine de l'environnement tropical sans un épanouissement des êtres humains qui en vivent (...). L'homme, dans quelque culture que ce soit, est capable de gérer convenablement son milieu, pourvu qu'il dispose de bonnes conditions sociales, politiques et économiques »*[87]. Dans cette perspective, la construction et la garantie du développement des communautés autochtones et locales riveraines des zones protégées constituent un gage de réussite de la conservation de la diversité biologique. Les Parties qui créent les zones protégées ont une obligation d'assurer le développement des populations riveraines afin qu'elles consentent, acceptent et participent à la conservation et à l'utilisation durable de la diversité biologique. Ces principes ont été réitérés en 2003 au Vème Congrès Mondial des Parcs tenu à Durban, en Afrique du Sud. À l'issue des travaux, les délégués ont clairement établi qu'*« on ne*

---

[87] BAHUCHET (Serge), DE MARET (Pierre), GRENAND (Pierre) et GRENAND (Françoise) ; Les Peuples des Forêts Tropicales Aujourd'hui, Volume I, Forêts des tropiques, forêts anthropiques. Sociodiversité, biodiversité. Un guide pratique, op.cit., p. 9.

saurait considérer les aires protégées comme des îlots voués à la conservation, étrangers à leur environnement économique et social. La pauvreté, le déplacement des populations, la faim et la dégradation des terres ont des incidences profondes sur la diversité biologique et les aires protégées et menacent très gravement leur survie (...). On ne peut pas accepter que la création et la gestion d'aires protégées exacerbent la pauvreté (...). Les aires protégées offrent actuellement un potentiel inexploité qui permettrait de contribuer à la réduction de la pauvreté tout en maintenant les fonctions vitales de conservation de la diversité biologique. Reconnaissant que l'homme peut jouer un rôle important en faveur de la conservation, nous devons aider les communautés démunies à devenir le nouveau fer de lance de la conservation »[88].

Ils ont recommandé que *« les Gouvernements, les communautés, les responsables des aires protégées, les organisations intergouvernementales, les ONGs, le secteur privé établissent des partenariats où les communautés pauvres seront les acteurs et les bénéficiaires de la création des aires protégées (...), renforcent les mécanismes pour que les pauvres participent activement aux prises de décision relatives aux aires protégées (...), respectent et reconnaissent la propriété coutumière, les droits d'usage et d'accès des populations locales durant les processus de négociation et de prise de décision (...), augmentent les ressources financières disponibles pour rétribuer le rôle de gardien des biens publics mondiaux joué par les communautés »*[89].

Le Groupe de travail sur les aires protégées de la 7e Conférence des Parties a intégré ces orientations politiques et stratégiques sur les aires protégées et la lutte contre la pauvreté dans le programme de travail qui a été soumis à la Convention. En fait, dans les prochaines années, la survie et le maintien des aires protégées résideront dans leur capacité à apporter une contribution à la réduction de la pauvreté des communautés autochtones et locales riveraines. Comme le souligne Jean-Claude NGUINGUIRI, *« les populations subissent une part importante des coûts de la conservation. C'est pourquoi il est envisagé*

---

[88] Recommandations du Vème Congrès Mondial des Parcs, UICN, Durban, 2003, pp. 83 — 84.
[89] Idem.

de lier la conservation des ressources naturelles et le développement local. On procède par des incitations économiques qui se situent dans une logique de redistribution des bénéfices tirés de la conservation des écosystèmes forestiers »[90].

Enfin, la Convention consacre d'autres types de droits indirects pour les communautés autochtones et locales dans la conservation et l'utilisation durable de la biodiversité.

Paragraphe II : La participation des communautés autochtones et locales aux études d'impact des projets devant affecter la diversité biologique et la protection des risques sanitaires résultant des projets biotechnologiques

Les études d'impact sur l'environnement font partie aujourd'hui des outils qui permettent de prendre en compte les préoccupations environnementales dans l'élaboration et la mise en œuvre des projets, programmes, plans ou politiques de développement[91]. Depuis leur origine aux États-Unis en 1969, les études d'impact sur l'environnement ont connu une progression exceptionnelle. Définies comme « la procédure qui permet d'examiner les conséquences, tant bénéfiques que néfastes, qu'un projet ou programme de développement envisagé aura sur l'environnement et de s'assurer que ces conséquences sont dûment prises en compte dans la conception du projet ou programme »[92], les études d'impact constituent l'une des institutions la plus spécifique, originale et novatrice du droit de l'environnement. Ils

---

[90] NGUINGUIRI (Jean-Claude) ; Les approches participatives dans la gestion des écosystèmes forestiers d'Afrique centrale, op. cit., p. 15. Lire aussi HANON (Laurence), BINOT (Aurélie) et LEJOLY (Jean) ; « Vers une gestion concertée des territoires périphériques d'une aire protégée africaine ? Le cas du Parc national de Zakouma au sud-est du Tchad », in ROULET (Pierre Armand) et ASSENMAKER (Pierre) (éd.) ; Gouvernance et environnement en Afrique centrale : le modèle participatif en question, Tervuren, Musée Royal de l'Afrique centrale, 2008, pp. 161-187.

[91] ANDRE (Pierre), DELISLE (C.E.) et REVERET (Jean-Pierre) ; L'évaluation des impacts sur l'environnement. Processus, acteurs et pratique pour un développement durable, 2e édition, préface de DANSEREAU (Pierre) et DI CASTRI (Francesco), Montréal, Presses Internationales de l'École Polytechnique, 2003, p. xiii.

[92] OCDE ; Bonnes pratiques sur les études de l'impact sur l'environnement exercé par les projets de développement, Paris, 1992, 18 pages.

se trouvent au cœur même du développement durable, et se présentent comme un prolongement logique du principe de prévention[93]. Ils regroupent une gamme variée d'évaluations spécialisées portant sur les impacts sociaux, les impacts économiques, les impacts sur la santé et l'analyse du risque. Ils s'appliquent donc à tous les secteurs de l'activité humaine. On comprend pourquoi la Convention a pris soin de déterminer le cadre global de leur réalisation dans le cadre de la gestion de la diversité biologique et plus spécifiquement les modalités de participation des communautés locales et autochtones à leur réalisation. À cet effet, l'article 14 (a) de la Convention dispose que *« chaque Partie adopte des procédures permettant d'exiger l'évaluation des impacts sur l'environnement des projets qu'elle a proposés et qui sont susceptibles de nuire sensiblement à la diversité biologique en vue d'éviter et de réduire au minimum de tels effets, et, s'il y a lieu, permet au public de participer à ces procédures ».*

Si d'emblée, mention expresse n'est pas faite des communautés autochtones et locales, on peut néanmoins dire qu'elles font partie du public dont il question dans le texte de l'article, notamment lorsque le projet doit affecter leur vie, leur culture et leur milieu.

Sur ce plan, la 7e Conférence des Parties de Kuala Lumpur a tranché la question, en définissant clairement, dans le cadre du plan d'action pour la préservation des connaissances, innovations et pratiques des communautés autochtones et locales qui incarnent des modes de vie traditionnels présentant un intérêt pour la conservation et l'utilisation durable de la diversité biologique, les mesures qui doivent être prises pour protéger les droits des communautés autochtones et locales dans la réalisation des études d'impact des projets affectant leur vie, leur culture et leur milieu.

Les mesures susceptibles d'être prises ont été définies à partir des lignes directrices facultatives Akwe-kon, du nom d'une population autochtone —, pour la conduite d'études sur les impacts culturels, environnementaux et sociaux des projets d'aménagement ou des aménagements susceptibles d'avoir un impact sur des sites sacrés et sur

---

[93] KAMTO (Maurice) ; Droit de l'Environnement en Afrique, op. cit., pp. 95-102.

des terres ou des eaux occupées ou utilisées traditionnellement par des communautés autochtones et locales approuvées par-là.

Ces lignes directrices facultatives fournissent un cadre de travail et de collaboration permettant aux Gouvernements, aux promoteurs de projets et aux communautés de *« soutenir la participation et l'implication effectives des communautés autochtones et locales aux activités de tri, d'étude de champ et de planification de l'aménagement, veiller à ce que les préoccupations et les intérêts culturels, écologiques et sociaux des communautés autochtones et locales soient pris en compte, notamment ceux des femmes qui sont, souvent, les plus affectées par les impacts négatifs de tels aménagements, veiller à ce que les connaissances traditionnelles des communautés autochtones et locales soient incluses dans les procédures d'évaluation de l'impact environnemental, social et culturel, et dans le plein respect des droits de propriété et de la nécessité de protéger et sauvegarder les pratiques traditionnelles, de favoriser le recours aux technologies appropriées, d'identifier et appliquer les mesures appropriées pour prévenir ou atténuer tout impact négatif éventuel des aménagements proposés et de tenir compte des liens et interactions qui sous-tendent les éléments culturels, écologiques et sociaux »*[94].

La Convention des Parties a expressément recommandé l'intégration des études d'impact culturel, environnemental et social, sous forme de processus unique. Le texte est explicite : *« Connaissant la relation particulière qui unit les communautés autochtones et locales à leur environnement, les lignes directrices permettent d'envisager l'intégration des études d'impacts culturels, environnementaux et sociaux sous forme de processus unique. La conduite d'études d'impact devrait se conformer aux dispositions de la Convention sur la diversité biologique prévues dans ses articles 14 et 8 j) et tenir compte des principes généraux du programme de travail sur l'article 8 j) et les dispositions connexes. Les lignes directrices devraient prendre en considération les travaux sur l'intégration des stratégiques conformément à l'article 14 de la Convention et veiller à l'intégration des considérations culturelles et sociales dans toutes législations ou*

[94] Lignes directrices facultatives Akwe-kon, annexe à la Décision VII/21, p. 298.

politique d'étude des impacts sur l'environnement »[95]. La Conférence, après avoir défini tous les concepts utilisés dans ce cadre, précise que les études d'impact en rapport avec les communautés autochtones et locales devraient prendre en compte les impacts culturels, les impacts sur la poursuite de l'utilisation coutumière des ressources biologiques, sur le respect, la préservation et le maintien des connaissances, innovations et pratiques traditionnelles, les impacts sur des sites sacrés et des activités rituelles ou cérémonielles qui leur sont associées, le respect de l'intimité culturelle, les impacts sur l'exercice du droit coutumier, les impacts sur l'environnement et les impacts sociaux. Toutes choses qui se rapprochent et intègrent la protection des risques sanitaires résultant des projets biotechnologiques.

La Convention dispose que les communautés locales et autochtones doivent être protégées des risques et effets sanitaires résultant des projets biotechnologiques. La Conférence des Parties a recommandé que, dans la mesure du possible, cette protection soit garantie à partir de la réalisation des études d'impact des projets sur l'environnement.

On peut donc constater qu'au-delà des vides et des insuffisances qui vont se compléter au et à mesure de l'évolution des négociations internationales, il y a comme une véritable frénésie règlementaire autour des droits des communautés autochtones et locales sur le vivant. Si cette vitalité perdure, se consolide et se développe, on peut assister, dans les prochaines années, à l'éclosion d'un droit international de l'environnement des populations autochtones et locales. Mais, cette lecture ne peut davantage être confortée que si des mécanismes pertinents et efficaces sont déployés pour garantir, orienter et canaliser la mise en œuvre du droit international de l'environnement relatif aux communautés autochtones et locales.

---

[95] Lignes directrices, ibidem, p. 304.

CHAPITRE II

L'EFFECTIVITÉ DES DROITS DES COMMUNAUTÉS AUTOCHTONES ET LOCALES DANS LA CONSERVATION ET L'UTILISATION DE LA DIVERSITÉ BIOLOGIQUE

Le droit international de l'environnement relatif aux communautés autochtones et locales affronte, comme l'ensemble du droit international et comparé de l'environnement, la question inévitable de sa mise en œuvre. Il ne faut pas voir en cela la volonté de procéder à une évaluation de l'effectivité ou de l'efficacité des normes édictées ; mais plutôt un questionnement de l'attelage stratégique et programmatique mis en place pour impulser, appuyer, accompagner et soutenir l'action normative, c'est-à-dire le travail de fabrication et de production des normes. Ces mécanismes sont définis dans le dispositif de la Convention, à un double niveau : stratégique (Section I) et institutionnel (Section II).

SECTION I : LES MÉCANISMES DE GARANTIE EFFECTIVE DES DROITS DES COMMUNAUTÉS AUTOCHTONES ET LOCALES DANS LA CONSERVATION ET L'UTILISATION DE LA DIVERSITÉ BIOLOGIQUE

Les mécanismes dits stratégiques de garantie effective des droits des communautés autochtones et locales dans la conservation et l'utilisation durable de la diversité biologique se situent à deux niveaux essentiels : l'élaboration et la mise en œuvre des stratégies régionales ou nationales de gestion de la diversité biologique et l'intégration des droits des communautés autochtones et locales dans les politiques et les programmes nationaux ou régionaux de gestion de la diversité biologique.

Paragraphe I : L'élaboration et la mise en œuvre des stratégies nationales de gestion de la biodiversité

En dépit des critiques qui lui sont fréquemment adressées du fait de son caractère peu contraignant, la Convention sur la diversité biologique est une référence dans le cadre des mécanismes de mise en œuvre des conventions internationales. En plus de l'entrée en vigueur de la Convention, l'élaboration des documents appropriés et la mise en place d'institutions garantes sont indispensables pour son application[96]. C'est dans ce cadre qu'il faut situer le processus d'élaboration et de mise en œuvre des stratégies nationales et des rapports nationaux sur la diversité biologique. Dans certaines régions du monde, comme le Bassin du Congo, on assiste au développement d'un droit communautaire de la biodiversité forestière, basé sur une stratégie régionale de gestion des écosystèmes forestiers.

Aujourd'hui, presque que tous les pays signataires de la Convention ont élaboré des stratégies nationales et des rapports nationaux sur la diversité biologique. L'article 6 de la Convention demande à chaque Partie d'élaborer ou d'adapter des stratégies, des plans ou des programmes en vue de la conservation et de l'utilisation durable de la diversité biologique et d'intégrer, dans la mesure du possible et comme il convient, la conservation et l'utilisation durable de la diversité biologique dans les plans, programmes et politiques sectoriels ou intersectoriels. La Conférence des Parties à la Convention a souligné au paragraphe 1 de sa décision VI/27A, que l'élaboration et l'application des stratégies et des plans d'action constituent la pierre angulaire de la mise en œuvre de la Convention. Cela est repris dans l'objectif 3 du Plan stratégique de Kuala Lumpur, à savoir, que *« les stratégies et les plans d'action nationaux pour la diversité biologique et l'intégration des problématiques de la diversité biologique au sein des secteurs pertinents servent de cadre effectif pour la concrétisation des objectifs de la Convention »*[97]. Dans le rapport de l'atelier sur la mise en œuvre

---

[96] KISS (Alexandre) : préface à l'ouvrage de IMPERIALI (Claude) (dir.) ; L'Effectivité du droit international de l'environnement. Contrôle de la mise en œuvre des conventions internationales, Paris, Economica, 1998, p. 5.

[97] Depuis mai 2005, 108 Parties ont achevé leurs stratégies et plans d'action nationaux. Le Secrétariat a connaissance de 15 autres Parties qui ont préparé des

et l'efficacité de la Convention, tenu à Londres su 11 au 13 mai 2005, le Secrétaire exécutif de la Convention relève que *« depuis la tenue de la deuxième réunion où elle a examiné l'article 6 pour la première fois, la Conférence des Parties a énoncé un grand nombre d'orientations relatives à l'élaboration et à la mise en œuvre des stratégies et des plans d'action nationaux (...). Elle s'est attelée de façon exhaustive aux stratégies et plans d'action nationaux à sa sixième réunion, demandant instamment aux Parties, au paragraphe 2 de la décision VI/27, d'élaborer et d'adopter des stratégies et des plans d'action nationaux, là où ils ne l'ont pas déjà fait et d'accorder la priorité à l'intégration de la conservation et de l'utilisation durable de la diversité biologique, ainsi qu'au partage des avantages dans les plans, programmes et politiques sectoriels et intersectoriels pertinents, conformément à l'article 6 de la Convention »*[98].

En plus des stratégies nationales et des rapports nationaux sur la biodiversité, la consécration des droits des communautés autochtones et locales dans les politiques de gestion de la biodiversité participe de la dynamique de leur mise en œuvre. En fait, l'intégration dans les politiques est le point de départ de leur application.

Paragraphe II : L'intégration progressive des droits des communautés autochtones et locales dans les politiques de gestion de la diversité biologique

Les pays en développement, notamment ceux du Bassin du Congo n'ont pas encore pris, à l'échelle nationale, les mesures préconisées dans la

---

stratégies et les plans d'action nationaux ou attendent que leur gouvernement avalise leurs stratégies et plans d'action nationaux, et de 17 pays où les stratégies et les plans d'action nationaux sont en cours de préparation. Deux Parties ont déjà revu leur stratégie et plan d'action national d'origine. Selon les deuxièmes rapports nationaux, presque 85 pour cent des stratégies et des plans d'action nationaux couvrent la plupart ou la totalité des articles de la Convention et plus de 60 pour cent couvrent l'intégration de tous les principaux secteurs. Mais, seulement 10 pour cent des Parties qui ont réagi indiquent qu'ils disposent de rapports sur la mise en œuvre de leur stratégie et plan d'action nationaux, et seulement 7 pour cent ont mis en place des objectifs mesurables.

[98] Rapport de l'atelier sur la mise en œuvre et l'efficacité de la Convention, PNUE, CDB, mai 2005, p. 19.

Convention et les décisions de la Conférence des Parties pour assurer le respect, la préservation et le maintien des connaissances, innovations et pratiques des communautés autochtones et locales qui incarnent des modes de vie traditionnels présentant un intérêt pour la conservation et l'utilisation durable de la diversité biologique. Ainsi la République démocratique du Congo, rapportant sur la mise en œuvre des programmes de travail et des priorités dans la gestion de la diversité biologique des forêts, relève que *« l'exploitation forestière de type sélectif, reste concentrée sur une trentaine d'essences seulement sur les quelques 700 actuellement inventoriées. Le niveau de leur aménagement est globalement faible, de même que la participation des communautés locales dans la gestion (...). Par le passé, les ancêtres ont su conserver et préserver les ressources naturelles en maintenant un équilibre entre leur utilisation et leur conservation. Ces pratiques, pour la plupart, adaptées aux contextes culturels locaux ont été abandonnées au profit de celles dites modernes et qui ont par ailleurs, montré leur limite. D'où l'impérieuse nécessité de les inventorier, de les capitaliser et de les revaloriser (...). »*[99]. Et le rédacteur du texte de commenter le faible investissement de la République démocratique du Congo dans la mise en œuvre des dispositions de la Convention sur les communautés autochtones et locales.

Il affirme péremptoirement que *« l'application de l'article requiert une volonté politique manifeste pour prendre en compte les connaissances et autres pratiques des communautés autochtones et locales favorables à la gestion durable des ressources. Par ailleurs, l'image rétrograde accordée à ces pratiques par l'opinion publique devra être améliorée à travers des campagnes de sensibilisation, de formation et d'informations ».*[100] Les rapports nationaux du Cameroun, du Congo-Brazzaville et de la République Centrafricaine constatent qu'il existe des dispositions normatives nationales sur les droits des communautés autochtones et locales dans la gestion de la diversité biologique, mais

---

[99] Rapport national sur la Convention de la diversité biologique, Kinshasa, Secrétariat Exécutif du Comité Interministériel de suivi des décisions de Rio, 14 mai 2001, p. 12.
[100] KAPA BATUNYI ; Rapport national sur la Convention de la diversité biologique, Kinshasa, Secrétariat Exécutif du Comité Interministériel de suivi des décisions de Rio, 14 mai 2001, pp. 26-29.

que leur application reste lacunaire et leur impact encore faible[101]. Mais, il est indéniablement établi que la totalité des États du Bassin du Congo ont élaboré des politiques participatives de gestion des forêts. Le Cameroun y a joué un rôle pionnier. La politique forestière élaborée en 1995, au lendemain du Sommet de Rio, accorde une place importante à la participation des communautés autochtones et locales à la gestion durable des forêts et au bénéfice des revenus issus de leur exploitation.

Elle a défini les objectifs de la nouvelle politique forestière du pays autour de cinq principaux points, à savoir, améliorer l'intégration des ressources forestières dans le développement rural afin de contribuer à élever le niveau de vie des populations rurales et de les faire participer à la conservation des ressources, mettre en valeur les ressources forestières en vue d'augmenter la part de la production forestière dans le produit intérieur brut tout en conservant le potentiel productif et dynamiser le secteur forestier en mettant en place un système institutionnel efficace et en faisant participer tous les intervenants dans la gestion du secteur. À terme, elle doit permettre d'accroître les revenus financiers de l'État, de développer la conservation de la biodiversité et de prendre en compte les intérêts des populations riveraines. Tous les États de la région se sont arrimés à cette nouvelle orientation de la gestion publique des forêts.

Le droit forestier communautaire, pour sa part, marque une relative rupture avec les initiatives nationales dans ce domaine. En effet, le plan de convergence de la Commission des Forêts d'Afrique Centrale (COMIFAC), consacre, expressément, dans l'axe stratégique 3 relatif à l'aménagement des écosystèmes et au reboisement, la cartographie des limites des terroirs pygmées et villageois, dans l'axe stratégique 6 sur le développement des activités alternatives et la réduction de la pauvreté, la mise en place des mécanismes de rétrocession des revenus de l'exploitation des ressources forestières et fauniques aux populations locales et dans l'axe 8 sur la recherche-développement, le recensement

[101] Lire à cet effet le deuxième rapport du Cameroun sur la diversité biologique, MINEF, 1999, pp. 37 et suivantes. Il faut rappeler que le Cameroun a signé la Convention sur la diversité biologique le 14 juin 1992. Il l'a ratifiée le 19 octobre 1994, soit deux ans après le Sommet de Rio. Elle est entrée en vigueur le 17 janvier 1995.

des connaissances traditionnelles dans un système de base de données centralisé et le renforcement de la règlementation sur l'utilisation commerciale des connaissances traditionnelles par des tiers[102]. Dans le contexte de l'Afrique centrale, dominée, il y a à peine une décennie, par la gestion autoritaire des écosystèmes forestiers, cette évolution mérite d'être relevée. Cette évolution a été légitimée dans le traité relatif à la conservation et à la gestion durable des écosystèmes forestiers d'Afrique Centrale et instituant la Commission des Forêts d'Afrique Centrale signé par les Chefs d'État des pays du Bassin du Congo, le 5 février 2005, à Brazzaville. À l'article 1er du traité, les États se sont engagés à « renforcer les actions visant à accroître la participation rapide des populations rurales dans la planification et la gestion durable des écosystèmes et réserver des espaces suffisants pour leur développement socio-économique »[103]. Une réflexion est aussi en cours sur l'élaboration et la mise en place d'une stratégie sous-régionale d'accès aux ressources biogénétiques et de partage des avantages découlant de leur utilisation[104].

Toutefois, les mécanismes stratégiques ne suffisent pas à assurer la mise en œuvre et l'application des traités. Il faut des institutions appropriées qui puissent aiguiller les processus autour des conventions. Il en est de même de la Convention sur la diversité biologique qui se meut entre plusieurs institutions appelées à accompagner sa mise en œuvre.

SECTION II : LES ACTEURS DE LA GARANTIE DES DROITS DES COMMUNAUTÉS AUTOCHTONES ET LOCALES

De manière globale, deux catégories d'acteurs oeuvrent pour la garantie effective des droits des communautés autochtones et locales dans la

---

[102] Plan de Convergence pour la conservation et la gestion durable des écosystèmes forestiers d'Afrique centrale, Yaoundé, COMIFAC, juillet 2004, p. 14 et p. 2

[103] Traité relatif à la conservation et à la gestion durable des écosystèmes forestiers d'Afrique centrale et instituant la Commission des Forêts d'Afrique Centrale, Yaoundé, COMIFAC, 2005, p. 8.

[104] TONYE MAHOP (Marcellin) ; « Accès aux ressources biogénétiques et partage des avantages découlant de leur utilisation : dispositions règlementaires et institutionnelles dans l'espace COMIFAC et perspectives », synthèse d'une étude régionale, août 2007, 49 pages.

gestion de la diversité biologique : les acteurs majeurs et les acteurs secondaires.

Paragraphe I : Les acteurs majeurs de la garantie effective des droits des communautés autochtones et locales dans la gestion de la diversité biologique : la Convention des Parties et le Secrétariat de la Convention

Les acteurs majeurs qui oeuvrent pour la reconnaissance et la garantie effective des droits des communautés locales et autochtones dans la gestion de la diversité biologique sont la Convention des Parties et le Secrétariat de la Convention.

A- La Convention des Parties

La Convention des Parties (COP) est instituée par l'article 23 de la Convention. Elle est l'organe supérieur de la CDB, chargé de superviser sa mise en œuvre. Elle réunit tous les Gouvernements qui ont ratifié le traité et constitue l'autorité fondamentale de la Convention. Ce corps gouvernant contrôle les progrès réalisés sous la Convention, identifie les nouvelles priorités, et fixe les plans de travail des membres. De plus, elle propose des amendements à la Convention, crée des corps consultatifs d'experts, passe en revue les rapports d'activités que les nations membres sont tenues de lui remettre, et collabore avec les autres organisations et accords internationaux.

La COP s'appuie sur l'expertise et le support de différents autres corps qui sont établis par la Convention. Devant se réunir de façon régulière[105], mais pouvant également tenir des sessions extraordinaires[106], elle est chargée de rédiger, par consensus, son

[105] La COP a décidé en 2000 de tenir des réunions ordinaires tous les deux ans (décision V/20, § 1). À ce jour, la COP s'est réunie à sept reprises, à savoir aux Bahamas du 28 novembre au 9 décembre 1994, à Jakarta du 6 au 17 novembre 1995, à Buenos Aires du 4 novembre au 15 novembre 1996, à Bratislava du 4 au 15 mai 1998, à Nairobi du 15 au 26 mai 2000, à la Haye au mois d'avril 2002 et à Kuala Lumpur en février 2004.

[106] À l'initiative de la COP ou d'un de ses membres, appuyé par un tiers des parties à la convention. C'est à l'occasion de la première réunion extraordinaire de la COP

règlement, et de fixer le budget de fonctionnement de la Convention (fonctionnement du secrétariat et de l'organe subsidiaire chargé de fournir des avis scientifiques, techniques et technologiques (SBSTTA) et de la tenue des sessions[107].

La mission principale de la COP est de surveiller et de guider la mise en œuvre de la convention, et de présider à son évolution future. Outre l'examen des rapports nationaux établis par les parties et des avis et rapports du secrétariat et du SBSTTA, la COP procède à l'élaboration d'amendements à la Convention et à ses annexes, et rédige, le cas échéant, des protocoles. Cette dernière faculté est fondamentale pour l'évolution de la Convention, dont la nature de traité-cadre exige l'adoption d'accords sectoriels plus précis, comme le protocole de Carthagène. La COP crée les organes subsidiaires qu'elle juge nécessaires à l'application de la CDB. En raison du large spectre de ses missions, la COP a entamé des travaux, dans une série de domaines, de façon à approfondir et éclaircir la portée de certaines dispositions de la CDB. Au cours de ses six premières réunions, la COP a adopté plus d'une centaine de décisions sur des points de procédure ou de fond, contribuant ainsi à développer considérablement la Convention.

C'est dans cette logique qu'elle a entrepris, depuis la Conférence de Buenos Aires, en 1996, d'inscrire l'article 8 (j) figure à l'ordre du jour de ses sessions. Elle a mis sur pied un certain nombre d'organes subsidiaires, dans le but d'appréhender de façon spécifique certaines problématiques. Il s'agit du Groupe de travail sur la biosécurité[108], du panel d'experts sur l'accès et le partage des bénéfices[109], du Groupe de travail sur l'accès et le partage des bénéfices[110], du Groupe de travail sur l'article 8 (j) et les dispositions y relatives[111] et du Comité

(Montréal, 24-29 mai 2000) que le protocole de Carthagène a été adopté (numéro 383 et s.).

[107] SADELEER (Nicolas de) et BORN (Charles-Hubert) ; Droit international et communautaire de la biodiversité, Paris, Dalloz, 2004, pp. 125-135.

[108] Créé par la Décision II/5, de la Convention des Parties (Consideration of the need for and modalities of a protocol for the safe transfer, handling and use of living modified organism).

[109] Créé par la Décision IV/8, paragraphe 3, de la Convention des Parties (access and benefit-sharing). Voir également la décision V/26 (acces to genetic ressources).

[110] Créé par la décision V/26.

[111] Créé par la décision IV/9.

intergouvernemental pour le protocole de Carthagène[112]. Les modalités de leur fonctionnement ont chaque fois été précisées par la Convention des Parties. Dans le cadre des travaux de la 7e Conférence des Parties, le Groupe de travail sur l'accès et le partage des bénéfices et le Groupe de travail sur l'article 8 (j) et les dispositions y relatives ont présenté des rapports sur les progrès réalisés dans la mise en œuvre des tâches prioritaires du programme de travail relatif à ces aspects de la Convention.

Ces Groupes de travail collaborent étroitement avec l'organe subsidiaire chargé de fournir des avis scientifiques, techniques et technologiques (SBSTTA) pour toutes les questions relatives aux droits des communautés autochtones et locales dans la conservation et l'utilisation durable de la diversité biologique. Cette institution est appelée à donner en temps opportun à la Conférence des Parties et le cas échéant, à ses autres organes subsidiaires, des avis concernant l'application de la présente Convention, y compris en matière de droits des communautés locales et autochtones. Cet organe est ouvert à la participation de toutes les Parties et il est pluridisciplinaire. Il se compose de représentants gouvernementaux compétents dans les domaines de spécialisation concernés. Il fait régulièrement rapport à la Conférence des Parties sur tous les aspects de son travail.

À côté de cette institution fondamentale, véritable plaque tournante dans le dispositif de mise en œuvre de la Convention figure le secrétariat de la Convention.

B. Le Secrétariat de la Convention

Le Secrétariat de la Convention est l'organe essentiel au fonctionnement pratique des institutions de la Convention. Il est institué par l'article 24 et a pour principale mission d'organiser et d'assurer le service des réunions de la COP et des autres organes subsidiaires. Il est établi à Montréal et hébergé par le Programme des Nations Unies pour l'Environnement (PNUE). Sans préjudice des autres missions que la COP peut décider de lui assigner, le Secrétariat est, aussi, chargé d'assurer la coordination avec les autres organismes internationaux

[112] Créé par la décision EM-I/3.

compétents, et en particulier conclure les arrangements administratifs et contractuels qui pourraient lui être nécessaires pour s'acquitter efficacement de ses fonctions et avec les secrétariats des autres conventions dans le domaine de la biodiversité. C'est dans ce cadre qu'en matière de promotion des droits des communautés autochtones et locales, il collabore avec les institutions des Nations-Unies, notamment le Haut-Commissariat des Nations-Unies aux Droits de l'Homme et avec l'Organisation Internationale du Travail, pour la protection et le respect des droits des peuples autochtones dans le monde. Au cours de la dernière réunion de l'Instance Permanente des Nations-Unies pour les Peuples autochtones, le Secrétariat de la CDB a présenté un exposé sur l'évolution des négociations internationales dans le domaine des connaissances et pratiques autochtones en matière de gestion de la diversité biologique.

De toute évidence, la garantie des droits des communautés autochtones et locales ne se limite pas au niveau de la Conférence des Parties et du Secrétariat de la Convention. Elle s'étend aussi au travail des acteurs subsidiaires et secondaires, à l'instar des organisations intergouvernementales et non gouvernementales.

Paragraphe II : Les acteurs secondaires de la garantie effective des droits des communautés autochtones et locales dans la conservation et l'utilisation durable de la diversité biologique : les organisations intergouvernementales et non gouvernementales

Les organisations intergouvernementales et non gouvernementales apportent une importante contribution dans la protection et la garantie des droits des communautés autochtones et locales dans la gestion de la diversité biologique. Ce n'est pas le contenu de leur action qui les met en seconde position, mais plutôt la nature de leur rôle. En fait sur le terrain, l'action de ces institutions est dense et performante. À titre d'exemple, on peut citer le cas de l'Organisation Internationale du Travail (OIT), du Haut-Commissariat des Nations-Unies aux Droits de l'Homme, de la Banque Mondiale, de l'Union Mondiale pour la Nature (UICN), et dans une certaine mesure du Fonds Mondial pour la Nature (WWF), du Forest People Programme, de Minority Rights International, entre autres, et les organisations des populations autochtones et locales.

L'Organisation Internationale du Travail est la première organisation internationale à avoir pris des initiatives de protection, de défense et de garantie des droits des populations locales et autochtones. Depuis sa création en 1919, elle a défendu, sans relâche, les droits sociaux et économiques des communautés dont les coutumes, les traditions, les institutions ou la langue les distinguant des composantes nationales dominantes.

En 1953, elle publie les résultats d'une étude sur les populations autochtones qui servira de base à l'élaboration des premiers instruments internationaux relatifs à la protection des droits des populations autochtones dont les modes de vie et d'existence étaient menacés par les cultures dominantes[113]. Et, en juin 1989, après quatre années de travaux préparatoires intenses, la Conférence internationale du travail va adopter la Convention numéro 169 de l'OIT[114] sur les droits des peuples indigènes et tribaux. C'est le texte juridique international qui met en orbite les populations autochtones et développe une approche autonomiste et non plus assimilationniste des populations autochtones.

Aujourd'hui, l'OIT met en œuvre divers projets de promotion et de garantie des droits des peuples indigènes et tribaux en Afrique, en Amérique latine et Caraïbes et en Asie. En Afrique, les deux principaux projets en cours portent sur l'étude du droit coutumier au Maroc, la protection juridique des droits des peuples autochtones au Cameroun[115]. Elle coopère avec l'ONU, les organisations non gouvernementales et les organisations de populations autochtones et locales pour assurer la protection et le respect des droits des populations autochtones[116].

---

[113] ONU ; Les Droits des peuples autochtones, fiche d'information, Genève, Haut-Commissariat des Nations-Unies aux Droits de l'Homme, décembre 1997, pp. 21-25.

[114] La Convention numéro 169 est déjà ratifiée par 17 pays (avril 2005) est considéré comme l'instrument international le plus important pour la protection des droits des peuples indigènes et tribaux dans le monde.

[115] Pour une vue d'ensemble sur l'action de l'OIT sur les droits des peuples indigènes et tribaux dans le monde, lire L'OIT et les Peuples indigènes et tribaux, Genève, OIT, avril 2005, 23 pages.

[116] Un exemple de cette coopération a été développé au mois de juin 2005 à Yaoundé lors de l'atelier de présentation et de validation des résultats des études sur les la protection juridique des droits des peuples autochtones au Cameroun et sur les peuples autochtones et la stratégie nationale de lutte contre la pauvreté. L'OIT a invité diverses organisations intergouvernementales, non gouvernementales et autochtones pour

Au sein de l'ONU, en plus de l'action conventionnelle du Programme des Nations-Unies pour l'Environnement, le Conseil Economique et Social et le Haut-Commissariat des Nations-Unies aux Droits de l'Homme sont les institutions les plus engagées dans la défense et la promotion des droits des populations autochtones. Les activités sont menées au sein de l'Instance Permanente des Nations — Unies sur les peuples autochtones et du Groupe de travail des Nations-Unies sur les populations autochtones. Toutes ces institutions ont été mises en place dans la mouvance des activités de la première décennie internationale des populations autochtones (1995-2004)[117]. Créée par la résolution 2000/22, l'Instance Permanente regroupe seize (16) experts indépendants, dont huit (08) nommés par les Gouvernements et les huit (08) autres par les populations autochtones. Elle œuvre pour l'intégration et la coordination des questions autochtones au sein du système des Nations Unies. Elle se réunit pendant dix jours, chaque année, à Genève ou à New York. Le Groupe de travail sur les populations autochtones quant à lui est un organe subsidiaire de la Sous-commission de la lutte contre les mesures discriminatoires et de la protection des minorités de l'ONU.

Il est composé de cinq membres, avec un de chaque région géographique du monde. Il se réunit pendant une semaine, avant la session annuelle de la Sous-commission à Genève. Il est ouvert à tous les représentants des peuples autochtones et à leurs communautés et organisations. Il passe en revue les faits nouveaux survenus au niveau national et international concernant la promotion et la protection des droits de l'homme et des libertés fondamentales des peuples

---

prendre part aux travaux de cet atelier et apporter leur propre analyse à l'évolution des droits des peuples autochtones au Cameroun.

[117] L'Assemblée générale des Nations Unies a proclamé, par sa résolution 48/163 du 21 décembre 1993, la première décennie internationale des populations autochtones sur le thème : « Les populations autochtones : un nouveau partenariat ». Cette décennie avait pour principal objectif de renforcer la coopération internationale aux fins de résoudre les problèmes qui se posent aux populations autochtones dans les différends tels que les droits de l'homme, l'environnement, le développement, l'éducation et la santé. Le 20 décembre 2004, par sa résolution A/RES/59/174, l'Assemblée générale a proclamé la deuxième décennie internationale des populations autochtones, à partir du 1er janvier 2005.

autochtones. Il a la charge d'élaborer des normes internationales relatives aux droits des peuples autochtones.

Dans cette dynamique, la Commission des droits de l'homme, par sa résolution 1995/32 du 3 mars 1995, a créé un Groupe de travail intersessions à composition non limitée, chargé d'examiner le texte soumis par la Sous-commission et d'élaborer un projet de déclaration pour examen et adoption par l'Assemblée générale de l'ONU. Le projet de déclaration des Nations Unies sur les droits des peuples autochtones est la principale activité de la décennie dont la finalisation et l'adoption donneront une nouvelle dynamique à l'action internationale de reconnaissance et d'affirmation des droits des populations autochtones. Le texte compte aujourd'hui quarante-cinq (45) articles. Relativement bien équilibré, il balaie les principaux domaines auxquels les autochtones sont attachés, en l'occurrence, la vie et l'intégrité, la culture, l'identité religieuse et linguistique, l'éducation et l'information publique, les droits économiques et sociaux, les terres et les ressources et les institutions autochtones. Même si les États restent très prudents sur les questions autochtones dans l'ensemble, le seul fait qu'au cours de ces dix dernières années, ils se soient penchés, avec les experts autochtones sur un projet de déclaration marque une évolution dans le champ juridique international[118].

L'action de ces institutions onusiennes est fortement complétée, et parfois rendue dynamique par celle de la Banque Mondiale. C'est à elle que la communauté internationale doit la première définition officielle du concept de « populations autochtones » dans sa directive opérationnelle 4.20. Et depuis l'année 2001, elle a engagé un processus de révision de ses politiques opérationnelles sur les peuples autochtones. Dans ce cadre, la Banque Mondiale *« reconnaît que les peuples autochtones comptent généralement parmi les plus pauvres, qu'elles constituent les segments les plus vulnérables de la société et*

[118] Sur l'analyse du contenu du projet de déclaration des Nations Unies sur les droits des populations autochtones, lire les travaux de recherche de KOUEVI (Ayitegan Godfry) ; Les Nations Unies et le projet de déclaration sur les droits des peuples autochtones, Thèse de Doctorat en Droit, Faculté de Droit et de Science Politique de l'Université d'Aix-Marseille, 1998 et VIALE (Cédric) ; L'Instance permanente sur les questions autochtones de l'Organisation des Nations Unies, Thèse de Doctorat en Droit, Faculté de Droit et de Science Politique de l'Université d'Aix-Marseille, 2003.

que, dans de nombreux pays, elles n'ont pas pleinement profité du processus de développement (...). Lorsqu'un projet soutenu par la Banque Mondiale prévoit l'utilisation commerciale des ressources culturelles de groupes autochtones, y compris leur savoir, la politique de la Banque Mondiale exige que ces groupes manifestent leur accord et qu'ils tirent les avantages de l'utilisation de ces ressources (...). Les connaissances et les cultures des peuples autochtones sont des ressources essentielles à leur survie et leur développement durable. C'est pourquoi la Banque peut fournir son assistance à l'emprunteur pour mieux protéger ces ressources, notamment par le biais du renforcement des droits de propriété intellectuelle »[119]. Cette action de révision et d'adaptation des politiques s'accompagne de la mise en place des mécanismes et des outils de financement des projets de développement des populations autochtones pour mettre en œuvre des modèles de développement élaborés par les autochtones eux-mêmes et respectueux de leurs cultures.

Les organisations non gouvernementales ne sont pas en reste dans la promotion des droits des populations locales et autochtones. L'Union Mondiale pour la Nature et le Fonds Mondial pour la Nature sont les plus anciennes dans ce champ de travail. Après de longues années de méconnaissance et de violence à l'égard des autochtones, leurs politiques ont évolué ces dernières dans le sens de la reconnaissance et de la collaboration, grâce à la lutte des organisations indigènes et environnementalistes, de l'évolution des politiques internationales de gestion des ressources naturelles et du renouvellement, des paradigmes scientifiques de gestion des ressources naturelles et une intégration progressive des savoirs des sciences humaines et sociales dans la gestion de la biodiversité[120]. Sous l'égide de l'UICN, la communauté

---

[119] Projet de politiques opérationnelles de la Banque Mondiale (PO 4.10), mars 2001, 5 pages.

[120] Sur la position du Fonds Mondial pour la Nature (WWF) à l'égard des peuples autochtones, lire GONZALO OVIEDO Carrillo ; Les Peuples autochtones et la Conservation. Déclaration de Principes du WWF, Gland, WWF, juin 1996, 12 pages. La nouvelle version du document a été publiée par GONZALO OVIEDO et MAFFI Luisa ; Indigenous and Traditional Peoples of the World and Ecoregion Conservation, Gland, WWF, 2000, 116 pages et pour l'Union Mondiale pour la Nature (UICN) ; Principes et lignes directrices sur les aires protégées et les peuples autochtones/traditionnels, Gland, UICN, Commission Mondiale des Aires Protégées, 1994. Cette première version a été révisée par BELTRAN Javier ; Indigenous and

internationale a tenu les travaux du Vème Congrès Mondial des Parcs du 08 au 17 septembre 2003, à Durban, en Afrique du Sud, sur le thème : « bénéfices par-delà les frontières ». Les délégués aux travaux ont fait un ensemble de recommandations pour une meilleure gouvernance des aires protégées au cours de ce 21e siècle, avec un accent particulier sur le partage des avantages et des bénéfices de la conservation. À l'échelle de l'Afrique centrale, le bureau régional de l'UICN pour l'Afrique centrale, en partenariat avec d'autres organisations de la sous-région, est en train de mettre en place, dans le cadre des activités de la Conférence sur les Écosystèmes des Forêts Denses et humides d'Afrique Centrale (CEFDHAC), un réseau sous-régional des populations autochtones et locales pour la gestion durable et bénéfique des écosystèmes forestiers du Bassin du Congo (REPALEAC).

Son principal objectif est de renforcer les capacités des populations autochtones et locales et leurs organisations pour qu'elles participent, aux côtés des États et d'autres acteurs à la gestion des écosystèmes forestiers[121]. Le Fonds Mondial pour la Nature quant à lui, essaie de développer des projets intégrés de conservation et de développement sur le terrain, avec une collaboration plus ou moins réussie avec les populations autochtones et locales. C'est le cas du projet WWF-Jengi dans le sud-est du Cameroun dont les activités de conservation intégrée dans la région associent quelques représentants autochtones Pygmées Baka[122]. Toutefois, des travaux de recherche récents invitent à la

---

TRaditional Peoples and Protected Areas. Principles, Guidelines and Case Studies, Gland, UICN, World Commission on Protected Areas, 2000, 133 pages.

[121] L'initiative de la création de ce réseau a été prise à l'issue de l'atelier sous-régional tenu du 24 au 26 mars 2003 à Kigali (Rwanda), sur les populations autochtones et locales et la gestion durable des écosystèmes forestiers du Bassin du Congo. Actuellement, M. Kapupu DIWA MUTINMAWA de la République démocratique du Congo assure la coordination régionale des activités de ce réseau. Son assemblée constitutive se tiendra au courant du mois de novembre 2005 à Kinshasa (République démocratique du Congo).

[122] L'expérience de collaboration avec les Pygmées Baka de la Boumba-et-Ngoko dans le sud-est du Cameroun, dans le cadre du projet Jengi, un projet de conservation intégrée des parcs nationaux ce Lobéké et de Nki, a fait l'objet d'une esquisse d'évaluation lors de l'atelier du 16 février 2005, dans la salle des conférences de WWF, à Yaoundé. Les participants ont recommandé à l'équipe de WWF de prendre en considération les droits d'usage coutumiers et les activités de chasse rituelle des Baka dans leurs activités de conservation de la biodiversité. Sur les orientations de la politique de WWF à l'endroit des peuples autochtones, lire WWF ; *Indigenous*

réserve et à la prudence devant la mobilisation des grandes ONGs environnementalistes pour la prise en compte des connaissances et des capacités autochtones dans la conservation de la biodiversité. Denis CHARTIER et Bernard SELLATO écrivent à ce sujet que *« l'émergence récente du concept médiatisé de prise en compte des capacités autochtones et des connaissances locales dans les programmes de conservation incite certaines ONGs à y chercher avant tout une part de légitimation (...). Elle est d'abord un instrument de légitimation avant d'être un instrument de politique ou d'action (...). Ces concepts médiatisés confortent certaines ONGs environnementales d'environnement dans des logiques marchandes qui conduisent à la transformation du capital symbolique des populations locales en un capital économique dont les principaux bénéficiaires sont les ONGs »*[123].

L'action non gouvernementale internationale de protection des droits des populations autochtones et locales est aussi menée par deux grandes ONGs internationales britanniques : Forest People Programme et Minority Rights International. La première est engagée dans le développement des capacités des populations autochtones et locales dans la gestion participative des aires protégées.

Elle met son expertise à la disposition des populations et des organisations autochtones, dans les négociations internationales sur la biodiversité et dans la collaboration entre les autochtones et les aires protégées en Afrique, en Amérique latine et en Asie. Minority Rights International est sur les traces de Forest People Programme. Elle s'est engagée aux côtés des autochtones ces dernières années dans l'optique de garantir des droits des populations autochtones et locales.

Peoples and Conservation. WWF Statement of Principles, A WWF Position Paper, 2008, 8 pages et BILLE (Peter Larsen) and SPRINGER (Jenny) ; Mainstreaming WWF Principles on Indigenous Peoples and Conservation in Project and Programme Management, WWF, Gland, 2008, 50 pages.

[123] CHARTIER (Denis) et SELLATO (Bernard) ; « Les savoir-faire traditionnels au service de la conservation de la nature ou des ONG internationales d'environnement ? », in RODARY (Estienne), CASTELLANET (Christian) et ROSSI (Georges) (dir.) ; Conservation de la nature et développement. L'intégration impossible ? , Paris, GRET-Karthala, 2003, pp. 89-104. Lire aussi, CHAPIN (Mac) ; « A challenge to conservationists », in WORLD WATCH MAGAZINE, 2004, pp. 17-31.

Enfin, les organisations de populations autochtones et locales, elles-mêmes, en collaboration avec des organisations non gouvernementales nationales et locales, coopèrent avec les autochtones sur le terrain pour réaliser des actions concrètes de promotion et de garantie des droits des populations autochtones. Ces activités couvrent, de manière principale, les domaines de la citoyenneté, de l'accès aux ressources naturelles et aux bénéfices de leur exploitation. Mais, à tous ces différents niveaux, les résultats des actions menées ne sont pas encore assez perceptibles. La prise de conscience sur la nécessité de protéger les droits des communautés autochtones et locales à leurs connaissances, innovations, et pratiques traditionnelles, y compris leurs droits au partage des avantages et des bénéfices est émergente. Pour accroître et améliorer cette prise de conscience, il s'avère nécessaire d'améliorer le contenu des droits des communautés autochtones et locales garantis dans la Convention sur la diversité biologique qui, pour l'instant, reste lacunaire.

DEUXIÈME PARTIE

LES LACUNES DE L'AMÉNAGEMENT JURIDIQUE DE LA GARANTIE EFFECTIVE DES DROITS DES COMMUNAUTÉS AUTOCHTONES ET LOCALES DANS LA CONVENTION SUR LA DIVERSITÉ BIOLOGIQUE

« La relation entre les peuples autochtones et les entités étatiques nationales est actuellement examinée à la fois sur le plan des droits de l'homme, pour inventer des droits d'un genre nouveau visant à promouvoir les droits culturels, fonciers, politiques, juridiques et économiques des petits peuples en voie de disparition et sur le plan politique, pour les reconnaître comme sujets du droit, acteurs de leur propre développement (...). Une mondialisation à visage humain demande une démocratisation du politique, la reconnaissance des droits des peuples autochtones, sous une forme non préjudiciable aux intérêts de tous, l'intégration des manières ou de la spiritualité indigènes dans les schémas de pensée occidentaux et la mise en œuvre des recommandations onusiennes concernant le partenariat État-peuples autochtones » (BELLIER (Irène) ; « Regards autochtones », in Courrier de la Planète, numéro 74, octobre-décembre 2004, pp. 56-59.

Aussi consistante qu'elle paraisse, la consécration des droits des communautés autochtones et locales dans la Convention sur la diversité biologique n'en reste pas moins lacunaire, étroite et, *ipso facto*, insuffisante (Chapitre III). Cette construction lacunaire des droits autochtones justifie, entre autres, les lacunes qui s'expriment dans la garantie effective de ces droits (Chapitre IV).

CHAPITRE III

LES LACUNES DANS L'AMÉNAGEMENT JURIDIQUE DES DROITS DES COMMUNAUTÉS AUTOCHTONES ET LOCALES DANS LA CONVENTION SUR LA DIVERSITÉ BIOLOGIQUE

L'analyse critique du contenu et de l'étendue des droits reconnus aux populations autochtones et locales dans la Convention de la diversité biologique laisse apparaître deux grandes limites, à savoir une prise en compte limitée des liens consubstantiels entre les communautés autochtones et locales et les ressources biologiques (Section I), et une formalisation parcellaire des droits des communautés autochtones et locales (Section II).

SECTION I : UNE PRISE EN COMPTE LIMITÉE DES LIENS ENTRE LES COMMUNAUTÉS AUTOCHTONES ET LOCALES ET LES RESSOURCES BIOLOGIQUES

Dans l'univers symbolique et culturel des communautés locales et autochtones, la biodiversité n'a pas seulement une valeur économique. Elle a d'abord et surtout une valeur culturelle et identitaire. Dans le cas des populations autochtones et locales forestières, l'importance de la forêt ne réside pas seulement dans ce qu'elle peut rapporter au plan économique et financier ; mais plutôt, dans ce qu'elle apporte à la production symbolique de leur identité, à la vie spirituelle et à la reproduction sociale. La Convention sous-estime la substance des liens culturels et anthropologiques que les communautés autochtones et locales entretiennent avec la biodiversité. Et, la sous-estimation du lien culturel et anthropologique fait le lit de la sous-évaluation des avantages et des bénéfices économiques et financiers attendus de la valorisation des ressources biologiques et des connaissances, des savoirs et des pratiques autochtones.

Paragraphe I : La sous-estimation des liens symboliques entre les communautés autochtones et locales et les ressources biologiques

Saisir la substance des liens et des avantages tirés de la biodiversité par les populations autochtones et locales au plan symbolique est le point de départ d'une politique de formalisation de leurs droits en la matière. Ainsi, le producteur du droit aurait une vision étendue et large des droits reconnaissables a posteriori. Ce travail ne semble pas avoir été fait avant l'élaboration du texte de la Convention, ou, s'il l'a été, les conclusions essentielles n'ont pas été valorisées dans l'entreprise de production normative.

Pourtant, la littérature anthropologique des trois dernières décennies est extrêmement riche sur cette question. Elle montre clairement que les populations autochtones et locales entretiennent et maintiennent des liens de longue date avec la nature. Elles ont des relations consubstantielles avec elle. Leur existence en est intimement liée. Elles dépendent de la nature et de ses ressources pour leur survie quotidienne. Elles y trouvent toutes les ressources et le matériel pour leurs habitations, outils et ustensiles, pour leur nourriture et leur médecine, des produits à vendre ou à échanger avec des voisins contre du sel, des tissus, du vin, du tabac, des allumettes et de l'argent liquide et des ressources ou des sites pour les rites et la religion. De sorte que si la viabilité, la disponibilité et la durabilité des ressources de la nature sont hypothéquées et que ces populations sont privées de la nature et ses ressources, leur propre survie sera aussi hypothéquée.

Dans cette logique, Charles DOUMENGE écrit, parlant des BaLega de la République Démocratique du Congo, que *« Les Balega, gens de la forêt, savent bien que leur vie est intimement liée à la forêt : sans elle, ils ne peuvent survivre. Ils en tirent non seulement des aliments (la viande de brousse en particulier), mais aussi une foule de produits qu'ils ne pourraient pas se procurer s'ils devaient les acheter (plantes médicinales, bois de feu et de service (...). Les sages BaLega avaient compris que, lorsqu'ils ne respectaient pas la forêt, la forêt se retournait contre eux (...). Malheureusement, dans les processus actuels de planification et d'aménagement forestier, ces connaissances empiriques sont rarement prises en compte quand elles ne sont pas tout bonnement dévalorisées »*[124].

Dans le même ordre d'idées, René OYONO, parlant des usages culturels de la forêt par les populations autochtones et locales, souligne que *"l'étroitesse des liens entre l'homme et la nature a abouti, à travers les millénaires, à des itinéraires de maîtrise spatiale, de production économique et de reproduction (...) L'homologie homme-nature est significative d'une interrelation poussée entre les processus socioculturels et les éléments constitutifs du milieu biophysique (...). La symbolique des rapports des agents sociaux à l'univers sylvestre repose sur des référents ontologiques essentiels et centraux pour le séjour dans le monde des vivants, pour les incursions dans le monde de la nuit et de l'invisible et pour l'insertion dans le monde des morts (...). Deux catégories de perception sont imbriquées : la perception horizontale, fondée sur des relations de pouvoir, matérialisées par la maîtrise objective de l'espace naturel et l'appropriation des ressources qui y sont contenues (...) et la perception verticale, inductrice de rapports légitimés par le caractère sacré de la forêt (...). Dans cette logique, si la forêt regorge de ressources à capturer, pour se nourrir, se protéger et se soigner, elle est également peuplée de dieux, de génies, de forces occultes, dont il faut assurer la protection et la bienveillance"*[125].

Enfin, on a constaté, dans le cadre des études récentes en milieu Pygmée Baka et Bantu Nzime, dans l'Est du Cameroun, que la forêt est une composante de la vie sociale et culturelle des populations Nzimé et Baka. Elle est à la fois le milieu et la source de vie de ces populations. Elle n'est pas seulement un milieu physique, mais aussi et surtout un lieu social et symbolique. Dans les contes et les légendes, la forêt tient une grande place. Ici, les animaux constituent des héros et moralistes de la population. Il existe une sorte de mythologie forestière[126].

---

[124] DOUMENGE (Charles) ; « Les connaissances et la gestion de la biodiversité dans l'aménagement des massifs forestiers », communication à la 3e CEFDAHC, Bujumbura, 5-7 juin 2000, p. 1.

[125] OYONO (René Phil) ; « Usages culturels au Sud-Cameroun. Rudiments d'Écologie Sociale et Matériau pour la Gestion du Pluralisme », in Africa, numéro 3, septembre 2002, pp. 334-344.

[126] OBAM (Adolphe) ; Conservation et mise en valeur des forêts au Cameroun, préface de Jean-Paul LANLY, Yaoundé, Imprimerie Nationale, 1992, pp. 79-83.

En somme, la forêt est un milieu de culture et de vie sociale. Elle est utile à la formation de l'être et de la personnalité des populations. Elle leur donne tout : elle nourrit, soigne, habille et protège. Elle est leur principale mamelle nourricière. C'est dans la forêt et l'exploitation de la forêt que les populations prélèvent l'essentiel de leurs ressources alimentaires et commerciales. Les activités de production économique qui sont effectuées découlent de l'exploitation de la forêt : la chasse, la cueillette, la pêche, l'agriculture. L'importance économique de la forêt est encore plus ressentie par les guérisseurs traditionnels qui utilisent de nombreuses espèces végétales pour leurs vertus curatives. Pour eux, tout comme pour les autres populations, l'exploitation de la forêt procure des revenus financiers. Pour les populations Baka spécifiquement, elle constitue le lieu par excellence d'exercice des cultes et des rites traditionnels.

Dans les cultures Baka et Nzime, la forêt est un espace humanisé. Elle se présente à la fois comme le support des activités matérielles et spirituelles. Assise territoriale des activités matérielles, la forêt représente partout l'espace périphérique qui sert de support à l'extension géographique des activités rurales. Elle est utilisée ainsi de façon alternative pour l'agriculture, la chasse, la cueillette, la pêche et de façon marginale pour l'élevage. Plus qu'ailleurs, elle est ici le facteur déterminant de la sécurité alimentaire. Support des activités spirituelles, la forêt est le trait d'union entre les vivants et les morts, le berceau des forces naturelles bienfaisantes et maléfiques. C'est le terrain par excellence d'expression de la vie culturelle et des référentiels existentiels des groupes humains. Sur le plan de la culture mythologique et symbolique, la forêt est le lieu d'accomplissement des rites magico-religieux. En l'absence de forêts dotées spécifiquement d'attributs rituels, ces derniers se déroulent dans les jachères ou dans les anciens sites d'occupation abandonnés (*bilik*), lieux de renouvellement de savoirs, des pouvoirs et des contre-pouvoirs qui abritent le plus souvent les tombeaux des aïeux[127].

---

[127] BIGOMBE LOGO (Patrice) ; « Profil historique, organisation sociale et politique des riverains et situation des populations vulnérables Baka de la périphérie du projet d'exploitation minière du cobalt et du nickel au sud de Lomié au Cameroun », étude pour la GEOVIC, juin 2004, pp. 9-10.

La prise en compte d'une telle configuration dans l'analyse du contenu des droits reconnus aux populations autochtones et locales dans la Convention sur la diversité biologique, peut conduire à repenser l'étendue et l'envergure des bénéfices et avantages à concéder aux populations locales et autochtones, dans le processus conventionnel de partage des avantages et des bénéfices.

Paragraphe : La sous-évaluation de l'étendue des bénéfices et des avantages garantis aux communautés autochtones et locales au sein de la Convention

Les avantages et bénéfices garantis aux communautés autochtones et locales dans la Convention tiennent plus compte de la valeur financière de la biodiversité que de sa valeur culturelle et spirituelle. Pourtant, le coût des bénéfices et des avantages concédés aux communautés autochtones et locales devait tenir compte de la valeur sociale et culturelle des ressources de la biodiversité valorisées dans le marché. Le manque à gagner des populations locales et autochtones nécessite d'être évalué sur la base des services perdus du fait de la marchandisation du vivant. Les rentes environnementales proposées doivent correspondre aux pertes ou aux limites encourues par les populations autochtones et locales dans cette nouvelle gouvernance marchande de la biodiversité.

La valeur économique des écosystèmes ne doit pas être évaluée par rapport aux seuls services économiques rendus à l'être humain. Les services sociaux et culturels fournis à l'homme doivent tout aussi importants. Ils doivent être évalués et valorisés au prorata de cette contribution multiforme. Comme le souligne Geneviève MICHON, *« la mise en avant par le discours international de la validité des savoirs naturalistes et des pratiques indigènes est quasi incantatoire et ignore souvent les conditions réelles dans lesquelles ils s'exercent »*[128]. Dans la même dynamique, FALASCHI Carlos souligne *que "le rôle actuel de légitimation paraît être assumé par ce qui s'appelle de manière abstraite la logique du marché (...). Les biens culturels sont manipulés comme de simples marchandises (...). Ce qui entre dans le circuit de*

[128] MICHON (G.) ; « Sciences sociales et biodiversité : des problématiques nouvelles pour un contexte nouveau », op. cit., p. 426.

marché existe ; ce qui n'entre pas dans ce circuit n'existe pas ou ne compte pas"[129].

Les lacunes dans l'aménagement juridique des droits des communautés autochtones et locales ne se limitent pas à leur prise en compte limitée dans la Convention. Il se pose, aussi, et ce de manière fondamentale, le problème de la formalisation parcellaire de ces droits. La Convention semble avoir privilégié une partie fragmentaire de l'ensemble du patrimoine attribué par l'histoire et la nature aux populations autochtones et locales.

SECTION II : UNE FORMALISATION PARCELLAIRE DES DROITS DES COMMUNAUTÉS AUTOCHTONES ET LOCALES DANS LA CONVENTION SUR LA DIVERSITÉ BIOLOGIQUE

La formalisation parcellaire et fragmentaire des droits des communautés autochtones et locales se traduit par le déni de leurs droits de propriété ancestraux sur leurs terres et leurs ressources et la faible considération des droits coutumiers autochtones dans conservation et d'utilisation durable de la diversité biologique.

Paragraphe I : Le déni des droits de propriété et de possession des communautés autochtones et locales sur les terres et les ressources biologiques

La tendance dominante de la consécration conventionnelle actuelle des droits des communautés autochtones et locales dans la gestion de la diversité biologique est plutôt économique. La perspective actuelle de la Convention met l'accent sur la commercialisation et la marchandisation des traditions et connaissances spirituelles, culturelles et symboliques autochtones, au nom de la vague libérale. L'argumentaire économique qui préside à la marchandisation de la biodiversité érige celle-ci en un ensemble de services environnementaux que peuvent fournir les écosystèmes, y compris les

[129] FALASCHI (Carlos) ; « Les droits des peuples originaires et leurs territoires. De la première à la récolonisation actuelle : un conflit permanent », communication à la journée d'étude sur « Culture et nature dans les Amériques », Genève, Institut Universitaire d'Études du Développement, 1999-20 novembre 2004, p.3.

savoirs naturalistes locaux. La protection des connaissances, innovations et pratiques traditionnelles dans la Convention considère les savoirs autochtones comme des ressources exploitables et commercialisables. Cette lecture marchande des connaissances traditionnelles explique, entre autres, la forte inclination à les aborder sous l'angle des droits de propriété intellectuelle (DPI). Dans cette logique, la valorisation des savoirs traditionnels se concentre dans l'utilisation des systèmes de brevet et des systèmes sui generis et presque pas dans la logique des droits politiques et identitaires et des droits coutumiers des populations autochtones et locales.

La logique utilitariste et marchande l'emporte encore sur la dimension politique et culturaliste des droits des communautés autochtones et locales. Il ne se pose pas seulement une question de gestion des savoirs naturalistes qui dissocie ces ressources biologiques de leur contexte originel et de leur éco-culture ; mais aussi et surtout la reconnaissance des droits ancestraux des communautés autochtones et locales sur les terres qu'elles occupent et leurs ressources biologiques. L'Organisation Mondiale de la Propriété Intellectuelle (OMPI) à laquelle la Convention a confié l'approfondissement de la réflexion sur la valorisation des savoirs naturalistes focalise son action sur cette orientation marchande pour définir les modalités économiques et financières d'utilisation des droits de la propriété intellectuelle dans le commerce et le développement. La mise en place des mécanismes de droits de propriété intellectuelle sur les savoirs traditionnels s'inscrit dans une logique de marché.

Comme l'explique Marc GALVIN, *« du point de vue de la propriété intellectuelle, les savoirs traditionnels sont considérés comme des éléments de l'héritage commun. Mais une pression forte s'exerce aujourd'hui sur certains éléments de cet héritage commun, depuis qu'ils sont considérés comme des ressources économiques par les utilisateurs »*[130]. En raison du développement de la logique de marché dans la valorisation des savoirs traditionnels, les États semblent engagés aujourd'hui dans la mise en place des systèmes d'indications

[130] GALVIN (Marc) ; « La construction du nouvel ordre global des savoirs traditionnels des populations indigènes et des communautés locales », Genève, IUED, 2001.

géographiques, d'appellations d'origine et de certification des produits qui permettent de tenir compte des savoir-faire des communautés autochtones. On assiste aujourd'hui au développement d'une pluralité d'outils de la propriété intellectuelle pour protéger les savoirs traditionnels. Mais, l'efficacité de l'utilisation des droits de propriété intellectuelle pour la protection de l'ensemble des savoirs traditionnels ne semble pas encore établie[131]. De plus, les communautés autochtones et locales dépositaires des connaissances naturalistes leur accordent une valeur culturelle et symbolique.

La protection globale des droits des communautés autochtones et locales dans la gestion de la biodiversité passe par la reconnaissance étatique et internationale de leur rapport historique aux terres qu'elles occupent, aux ressources qui s'y trouvent et à leurs identités propres. Comme l'a relevé la rapporteuse spéciale des Nations Unies sur la relation entre les peuples autochtones et la terre, *« le déni des droits des peuples autochtones sur leurs terres, leurs territoires et leurs ressources, les attitudes, les doctrines et les politiques adoptées pour justifier la dépossession des peuples autochtones de leurs terres ont été et continuent d'être dictées, dans une large mesure, par les intérêts économiques des États (...). Les principaux problèmes rencontrés sont : la non-reconnaissance du fait que les autochtones exploitent, occupent et possèdent des terres ; la carence des États qui n'octroient pas le statut ni la capacité juridiques appropriés »*[132].

À l'évidence, l'approche des États qui consiste à ranger les populations autochtones et locales dans le statut de simples usagers et utilisateurs, et non de propriétaires et dépositaires légitimes des ressources de la biodiversité, même transcrites dans le droit international de l'environnement contemporain n'est pas durable. Elle ne résiste pas à la dynamique des faits qui légitiment la prééminence autochtone sur la nature. Il n'est pas possible d'isoler la base politique et culturelle des droits autochtones de leur dimension économique. Les droits des communautés autochtones et locales dans la gestion de la diversité biologique sont indissociables de leur culture, de leur identité et de leur

---

[131] SAMBUC (Henri Philippe) ; La protection internationale des savoirs traditionnels. La nouvelle frontière de la propriété intellectuelle, op. cit., p. 27.
[132] E/CN.4/Sub.2/1999, p. 18.

statut. Dans cette même logique, Geneviève MICHON écrit que *« les savoirs et les pratiques indigènes sont indissociables de leur support matériel (les objets de nature auxquels ils s'appliquent et les systèmes de production dans lesquels ils sont mis en œuvre), de leur fondement idéel (les représentations qu'un groupe donné se fait du monde qui l'entoure et de sa place dans le monde, ses structures cognitives), mais aussi des modes de vie, des relations sociales et, pour finir, de l'ensemble de la société. Il serait vain de vouloir isoler une liste de savoirs et de pratiques du cadre cognitif et socio-culturel dans lequel ils prennent sens (...). On assiste à deux types de dynamiques apparemment antagonistes. L'une tire vers la privatisation, avec la discussion autour des brevets et des droits de propriété intellectuelle, l'autre vers une gestion de type communautaire ou du moins de partage collectif des risques, mais aussi des compétences, des avantages et des responsabilités. Derrière ces approches différentes se pose la question de la gouvernance. On assiste à des oppositions entre des revendications très localisées, liées à la biodiversité, mais à objectif identitaire, territorial ou politique et une volonté de partager les compétences au niveau global pour une gestion mondiale de la biodiversité »*[133]. La formalisation parcellaire se manifeste aussi dans la faible considération accordée aux droits coutumiers dans la conservation et l'utilisation durables de la biodiversité.

Paragraphe II : La faible considération des droits coutumiers dans la conservation et l'utilisation durable de la diversité biologique

La faible considération des droits coutumiers des populations autochtones et locales dans la Convention constitue l'autre expression manifeste de la formalisation conventionnelle parcellaire des droits des populations autochtones et locales. Les droits coutumiers ne se limitent pas aux simples usages des ressources de la nature, au sens du préambule de la Convention. Ils regroupent l'ensemble des faits matériels ancestraux par lesquels les communautés autochtones et locales disposent et jouissent des ressources de leur milieu de naissance et de vie. Le dispositif de la Convention consacre la reconnaissance des usages coutumiers de la biodiversité par les communautés autochtones

---

133 MICHON (G.) ; « Sciences sociales et biodiversité : des problématiques nouvelles pour un contexte nouveau », op. cit., p.424.

et locales ; mais pas les systèmes coutumiers. Ces derniers n'ont pas seulement une dimension règlementaire, liée aux prérogatives qui naissent de l'appropriation et de l'utilisation des ressources naturelles ; mais ils reposent aussi et surtout sur un ensemble de liens culturels et sociaux et pas seulement juridiques. Ces liens sont de trois ordres : les rapports de l'homme au sacré par la médiation de la terre, les rapports aux différents groupes sociaux et qui définissent son statut juridique et social et enfin les rapports de l'homme à la terre en tant que moyen de production. Les droits coutumiers sont enracinés dans la structure sociale. Ils découlent d'un ensemble de dispositions et d'habitus incorporés qui amènent les individus à observer les règles de conduite dans leur dynamique fonctionnelle. La reconnaissance de ces droits emporte aussi reconnaissance d'un système juridique coutumier appelé alors à cohabiter, dans le même espace, avec le système juridique étatique. Ce qui conduirait à la consécration du pluralisme juridique.

En Colombie du Sud, les populations Guambiano ont essayé de donner un contenu au droit coutumier indigène, repris par PADILLA Guillermo : *« notre droit fondamental se situe au-dessus de nos ennemis, au-dessus de ses écrits, au-dessus de ses lois, au-dessus de ses armes, au-dessus de son pouvoir et cela par droit fondamental, par le droit d'être les premiers »*[134]. Une telle perspective de reconnaissance des droits des communautés autochtones et locales ne peut se développer et prendre corps que si l'on s'inscrit, au niveau étatique et à l'échelle internationale, dans la logique du pluralisme juridique qui met en évidence le fait que le système juridique étatique n'est pas le seul par rapport auquel les populations doivent penser la gestion des relations sociales.

Les insuffisances établies dans l'aménagement juridique des droits des communautés autochtones et locales dans la Convention sur la diversité biologique ne se limitent pas au niveau de la formalisation de ces droits. Elles s'étendent au champ de la garantie effective des droits reconnus aux communautés autochtones et locales.

---

[134] Manifesto Guambiano, cité par PADILLA (Gumbia) ; « Droit fondamental indigène et droit constitutionnel », in Revue Alternatives Sud, volume 4, 2000, p. 214.

CHAPITRE IV

LES LACUNES DANS LA GARANTIE EFFECTIVE DES DROITS DES COMMUNAUTÉS AUTOCHTONES ET LOCALES

Les lacunes relatives à la garantie effective des droits des communautés autochtones et locales sont perceptibles dans la limitation du contenu des droits d'usage reconnus aux populations autochtones et locales (Section I) et dans la faiblesse des mesures incitatives pour l'affirmation et le respect des droits des communautés autochtones et locales (Section II).

SECTION I : LA LIMITATION DE L'ÉTENDUE DES DROITS D'USAGE DES COMMUNAUTÉS AUTOCHTONES ET LOCALES

La pratique des Parties à la Convention, tout au moins à l'échelle du Bassin Congolais, montre que les droits d'usage garantis aux populations autochtones et locales dans la Convention sur la diversité biologique sont limités et restreints. Cette restriction est la matérialisation de la permanence de l'autorité et du pouvoir absolu des États sur les ressources de la biodiversité.

Paragraphe I : La restriction des droits d'usage des communautés autochtones et locales

Dans la pratique des États, les droits d'usage concédés aux populations autochtones et locales sont des *droits d'autoconsommation* : ils sont strictement destinés à la satisfaction des besoins familiaux et domestiques des bénéficiaires. Ils ne peuvent donner lieu, en aucun cas, *« à des transactions commerciales portant sur les produits ligneux récoltés » et « sont incessibles à des tiers »*. Ce sont des *droits gratuits* : les usagers reconnus ont un libre accès aux produits de la nature et peuvent exercer toutes les activités entrant dans le cadre de ces droits sans fournir une contrepartie pécuniaire. En matière de gestion forestière, dans le Bassin du Congo en général et au Cameroun en particulier, ce sont des *droits limités et situés* : ils s'exercent par « les populations riveraines » des forêts du domaine national et consistent,

« dans l'accomplissement à l'intérieur de ces forêts de leurs activités traditionnelles de collecte des produits forestiers secondaires, notamment le raphia, le palmier, le bambou, le rotin ou les produits alimentaires ». Les populations peuvent abattre un nombre d'arbres correspondant à leurs besoins, notamment en bois de chauffage et de construction. Ces droits d'usage sont maintenus dans les forêts du domaine national, à l'exception des zones mises en défens ou de celles où des règlements du ministre chargé des forêts sont pris pour assurer la conservation des ressources forestières.

On peut distinguer au moins six types de droits s'exerçant au titre de droits d'usage dans la gestion forestière :

– *le droit de cueillette* : il concerne la récolte des produits forestiers de saison, notamment des fruits, des plantes alimentaires et médicinales, mais aussi le ramassage des champignons ;
- *le droit de saignée* : c'est un droit primitif consistant principalement en la récolte du vin de raphia, de palme ou de rônier ; il porte aujourd'hui en plus sur certaines cultures de rente telles que l'hévéa ;
– *le droit de coupe* : il consiste en l'abattage des arbres et arbustes nécessaires à la construction des habitations et au bois de feu, mais aussi au ramassage du bois mort ;
– *le droit de chasse et de pêche* : il concerne le prélèvement des ressources fauniques et halieutiques suivant des méthodes traditionnelles, afin de fournir aux populations concernées de la viande et du poisson ;
– *le droit de parcours* : c'est le droit d'élevage des petits troupeaux en milieu forestier, un tel droit pouvant avoir quelquefois des effets néfastes sur la flore notamment en raison de l'ébranchage ;
– *le droit de culture* : c'est le droit à une activité agricole en milieu forestier ; cette activité étant considérée aujourd'hui comme l'une des principales causes de la déforestation en Afrique, en raison du défrichement et du déboisement qu'elle implique. On peut y inclure le droit de mise à feu qui s'exerce en effet principalement à des fins agricoles ou quelquefois d'élevage.

Dans la législation camerounaise, l'article 8 de la loi du 20 janvier 1994 portant régime des forêts, de la faune et de la pêche dispose que *« le droit d'usage ou coutumier est (...) celui reconnu aux populations riveraines d'exploiter tous les produits forestiers, fauniques et halieutiques à l'exception des espèces protégées, en vue d'une utilisation personnelle »*.

Toutefois, les ministres chargés des forêts, de la faune et de la pêche peuvent, pour cause d'utilité publique et en concertation avec les populations concernées, suspendre temporairement ou à titre définitif l'exercice du droit d'usage lorsque la nécessité s'impose. Cette suspension obéit aux règles générales de l'expropriation pour cause d'utilité publique. Tels que définis, les droits d'usage couvrent exclusivement les ressources, et ne concernent pas les services de la forêt. Ainsi, l'exploitation d'une portion de la forêt à des fins d'écotourisme ne peut pas relever des droits d'usage des communautés sur la forêt. Même si de manière formelle, la loi du 20 janvier 1994, à la suite de la Convention de 1992, préserve les droits d'usage des populations riveraines aussi bien dans le domaine forestier permanent que dans celui non permanent, dans la pratique, ils sont concentrés dans le domaine forestier non permanent.

Dans le domaine forestier permanent, les droits d'usage susceptibles d'être exercés par les populations ne sont pas définis ni par la loi susvisée ni par ses décrets d'application. La loi se contente d'une part d'envisager la possibilité de la limitation de ces droits contre une compensation suivant des modalités fixées par décret, s'ils sont contraires aux objectifs assignés à une forêt domaniale, et d'autre part de renvoyer la définition de ces droits dans les forêts domaniales et communales relativement aux plans d'aménagement et aux actes de classement.

Quant aux décrets d'application des régimes des forêts et de la faune, ils se limitent à préciser les types de forêts permanentes où aucun droit d'usage ne peut être exercé (réserve écologique intégrale, forêt de protection, parcs nationaux, jardins zoologiques, etc.), ceux où ils interdisent l'exercice de certains droits d'usage (le cas des forêts de récréation et des forêts d'enseignement et de recherche, par rapport à l'abattage des arbres et à la chasse), et ceux où ils prévoient la règlementation de certains droits d'usage (le cas des forêts de production, par rapport à la chasse, la pêche et la cueillette et des périmètres de reboisement, par rapport au pâturage, à la chasse, la pêche et la cueillette).

Or, en plus du silence de ces décrets sur les modalités et le contenu de la compensation prévue par la loi, il se trouve que la plupart des forêts domaniales ne disposent pas encore de plans d'aménagement décrivant l'étendue des droits d'usage. Il en résulte une incertitude juridique quant aux droits d'usage que les populations locales peuvent légalement exercer dans les forêts permanentes, qui s'ajoutent aux restrictions sévères dont ces droits sont déjà l'objet dans la règlementation. Dans le domaine forestier non permanent, l'encadrement juridique des droits d'usage est à la fois étendu et plus ou moins restrictif. La loi du 20 janvier 1994 et ses décrets d'application procèdent en effet à une énumération non limitative des activités traditionnelles dont l'accomplissement est maintenu dans les forêts du domaine national. Il s'agit de l'abattage d'arbres à utiliser pour le chauffage ou la construction, de l'ébranchage, de la mutilation des essences protégées, du ramassage du bois mort, de la collecte des produits forestiers secondaires (raphia, rotin, palmier, bambou, produits alimentaires, etc.), de la cueillette, de la chasse, de la pêche, du pâturage, de l'agriculture.

Toutefois, les droits d'usage sont des droits limités à l'autoconsommation. *Certes, les populations riveraines peuvent prélever de la forêt aussi bien le bois que les produits non ligneux, sans avoir besoin d'une autorisation de l'administration. Ce prélèvement est gratuit. Mais seulement, les produits prélevés doivent être exclusivement destinés à une utilisation personnelle non lucrative. Les populations ne peuvent en aucun cas commercialiser ou échanger ces produits. Elles sont tenues de justifier l'utilisation personnelle de ceux-ci lors des contrôles forestiers*[135]. Ces dispositions apparaissent d'autant plus irréalistes que la commercialisation de divers produits prélevés de la forêt dans le cadre de l'exercice des droits d'usage, tels que le bois de chauffage, le gibier, *l'okok (gnetum africanus),* le *njansang (ricinodendron heudeloti),* le miel, les plantes médicinales, le rotin, le bambou, fait partie des formes les plus courantes d'activités économiques des populations rurales de la zone forestière. Et dans les

[135] Art. 8, al. 1 de la loi de 1994 ; art. 26, al.2 du décret du 23 août 1995.

marchés, l'État collecte l'impôt libératoire auprès de vendeurs des produits concernés. Il en résulte une confusion qui ne profite ni à l'État, ni aux populations locales, et encore moins aux objectifs de gestion durable des ressources forestières.

Quel que soit leur lieu d'exercice, les droits d'usage peuvent être suspendus ou supprimés, par voie d'expropriation pour cause d'utilité publique, lorsqu'ils sont reconnus incompatibles avec les objectifs assignés à la forêt. Ne peuvent cependant prétendre à une quelconque forme d'indemnisation que les personnes ayant, préalablement à la mise en œuvre de l'expropriation, réalisé des investissements sur le terrain[136].

En définitive, les droits d'usage coutumiers apparaissent comme des droits limités à l'autoconsommation, donc sans portée économique, strictement règlementés et en cela précaires. En d'autres termes, les droits d'usage sont considérés par comme une charge inévitable, mais dangereuse pour la forêt que l'on tolère plus ou moins sans admettre. Bien que ces droits revêtent une considération importante pour les populations et qu'ils conditionnent leur attitude actuelle envers la forêt, leur impact socio-économique ne semble guère pris en considération[137].

À cet égard, il convient de relever l'absence, aussi bien dans la loi sur les forêts de 1994 que dans son décret d'application de 1995, de toute référence explicite aux activités agricoles parmi les droits d'usage reconnus aux populations.

La précarisation des droits d'usage est la preuve supplémentaire que la législation forestière actuelle, comme la précédente d'ailleurs, ne se soucie guère que de la coupe du bois d'œuvre, donc très peu des autres modes d'utilisation de la forêt. À cela s'ajoute la mainmise permanente de l'État sur les ressources biologiques.

---

136 Art 27 de la loi camerounaise sur les forêts de 1994.

137 SCHMITHÜSEN (F.), *La législation forestière dans quelques pays africains*, Rome, FAO, 1986, p.8.

Paragraphe II : La permanence de la prépondérance des États sur les ressources de la diversité biologique

L'effectivité relative de la garantie des droits des communautés autochtones et locales dans la gestion de la diversité biologique s'explique, entre autres, par la légitimation juridique de la prépondérance des États dans la gestion de la biodiversité. La Convention sur la diversité biologique a clairement pris position sur cette question. Son article 3 dispose que *« conformément à la Charte des Nations Unies et aux principes du droit international, les États ont le droit souverain d'exploiter leurs propres ressources selon leur politique d'environnement et ils ont le devoir de faire en sorte que les activités exercées dans les limites de leur juridiction ou sous leur contrôle ne causent pas de dommage à l'environnement dans d'autres États ou dans des régions ne relevant d'aucune juridiction nationale ».*

Reprise du deuxième principe de la déclaration de Rio, cette disposition est reconnue comme faisant partie du droit international général de la Cour internationale de justice[138]. L'affirmation conventionnelle explicite de la souveraineté des États sur les ressources naturelles consacre et légitime la prépondérance et la mainmise des États sur les ressources de leurs territoires, sans une considération réelle des droits ancestraux des populations autochtones et locales. Une doctrine radicale estime d'ailleurs que la gestion des savoirs et des pratiques traditionnels réhabilités par la Convention est du ressort de l'autorité des États. En tout état de cause, le principe de souveraineté des États sur leurs ressources n'est pas sans conséquence sur le statut juridique des ressources biologiques. Même s'il n'est pas fondamentalement synonyme de propriété au sens du droit civil, il n'en semble pas si éloigné. C'est dans cette logique que même les savoirs naturalistes sont considérés comme des outils de gestion et des patrimoines gérés par les États, titulaires attitrés de la souveraineté, des droits de propriété, d'accès et d'usage sur les ressources biologiques. Dans ce contexte, les droits des populations autochtones et locales de disposer librement de

[138] Affaire relative au projet Gabcikovo-Nagymaros, Hongrie contre Slovaquie, 25 septembre 1997. Lire aussi, avec beaucoup d'intérêt, KISS (Alexandre) et BEURIER (Jean-Pierre) ; Droit international de l'environnement, 2e édition, Paris, Pedone, 2000, p. 54.

leurs richesses et ressources naturelles et de ne pas être privés de leurs moyens de subsistance, y compris les droits territoriaux, peuvent difficilement être reconnus et sauvegardés.

La prépondérance des États dans la gestion de la biodiversité se trouve encore renforcée par la réserve que le dispositif de la Convention et les textes dérivés introduisent chaque fois que les droits des communautés autochtones et locales sont énoncés face aux États. Cette réserve qui se décline sous la formule *« sous réserve de la législation nationale »* affaiblit la portée des droits consentis aux autochtones. Ainsi, il est établi que les Parties, *« sous réserve de leur législation nationale »*, respecter, préserver et maintenir les connaissances, innovations et pratiques des communautés autochtones. Elles sont également tenues, sous la même réserve de conformité à la législation nationale, de favoriser l'application des connaissances, innovations et pratiques sur une grande échelle, *« avec l'accord et la participation »* de leurs dépositaires et encourager le partage équitable des avantages de la gestion de la biodiversité[139].

Si du point de vue du droit international classique, la prépondérance des États sur la biodiversité ne souffre d'aucune contestation, l'évolution actuelle des relations internationales et la vie interne des sociétés étatiques attestent de la relativisation accrue de la souveraineté et peut donner de l'espace pour une reconnaissance accrue des droits des populations autochtones et locales dans la gestion de la diversité biologique.

L'affirmation des droits des populations autochtones et locales dans la gestion de la diversité biologique se trouve aussi affaiblie par le déficit de moyens juridiques, techniques et financiers des Parties à la Convention et l'insuffisante intégration des politiques internationales de protection des droits des populations autochtones et locales dans les processus nationaux de gestion de la diversité biologique.

---

[139] SADELEER (Nicolas de) et BORN (Charles-Hubert) ; Droit international et communautaire de la biodiversité, op. cit., pp. 111-112.

SECTION II : LA FAIBLESSE DES MESURES INCITATIVES POUR L'AFFIRMATION DES DROITS DES COMMUNAUTÉS AUTOCHTONES ET LOCALES

L'affirmation des droits des communautés autochtones et locales passe par la mise en place de certaines mesures incitatives qui restent encore assez faibles au niveau des États. Il en est ainsi du déficit considérable de moyens juridiques, techniques, institutionnels et financiers et de l'insuffisante intégration des politiques internationales de protection des droits des communautés autochtones et locales dans la gestion de la biodiversité.

Paragraphe I : Un déficit considérable de moyens juridiques, techniques, institutionnels et financiers pour la garantie des droits des communautés autochtones et locales dans la gestion de la biodiversité

La garantie effective des droits des communautés autochtones et locales dans la gestion de la diversité biologique nécessite une mobilisation considérable d'un ensemble de moyens, à la fois, juridiques, institutionnels et financiers.

Au plan juridique, il s'avère nécessaire d'élargir la base juridique internationale et nationale actuelle des droits des communautés autochtones et locales dans la gestion de la biodiversité.

À l'échelle internationale, les négociations internationales autour des travaux et des rapports des Groupes de travail sur l'article 8 (j) et les dispositions connexes et sur le partage juste et équitable des avantages et des bénéfices doivent permettre, non seulement de faire aboutir les discussions en cours autour de la valorisation des connaissances traditionnelles ; mais aussi et surtout de conduire à la reconnaissance du statut de dépositaire et de propriétaire coutumier des ressources naturelles des communautés autochtones et locales, et à la formalisation de l'exigence de consentement préalable en connaissance de cause, et la participation effective des communautés autochtones et locales aux différentes initiatives de gestion des ressources naturelles, y compris la création et la gestion des aires protégées.

À l'échelle nationale, les droits positifs étatiques sont encore largement en retard par rapport à l'évolution des politiques et des droits des communautés autochtones et locales. Ici, un accent particulier doit être mis sur l'adaptation et la vulgarisation des législations nationales traitant des questions liées aux communautés autochtones et locales.

Les moyens techniques et institutionnels concernent le renforcement des capacités des administrations publiques nationales ayant la charge des questions autochtones pour qu'elles jouent efficacement leur rôle dans ce champ d'action. Il ne faut pas oublier que la reconnaissance et la promotion des droits des communautés autochtones et locales dans la gestion de la biodiversité est une question nouvelle pour les administrations. De plus, elle pose des problèmes à des fonctionnaires moulés à la logique du centralisme bureaucratique et à la souveraineté séculaire et absolue de l'État, toutes choses qui n'accordent pas assez d'importance aux questions autochtones. En Afrique centrale par exemple, hormis les administrations sociales ayant la charge institutionnelle des questions autochtones, peu de services publics, qui doivent normalement le faire, les ont prises en compte dans leur organigramme ou dans leurs activités. Les États sont aussi appelés à encourager la création des organisations de populations autochtones et locales et le renforcement de leurs capacités humaines, techniques et financières, afin qu'elles jouent leur rôle d'éducation, d'appui et d'encadrement des autochtones dans la construction de leur propre développement.

Quant aux moyens financiers, ils font cruellement défaut, tant au niveau international que national. Les financements consacrés à la protection des droits des communautés autochtones et locales dans la gestion de la biodiversité ne permettent pas encore de couvrir l'ensemble des besoins identifiés. Des efforts sont faits par des institutions telles que le Haut-Commissariat des Nations Unies aux Droits de l'Homme, la Banque Mondiale, l'Organisation Internationale du Travail, l'Union Européenne, des agences de coopération comme IWGIA, SIDA, DGIS ou l'ACDI et des organisations non gouvernementales internationales comme l'UICN, FPP et autres ; mais on est encore loin de mobiliser les fonds nécessaires pour répondre à l'immensité des besoins enregistrés dans ce domaine. Comme l'ont relevé les délégués à la 7e Convention des Parties de Kuala Lumpur, *« les Parties sont appelées à mobiliser des ressources financières et techniques destinées à soutenir la conception et la mise en œuvre de mécanismes et mesures de soutien à la préservation des connaissances, innovations et pratiques qui incarnent des modes de vie présentant un intérêt pour la conservation et l'utilisation durable de la diversité biologique* »[140].

Au-delà des questions plus ou moins permanentes de mobilisation des financements suffisants, il se pose le problème de l'intégration des politiques internationales de protection des droits des communautés autochtones et locales dans la gestion de la biodiversité dans les politiques et les législations nationales contraignantes.

Paragraphe II : L'insuffisante intégration des politiques internationales de protection des droits des communautés autochtones et locales dans les politiques et les législations nationales contraignantes

Les questions relatives à la protection et de garantie des droits des communautés autochtones et locales dans la gestion de la biodiversité sont en constante évolution sur la scène internationale, grâce à la mobilisation des institutions internationales, des organisations indigènes et à la prise de conscience progressive de certains États comme le Canada et l'Australie, dans une certaine mesure. Mais, de manière générale, malgré les quelques avancées observées dans le cadre de la consultation ou de la reconnaissance, comme citoyens des sociétés politiques, comme récemment au Burundi, les politiques des États restent encore fondamentalement en retard. Cela est assez perceptible dans le domaine de la gestion des aires protégées et de la réalisation des études d'impact environnemental. En ce qui concerne la gestion des aires protégées, le Vème Congrès Mondial des Parcs de Durban a adopté les principes directeurs futurs pour une meilleure gouvernance des aires protégées. Ces principes ont été repris et intégrés dans les négociations internationales sur la Convention de la diversité biologique à Kuala Lumpur en février 2004. La Convention a recommandé aux Parties que, dorénavant, les aires protégées ne puissent être créées qu'avec la pleine

[140] Plan d'action pour la préservation des connaissances, innovations et pratiques qui incarnent des modes de vie présentant un intérêt pour la conservation et l'utilisation durable de la diversité biologique, Kuala Lumpur, CPO 7, 2004.

et entière participation et le consentement des populations autochtones et locales ; et que cette création puisse bénéficier aux populations autochtones et locales, respectent, préservent et conservent leurs connaissances traditionnelles, conformément à l'article 8 (j) et aux dispositions connexes de la Convention. Les engagements pris à Durban ont été réitérés au IVe Congrès Mondial de la Nature tenu du 05 au 14 octobre 2008, à Barcelone, en Espagne.

Il en est de même des dispositions internationales relatives aux études d'impact des projets affectant des communautés autochtones et locales. Dans les lignes directrices facultatives Akwe-kon sur la conduite d'études d'impact des projets susceptibles d'avoir un impact sur les populations autochtones et locales adoptées par les délégués à la Vème Conférence des Parties de Kuala Lumpur, beaucoup d'innovations ont été apportées aux dispositions en vigueur dans ce domaine. Ainsi, des mesures et des mécanismes permettant d'identifier les communautés locales et autochtones susceptibles d'être affectées par les projets, de faire participer ces communautés à la réalisation de l'étude d'impact ou d'élaborer un plan de gestion de l'environnement pour atténuer les impacts potentiels ont été bien définis. Malheureusement, la règlementation récente des États en cette matière n'a en aucun cas fait allusion aux modalités de réalisation des études d'impact des projets affectant les populations autochtones et locales[141]. La bonne foi internationale tarde à se traduire en actes dans les dynamiques nationales et locales. Comme le constate Geneviève MICHON, *« ce qui frappe lorsqu'on se donne une vue d'ensemble de la façon dont se pose aujourd'hui la question de la biodiversité, c'est l'importance croissante au niveau mondial, y compris pour ce qui se passe au niveau local. D'où la nécessité de mettre ces deux niveaux en regard. Et ceci, d'autant plus qu'on observe une apparente contradiction entre le*

---

[141] Au Cameroun, deux textes règlementaires importants d'application de la loi-cadre sur la gestion de l'environnement relatifs aux études d'impact, à savoir, le décret du Premier ministre du 23 février 2005 fixant les modalités de réalisation des études d'impact environnemental et l'arrêté 069/MINEP du 8 mars 2005 fixant les différentes catégories d'opérations dont la réalisation est soumise à une étude d'impact environnemental ont été adoptés, sans une moindre prise en compte de la spécificité des études d'impact des projets affectant les communautés autochtones et locales pourtant bien développées dans les lignes directrices facultatives Akwe-kon adoptées à la COP 7 de Kuala Lumpur.

discours international ou les dynamiques globales, et les dynamiques observées au niveau local (...). S'agit-il là d'une incohérence apparente, d'un décalage dans le temps entre le discours dominant et sa diffusion vers la périphérie du monde, ou de deux types de dynamiques disjointes ? Quelle relation y a-t-il entre l'émergence des mots d'ordre mondiaux et l'évolution des pratiques locales ? »[142].

[142] MICHON (Geneviève) ; « Sciences sociales et biodiversité : des problématiques nouvelles pour un contexte nouveau », in Natures, Sciences, Sociétés, numéro 11, op. cit., p. 430.

CONCLUSION GÉNÉRALE

BESOIN DE L'ÉLARGISSEMENT DU CHAMP ET DE L'ÉTENDUE DES DROITS DES COMMUNAUTÉS AUTOCHTONES ET LOCALES DANS LA CONVENTION SUR LA DIVERSITÉ BIOLOGIQUE

« Pour les communautés autochtones, il est inconcevable que dans les constructions patrimoniales soient distingués des objets naturels et culturels. Les savoirs et les pratiques sont indissociables de leur support matériel, mais aussi des modes de vie, des relations sociales et, pour finir, de l'ensemble de la société (...). Pour les représentants de ces peuples, la conservation de la biodiversité passe par la reconnaissance des droits des peuples à la terre et aux patrimoines, dont le préalable essentiel est l'autodétermination, légitimée par une antériorité territoriale et la reconnaissance de leurs droits coutumiers ».

(CORMIER-SALEM [Marie-Christine] et ROUSSEL [Bernard] ; « Patrimoines et savoirs naturalistes locaux », in MARTIN [Jean-Yves] [dir.], Développement durable ? Doctrines, pratiques évaluations, Paris, IRD, 2002, pp. 136-137).

« La valeur d'un bien, d'un être, d'un paysage n'est pas mesurable par une confrontation d'offre et de demande. Le prix est instantané, quand la valeur d'une œuvre d'art est atemporelle. L'utilisation des évaluations contingentes, qui confèrent un prix à des éléments et fonctions d'écosystèmes hors marché, revient à se baser sur une conception du monde entièrement utilitariste où la monnaie est érigée en étalon universel des valeurs. Or, le système de valeurs d'une société est son système de classement de l'univers, du monde, des choses, des êtres et des relations entre les êtres et les choses ».

(WEBER [Jacques] ; « La valeur de la biodiversité n'a pas de prix », interview, Notes Techniques des Réserves de Biosphère : Entre l'Homme et la nature, une démarche pour des relations durables, Paris, UNESCO, Programme sur l'Homme et la biosphère, numéro 3, 2008, pp. 116-117).

« Beaucoup trop longtemps, les espoirs et les aspirations des peuples autochtones ont été ignorés, leurs terres prises, leurs cultures déconsidérées ou directement attaquées, leurs langues et leurs coutumes interdites, leur sagesse et leurs savoirs traditionnels dédaignés et leurs méthodes d'exploitation viable des ressources naturelles rejetées. Certains de ces peuples ont même été menacés de disparition. La réponse à ces menaces graves exige une action immédiate ».

(KOFI ANNAN, Secrétaire Général des Nations Unies, allocution prononcée devant l'Instance Permanente des Nations Unies sur les Questions autochtones, le 12 mai 2004)

La biodiversité est un champ, au sens de Pierre BOURDIEU, c'est-à-dire « un espace social structuré autour d'intérêts communs et composé d'acteurs, d'enjeux, de références communes, de lois et de processus »[143]. Les acteurs se trouvent en compétition pour le contrôle de ses ressources[144]. Dans ce contexte, la Convention sur la diversité biologique se présente, plus d'une décennie après le Sommet de la Terre à Rio, comme l'instrument juridique international qui, pour la première fois, a reconnu et consacré, de manière formelle, les droits des communautés autochtones et locales dans la gestion de la diversité biologique et, plus précisément, l'utilité des connaissances, innovations et pratiques locales dans la conservation et l'utilisation durable de la biodiversité.

Quoiqu'on puisse dire de la nature peu contraignante de ces dispositions, il faut bien reconnaître que cette formalisation conventionnelle des droits autochtones a marqué une rupture dans le champ complexe et nébuleux du droit international de l'environnement contemporain. Sur le plan du droit positif, un progrès important a été accompli. Et on peut même dire que l'énonciation des droits des communautés autochtones et locales a ouvert la voie à une participation active et raisonnée des populations autochtones et locales et de leurs organisations au processus de production des normes internationales relatives à la diversité biologique. La Convention a eu le mérite, avec d'autres institutions du système des Nations Unies comme l'Organisation Internationale du Travail et la Banque Mondiale, de stimuler et d'animer la réflexion mondiale sur l'épineuse question de la reconnaissance des droits des populations autochtones et locales.

Toutefois, une analyse froide de l'étendue des droits reconnus aux communautés autochtones et locales dans la Convention et une esquisse d'interrogation sur leur effectivité laissent clairement transparaître que, d'une part, le processus de formalisation de ces droits reste largement inachevé, incomplet et finalement lacunaire. Le contexte de production scientifique et politique de la Convention a donné une tonalité utilitariste à la gestion de la diversité biologique qui déteint sur les

---

143 BOURDIEU (Pierre) ; Questions de sociologie, Paris, Éditions Minuit, 1984.

144 HUFTY (Marc) ; « La biodiversité dans les relations Nord-Sud : coopération ou conflit ? », in Revue Internationale et Stratégique, numéro 60, 2006, pp. 151-152.

droits reconnus aux communautés autochtones et locales, notamment la reconnaissance, la protection et la valorisation de leurs connaissances, innovations, savoirs et pratiques. En la matière, la Convention a adopté une perspective centrée sur la valorisation économique et financière des savoirs naturalistes locaux assimilés aux autres ressources biologiques, et ce en dépit de la spécificité qui les caractérise. Elle a entériné les droits de propriété sur le vivant. Cette approche met un accent sur la rentabilité économique des ressources biogénétiques, sur *« la transformation de la nature en une collection d'objets marchands »*[145]. Les ressources génétiques et les savoirs naturalistes locaux qui en sont liés sont des matières premières et traitées comme des produits commerciaux[146]. Cette prééminence de la logique commerciale et marchande limite la portée des droits garantis aux communautés autochtones et locales dans la Convention sur la diversité biologique.

Il s'avère nécessaire de sortir de cette approche parcellaire et étroite de formalisation des droits des communautés autochtones et locales[147]. Mais alors comment ? Sans prétendre à l'exhaustivité, deux grandes orientations semblent possibles.

Premièrement, il faut asseoir la problématique de la reconnaissance des droits communautés autochtones et locales dans le champ politique, culturel et symbolique de la quête des droits des communautés autochtones et locales, sans abandonner la dimension économique avérée. Pourquoi ? Tout simplement parce que la formalisation légitime des droits des communautés autochtones et locales est indissociable de la problématique du statut, de la culture et de l'identité des communautés autochtones et locales dans leurs sociétés respectives[148].

---

[145] AUBERTIN (Catherine) et VIVIEN (Franck Dominique) ; Les enjeux de la biodiversité, Paris, Economica, 1998, p. 99.

[146] Lire à ce sujet l'excellent article de AUBERTIN (Catherine) ; « De Rio à Johannesburg : les avatars de la biodiversité », in MARTIN (Jean-Yves) (dir.), *Développement durable ? Doctrines, pratiques évaluations*, Paris, IRD, 2002, pp. 95-123.

[147] GITPA ; Exploitations forestières et peuples autochtones, Paris, L'Harmattan, 2007, 165 pages ; RECOFTC ; People, Forests and Human Well-being. Managing forests for People in a period of rapid change, 2008, 14 pages.

[148] Sur cette épineuse question, lire, à juste titre, FENET (Alain), KOUBI (Geneviève) et SCHULTE-TENCKHOFF (Isabelle) ; Le droit et les minorités. Analyses et textes, 2e édition, Bruxelles, Academia Bruylant, 2000, 661 pages et PINTON (Florence) et

Quelle portée peuvent avoir des droits des communautés autochtones et locales en matière de biodiversité en l'absence d'une reconnaissance formelle de leur statut de propriétaires et de titulaires de droits coutumiers ou ancestraux ? Quel est le statut des communautés autochtones et locales à l'égard des ressources de la nature qui les entoure et où ils vivent depuis des millénaires ? Propriétaires ? Locataires ? Ou simples usagers, au même titre que le reste des citoyens ? Il ne faut pas éviter de mettre cette question de droits de propriété sur les terres, les ressources et les territoires occupés par les communautés autochtones et locales à la table des négociations de la Convention, plus particulièrement, des articles 8 (j) et les dispositions connexes. L'enjeu capital pour les autochtones réside dans la valeur éthique, symbolique, identitaire et politique des savoirs naturalistes et la nécessité d'une reconnaissance étatique de leurs liens et leurs rapports historiques aux terres, milieux, ressources et patrimoines convoités[149].

En second lieu, il faut envisager de reposer, en d'autres termes, peut-être, la question de l'internalisation des évolutions internationales sur les droits autochtones dans les droits nationaux. Et, à ce niveau, une double révolution doit être entreprise, si tant est que le droit soit un champ de production révolutionnaire. D'une part, œuvrer au développement du « consociationisme juridique »[150] interne, c'est-à-dire, à l'émergence d'un

---

GRENAND (Pierre) ; « Savoirs traditionnels, populations locales et ressources globalisées », in AUBERTIN (Catherine), PINTON (Florence) et BOISVERT (Valérie) (dir.) ; Les marchés de la biodiversité, op. cit., pp. 165-194.

149

150 Sur le modèle consociationniste de gestion des sociétés plurales, lire LIJPHART (Arend) ; « Consocitional Democracy », in World Politics, XXI (2), 1969, pp. 207-213 ; Democracy in plural societies : a comparative exploration, Yale University, 1977 ; et sur l'application du consociationnisme à l'intégration des systèmes juridiques, encore baptisé pluralisme juridique, lire, avec beaucoup d'intérêt, VANDERLINDEN (Jacques) ; « L'utopie pluraliste. Solution de main au problème de certaines minorités ? », in LEURAT (Nicolas) ; Minorités et Organisation de l'État, Bruxelles, Brylant, 1998, pp. 665-675. Lire aussi, avec intérêt La Revue Cahiers d'Anthropologie du Droit, 2003, Les pluralismes juridiques, Paris, Laboratoire d'anthropologie juridique de Paris et Karthala, 2003, 231 pages, Livre blanc sur les forêts tropicales humides. Analyses et recommandations des acteurs Français, Paris, La Documentation Française, 2006, p. 78, DUPRET (Baudoin) ; Droit et sciences sociales, Paris, Armand Colin, 2006, 203 pages et EBERHARD (Christoph) et

système juridique interne aux États et construit autour de la reconnaissance, la collaboration et la coopération entre tous les sous-systèmes apparents ou latents existants. Cette construction viserait l'intégration des unités segmentaires du droit dans les États, avec une reconnaissance des pratiques coutumières régissant la gestion de la nature. Et, d'autre part, transférer le « consociationisme juridique » dans le droit international de la biodiversité. Ou plutôt l'inverse, quand on sait que le monde actuel vit aussi une vague de « mondialisation juridique ». L'international, notamment dans le champ des droits humains, influe sur les systèmes juridiques nationaux.

De toute évidence, il apparaît que le droit conventionnel contemporain de la biodiversité, au centre duquel trône la Convention sur la diversité biologique et ses protocoles ne peut répondre, de manière adéquate et efficace, aux attentes des populations autochtones et locales en restant centré, et même concentré, sur l'ordre et la doctrine juridique de la seule entité étatique, au niveau interne comme au plan international. La suprématie étatique dans l'ordre juridique interne et international est un obstacle à l'éclosion du pluralisme juridique interne et international favorable à l'élargissement progressif du champ des droits des communautés autochtones et locales dans la conservation et l'utilisation durable de la diversité biologique. L'évolution constante de la scène internationale ne recommande-t-elle pas, avec force, la perspective féconde d'une construction « consociative » ou pluraliste du droit international de la conservation de la nature et la sortie de la « récurrence de l'hégémonie »[151] ?

VERNICOS (Geneviève) (dir.) ; La quête anthropologique du droit. Autour de Étienne Le Roy, Paris, Karthala, 2006, 611 pages.

[151] CONSTANTIN (François) ; « Les biens publics mondiaux, un imaginaire pour quelle mondialisation ? », in CONSTANTIN (F.)(dir.) ; Les biens publics mondiaux. Un mythe légitimateur pour l'action collective ? , Paris, L'Harmattan, 2002, p. 32. Dans le même ordre d'idées, lire DOUMBE BILLE (Stéphane) ; « Au service de la gestion locale », in Courrier de la Planète, numéro 60 et la Déclaration de Manille sur les Peuples autochtones et les Industries Extractives, Manille, Philippines, 25 mars 2009.

BIBLIOGRAPHIE GÉNÉRALE

I. OUVRAGES GÉNÉRAUX

AUBERTIN (Catherine), PINTON (Florence) et BOISVERT (Valérie) (dir.) ; *Les marchés de la biodiversité*, Paris, IRD éditions, 2007, 269 pages ;

AUBERTIN (Catherine) et VIVIEN (Franck Dominique) ; *Les enjeux de la biodiversité*, Paris, Economica, 1998, 112 pages ;

BAHUCHET (Serge) (dir.), *Les peuples des forêts tropicales aujourd'hui, Volume II : une approche thématique*, Bruxelles, APFT — ULB, 2000, 655 pages ;

BARBAULT (Robert), CORNET (Antoine), JOUZEL (Jean), MEGIE (Gérard), SACHS (Ignacy) et WEBER (Jacques) ; *Johannesburg, Sommet mondial du développement durable 2002 : quels enjeux ? Quelle contribution des scientifiques ?* Paris, Ministère des Affaires Etrangères — ADPF, 2002, 207 pages ;

BILLE (Peter Larsen) and SPRINGER (Jenny) ; *Mainstreaming WWF Principles on Indigenous Peoples and Conservation in Project and Programme Management*, Gland, 2008, 50 pages ;

BOURDIEU (Pierre) ; Questions de sociologie, Paris, Éditions Minuit, 1984.

CARBONNIER (Jean), *Sociologie juridique*, Paris, PUF, 2004, 415 pages ;

CARTER (Neil) ; *The politics of the environment: ideas, activism, policy,* Cambridge, CAMBRIDGE UNIVERSITY PRESS, 2001, 361 pages;

CHEMILLIER-GENDREAU (Monique), *Humanité et souverainetés : essai sur la fonction du droit international*, Paris, éditions LA DÉCOUVERTE, 1995, 382 pages ;

CLÉMENT (Catherine) ; *Qu'est-ce qu'un peuple premier ?*, Paris, Éditions du Panama, 2006, 225 pages ;

COMMAILLE (Jacques), DUMOULIN (Laurence) et ROBERT (Cécile) (dir.), *La juridicisation du politique : leçons scientifiques*, Paris, LGDJ, 2000, 254 pages ;

COMPAGNON (Daniel) et CONSTANTIN (François) (dir.), *Administrer l'environnement en Afrique*, Paris, Karthala — IFRA, 2000, 495 pages ;

COMPAGNON (Daniel) et RODARY (Estienne) (dir.) ; *Les politiques de la biodiversité*, Paris, Presses de Sciences Po, 2017, 253 pages ;

CONSTANTIN (François) (dir.) ; *Les biens publics mondiaux. Un mythe légitimateur pour l'action collective ?*, Paris, L'Harmattan, 2002, 385 pages ;

CORNU (Marie) et FROMAGEAU (Jérôme) (dir.), *Le droit de la forêt au 21e siècle : aspects internationaux,* Paris, L'Harmattan, 2004, 303 pages ;

DARBON (Dominique) et DE GAUDUSSON (Jean du Bois), *La création du droit en Afrique*, Paris, Karthala, 1997, 496 pages ;

DUPRET (Baudoin) ; *Droit et sciences sociales*, Paris, Armand Colin, 2006, 203 pages ;

EBERHARD (Christoph) et VERNICOS (Geneviève) (dir.) ; *La quête anthropologique du droit. Autour de Étienne Le Roy*, Paris, Karthala, 2006, 611 pages ;

FENET (Alain), KOUBI (Geneviève) et SCHULTE-TENCKHOFF (Isabelle) ; *Le droit et les minorités. Analyses et textes*, 2e édition, Bruxelles, Academia Bruylant, 2000, 661 pages.

GITPA ; *Exploitations forestières et peuples autochtones*, Paris, L'Harmattan, 2007, 165 pages ;

HEATHER E. Eves, HARDIN Rebecca et RUPP Stéphanie (dir.) ; *Utilisation des ressources naturelles dans la région tri nationale du fleuve Sangha en Afrique Équatoriale : histoire, savoirs et institutions,* Yale, Yale F & ES Bulletin, Series numéro 102, 1998, 597 pages ;

IMPERIALI (Claude) (dir.) ; *L'effectivité du droit international de l'environnement : contrôle de la mise en œuvre des conventions internationales*, Paris, ECONOMICA, 1998, 291 pages ;

KAMTO (Maurice), *Droit de l'environnement en Afrique*, Paris, EDICEF/AUPELF, 1996, 416 pages ;

KAMTO (Maurice), *Pouvoir et droit en Afrique Noire : Essai sur les fondements du constitutionnalisme dans les États d'Afrique noire francophone*, Paris, Librairie Générale de Droit et de Jurisprudence, 1987, 545 pages ;

KOYO Jean-Prosper (dir.) ; *Bases pour la mise en cohérence des politiques et lois forestières des pays d'Afrique Centrale,* Yaoundé, UICN, 1999, 67 pages ;

LAVIEILLE (Jean-Marc), *Droit international de l'environnement*, Paris, Ellipses, 2004,
191 pages ;

MARTIN (Jean-Yves) (dir.), *Développement durable ? Doctrines, pratiques, évaluations*, Paris, IRD éditions, 2002, 344 pages ;

MILLARD (Éric) ; Théorie générale du droit, Paris, Dalloz, 2006, 136 pages ;

NDINGA Assitou, *Conservation forestière en Afrique Centrale et politique internationale : le processus de Brazzaville en échec*, Paris, L'Harmattan, 2001, 130 pages ;

NÈGRE (Céline) (dir.) ; *La Convention Internationale sur la Biodiversité. Enjeux de la mise en œuvre*, Paris, La Documentation Française, 2010, 235 pages ;

NGUIFFO TENE Samuel-Alain, *La nouvelle législation forestière au Cameroun*, Yaoundé, Fondation Friedrich-Ebert, 1994, 48 pages ;

RECOFTC ; *People, Forests and Human Well-being. Managing forests for People in a period of rapid change*, 2008, 14 pages ;

RIERA (Bernard) et ALEXANDRE (Daniel-Yves), *Diversité biologique et forêts*, Paris, SILVA-RIAT, 2004, 151 pages ;

SCHULTE-TENCKHOFF (Isabelle) (dir.) ; *Altérité et droit. Contributions à l'étude du rapport entre droit et culture*, Bruxelles, Bruylant, 2002, 416 pages ;

SMOUTS (Marie-Claude), *Forêts tropicales, jungle internationale. Les revers d'une écopolitique mondiale,* Paris, Presses de Sciences Po, 2001, 347 pages ;

THOMAS (Frédéric) et BOISVERT (Valérie) (dir.) ; *Le pouvoir de la biodiversité. Néolibéralisation de la nature dans les pays émergents,* Marseille et Versailles, IRD et QUAE, 2015, 295 pages ;

VANDERLINDEN (Jacques), *Anthropologie juridique*, Paris, DALLOZ, 1996, 123 pages ;

II. OUVRAGES SPÉCIALISÉS

Alternatives Sud *; L'avenir des peuples autochtones : le sort des « premières nations »,* Bruxelles, CETRI/L'Harmattan, 2000, 276 pages ;

AMAN, ICRAF, FPP ; *In search of recognition*, Bogor, AMAN, ICRAF, FPP, 2003, 42 pages ;

BAHUCHET (Serge), GRENAND (Françoise), GRENAND (Pierre) et De MARET (Pierre) ; *Forêts des tropiques, forêts anthropiques. Sociodiversité, biodiversité : un guide pratique, Bruxelles, APFT, 2000, 132 pages ;*

BARNARD (Alan) et KENRICK (Justin) ; *Africa's indigenous peoples: 'First peoples or marginalized minorities'?* Edinburgh, Centre of African Studies, 2001, 322 pages;

BERARD (Laurence), CEGARRA (Marie) et alii ; *Biodiversité et savoirs naturalistes locaux en France,* Paris, CIRAD-IDDRI-IFB-INRA, 2005, 271 pages ;

Centre des Nations Unies pour les droits de l'homme ; *Les droits des peuples autochtones*, Genève, ONU, 1997, 46 pages ;

COLCHESTER (Marcus), *Nature sauvage, nature sauvée ? Peuples autochtones, aires protégées et conservation de la biodiversité*, Moreton-in-Marsh, WRM, 2003, 151 pages ;

COLCHESTER (Marcus) et ERNI (Christian) ; *Indigenous peoples and protected areas in South and Southeast Asia: proceeding of the conference at Kundasang, Sabah, Malaysia*, Copenhagen, IWGIA, 1999, 334 pages;

DOCUMENTATION FRANÇAISE ; *Livre blanc sur les forêts tropicales humides. Analyses et recommandations des acteurs Français*, Paris, La Documentation Française, 2006, 173 pages ;

FRITZ (Jean-Claude), DEROCHE (Frédéric), FRITZ (Gérard) et PORTEILLA (Raphaël) ; *La Nouvelle question indigène. Peuples autochtones et ordre mondial,* Paris, L'Harmattan, 2005, 506 pages ;

KWOKWO BARUME (Albert), *Étude sur le cadre légal pour la protection des droits des peuples indigènes et tribaux au Cameroun*, Genève, OIT, 2005, 159 pages ;

KWOKWO BARUME (Albert) ; *En voie de disparition ? Les droits des autochtones en Afrique : le cas Twa du parc national de Kahuzi-Biega, en République Démocratique du Congo*, Moreton-in-Marsh, FPP, 2003, 140 pages ;

NELSON (John) et HOSSACK (Lindsay) ; *Les peuples autochtones et les aires protégées en Afrique : du principe à la pratique,* Moreton-in-Marsh, FPP, 2003, 312 pages ;

PERRINGS (Charles) et GADGIL Madhav ; *Pour une protection efficace et équitable de la biodiversité*, Paris, IDDRI, 2002, 46 pages ;

SCHEPS (Ruth) (dir.) ; *La Science sauvage. Des savoirs populaires aux ethnosciences*, Paris, Seuil, mai 1993, 212 pages ;

SCHULTE-TENCKHOFF (Isabelle), *La question des peuples autochtones*, Bruxelles, BRUYLANT/L.G.D.J, 1997, 235 pages ;

WWF International ; *Les peuples autochtones et la conservation : déclaration de principes du WWF*, WWF International, Gland, 1996, 12 pages ; *La Convention sur la diversité biologique. Perspectives pour la mise en œuvre*, WWF, Gland, 1996, 24 pages ; WWF ; *Indigenous Peoples and Conservation. WWF Statement of Principles*, A WWF Position Paper, 2008, 8 pages.

III. THÈSES, MÉMOIRES, RAPPORTS D'ÉTUDE ET PLANS D'ACTION

BOMBA (Célestin Modeste), *L'Afrique et son patrimoine forestier : Essai de problématique générale du droit forestier en Afrique de l'Ouest et du Centre*, Thèse de Doctorat 3e cycle en Relations Internationales, Université de Yaoundé, Institut des Relations Internationales, 1991, 552 pages ;

COMIFAC, *Plan de convergence pour la conservation et la gestion durable des forêts tropicales d'Afrique Centrale*, Yaoundé, 2003, 65 pages ;

DONFACK SOKENG (Léopold), *Le droit des minorités et des peuples autochtones au Cameroun,* Thèse pour le doctorat en droit de l'Université de Nantes, Nantes, Université de Nantes, 2000/2001, 162 pages ;

GUIGNIER (Armelle), *Le rôle des peuples autochtones et des communautés locales dans le développement durable : figurants ou acteurs ?* Mémoire de DEA en droit de l'environnement et de l'urbanisme, Université de Limoges, 2000-2001, 165 pages ;

JOIRIS (Daou Véronique) et TITI NWEL (Pierre), *Étude sectorielle des impacts sociaux et environnementaux du programme sectoriel forêt et environnement*, Yaoundé, MINEF, 2002, 104 pages ;

KAMTO (Maurice), *Bilan des expériences et modèles d'aménagement pour une gestion durable des forêts au Cameroun : examen critique des textes sur l'aménagement forestier et propositions,* Yaoundé, MINEF/FAO, 2001, 48 pages ;

KEMBO TAKAM GATSING, *Le cadre juridique de la gestion des aires protégées transfrontières en Afrique Centrale : Le cas du Tri-Nationale de la Sangha*, Mémoire de 3e cycle de Droit international de l'environnement, Université de Limoges, 2003, 62 pages ;

NELSON (John), *Conservation de la biodiversité et populations locales en Afrique centrale : Réconcilier les droits des populations locales et la conservation des écosystèmes*, Forest People Programme, Yaoundé, mai 2004, 23 p.

NGUIFFO (Samuel-Alain), *Renforcement de l'implication des communautés dans la gestion des forêts au Cameroun, étude réalisée pour le compte du*

Cabinet Institutions et Développement, dans le cadre de la revue institutionnelle du secteur forestier au Cameroun, CED, Yaoundé, 2001.

NGUIFFO (Samuel-Alain), *L'implication des populations dans la gestion de la faune au Cameroun, étude réalisée pour le compte du Cabinet Institutions et Développement, dans le cadre de la revue institutionnelle du secteur forestier au Cameroun*, CED, Yaoundé, 2001.

TCHOKOSSI HAPPI (Carole Céline), *L'Écosystème forestier dans l'espace CEMAC et le droit international de l'environnement,* Mémoire de 3e cycle de Droit international de l'environnement, Université de Limoges, 2003, 63 pages ;

IV. ARTICLES ET DIVERS

ALDEN WILY (Liz), *« La législation forestière en Afrique Orientale et Australe : vers un avenir forestier à orientation communautaire » ?* in Unasylva 203, Vol. 51, FAO, 2000, pp. 19-26.

BIGOMBE LOGO (Patrice), *« La fiscalité forestière décentralisée dans la réforme camerounaise »,* in Terroirs, Yaoundé, février 2004, p.203-234.

BOUKONGOU Jean-Didier, *« La protection du bassin du Congo : un enjeu multilatéral »*, in Géopolitique africaine, 2004.

CASTANEDA (Froylàn), *« Les critères et indicateurs de l'aménagement durable des forêts : initiatives internationales, situation actuelle et perspectives »,* in Unasylva 203, Vol. 51, FAO, 2000, pp. 34-40.

DOUMBE BILLE (Stéphane) ; « Le cadre juridique international relatif aux forêts. État de développement », in CORNU (Marie) et FROMEGEAU (Jérôme) (dir.) ; Le droit de la forêt au XXIe siècle. Aspects internationaux, Paris, L'Harmattan, 2004, pp. 121 - 136 ; DOUMBE BILLE (Stéphane) ; « Au service de la gestion locale », in Courrier de la Planète, numéro 60.

DUPUY (P. M.) ; *« Où est le Droit international de l'Environnement à la fin du siècle ? »,* in Revue Générale de droit International Public, numéro 4, octobre-décembre 1994.

ELLIOTT (Christopher), *« Paradigmes de conservation des forêts »,* in Unasylva187, vol.47, FAO, 1996, pp. 3-9.

FINGLETON (James S)., *« Résoudre les conflits opposant droit forestier coutumier et droit forestier officiel dans le Pacifique Sud-Ouest »,* in Unasylva 175, Vol. 44, FAO, 1993, pp.17-22.

HANON (Laurence), BINOT (Aurélie) et LEJOLY (Jean) ; « Vers une gestion concertée des territoires périphériques d'une aire protégée africaine ? Le cas du Parc national de Zakouma au sud-est du Tchad », in ROULET (Pierre Armand) et ASSENMAKER (Pierre) (éd.) ; Gouvernance et environnement en Afrique centrale : le modèle participatif en question, Tervuren, Musée Royal de l'Afrique centrale, 2008, pp. 161-187.

HUFTY (Marc) ; « La biodiversité dans les relations Nord-Sud : coopération ou conflit ? », in Revue Internationale et Stratégique, numéro 60, 2006, pp. 151-159.

IGOE (Jim) ; «Meauring the costs and benefits of conservation to local communities », in Journal of Ecological Anthropology, Volume 10, 2006, pp. 72-77.

JOIRIS (Daou V.), *« La nature des uns et la nature des autres : mythe et réalité du monde rural face aux aires protégées d'Afrique Centrale »,* in Civilisations, Vol. XLIV-numéro 1-2, janvier 1997, pp. 94-103.

KARSENTY Alain, *« Des rentes contre le développement ? Les nouveaux instruments d'acquisition mondiale de la biodiversité et l'utilisation des terres dans les pays tropicaux »*, in Mondes en développement, 127 (3), DE Boeck, 2004, pp. 59-72.

LEWIS (Jérôme), FREEMAN (Luke) et BORREILL (Sphie) ; Le consentement libre, informé et préalable et la gestion forestière durable dans le Bassin du Congo. Une étude de faisabilité sur la mise en œuvre des Principes 2 et 3 du FSC dans le Bassin du Congo menée en République Démocratique du Congo, en République du Congo et au Gabon, Berne, Intercoopération et Société pour les peuples menacés, septembre 2008, 69 pages ;

MALET (Serge-Henri) ; *« L'Afrique en quête de mécanismes de compensation »*, in Afrique Agriculture, numéro 334, mars 2005, p.18-22

MICHON (Geneviève), *« Sciences sociales et biodiversité : des problématiques nouvelles pour un contexte nouveau »,* in Nature Sciences Sociétés 11 (2003), pp. 421-431

NTONGA-BOMBA (Serge Vincent), *« L'État actuel de la mise en œuvre des instruments juridiques en matière d'environnement au Cameroun »,* in Juridis, numéro 50, avril-mai-juin 2002, pp. 121-128.

NEELY Jeffrey A., *« Des zones protégées pour le 21e siècle : améliorer leur utilité pour la société »*, in Unasylva 176, Vol.45, FAO, 1994, pp. 3-7.

PINTON (Florence) et GRENAND (Pierre) ; « Savoirs traditionnels, populations locales et ressources globalisées », in AUBERTIN (Catherine), PINTON (Florence) et BOISVERT (Valérie) (dir.) ; Les marchés de la biodiversité, Paris, IRD éditions, 2007, pp. 165-194 ;

PHUONG (Nguyen Nhu) et DEMBNER (Stephen A)., *« Améliorer le mode de vie des populations des zones protégées du Vietnam »*, in Unasylva 176, Vol. 45, FAO, 1994, pp.15-21.

SOURNIA (Gérard), *« Les aires de conservation : espaces à protéger ou espaces à partager »,* in Biodiversité : le fruit convoité, FPH, février 1994, pp.17-21.

WEBER (Jacques), *« Conservation, appropriation et processus de décision dans le cadre de la conservation »*, in Biodiversité : le fruit convoité, FPH, février 1994, pp. 28-36.

WITTMER Heidi et BIRNER Regina, *« Between conservationism, eco-populism and developmentalism-discourses in biodiversity policy in Thailand and Indonesia »*, CAPRI Working paper numéro 37, CGIAR/IFPRI, January 2005, 29 pages.

WYNTER (Pauline E)., *« Légalisez-la ! La participation communautaire à la gestion des ressources naturelles »*, in Unasylva 175, Vol. 44, FAO, 1993, pp. 23-28.

YILDIZ AUMEERUDDY (Thomas) et DE GARINE (Éric) ; « Savoirs locaux : contraintes et opportunités », in Notes Techniques des Réserves de Biosphère : Entre l'Homme et la nature, une démarche pour des relations durables, Paris, UNESCO, Programme sur l'Homme et la biosphère, numéro 3, 2008, pp. 61-64.

V. SITES INTERNET

http://www.cbd.int/abs
http://www.iepf.org/media/docs/publications/259-APA-manuel2007
http://www.fao.org
http://www.fao.org/forestry
http://www.foresmonotor.org/priseenotage/
http://www.forestpeople.org
http://www.iucn.org
http://www.arpe.umd.edu
http://www.biodiv.org/decisions/
http://www.wipo.org
http://www.unhchr.ch
http://www.docip.org

VI. TEXTES ET DOCUMENTS JURIDIQUES

A- Textes internationaux

- Convention des Nations Unies sur la Diversité Biologique, Rio, juin 1992 ;
- Déclaration de Stockholm sur l'Environnement, 15 décembre 1972 ;
- Déclaration de Rio sur l'environnement et le développement, juin 1992 ;
- Déclaration Universelle des Droits de l'Homme, 10 décembre 1948 ;
- Projet de Déclaration des Nations Unies sur les droits des peuples autochtones, adopté par le Comité des Droits de l'Homme, Genève, juin 2006 ;
- Déclaration des Nations Unies sur les Droits des Peuples autochtones, adoptée le 13 septembre 2007 ;
- Lignes directrices de Bonn sur l'accès aux ressources génétiques et le partage juste et équitable des avantages résultant de leur utilisation, Secrétariat de la CDB, 2002, 20 pages.

B- Textes sous-régionaux

- Charte africaine des Droits de l'Homme et des Peuples, 27 juin 1981.
- Accord de Partenariat ACP-CE, Cotonou, 23 juin 2000.
- Déclaration de Yaoundé.
- Traité créant la Commission des Forêts d'Afrique Centrale.
- La Convention numéro 169 de l'OIT.

C -Législations forestières nationales

1-CAMEROUN

- Loi numéro 96/06 du 18 janvier 1996 portant Constitution de la République du Cameroun.
- La Politique forestière du Cameroun (document de politique générale), Yaoundé, 30 juin 1993.
- Loi numéro 96/12 du 5 août 1996 portant loi-cadre relative à la gestion de l'Environnement.
- Loi numéro 94/01 du 20 janvier 1994 portant régime des forêts, de la faune et de la pêche.
- Décret numéro 95/531/PM du 23 août 1995 fixant les modalités d'application du régime des forêts.
- Décret numéro 95/466/PM du 20 juillet 1995 fixant les modalités d'application du régime de la faune.
- Décret numéro 2000/092/PM du 27 mars 2000 modifiant le Décret numéro 95/531/PM du 23 août 1995 fixant les modalités d'application du régime des forêts.
- Arrêté Conjoint numéro 000122/MINEFI/MINAT/du 29 avril 1998 fixant les modalités d'emploi des revenus provenant de l'exploitation forestière et destinés aux communautés villageoises riveraines.

2-RÉPUBLIQUE DU CONGO

- Loi numéro 16-2000 du 20 novembre 2000 portant code forestier congolais.
- Décret numéro 2002-433 du 31 décembre 2002 portant organisation et fonctionnement du corps des agents des eaux et forêts.
- Décret numéro 2002-434 du 31 décembre 2002 portant organisation et fonctionnement du fonds forestier.

- Décret numéro 2002-435 du 31 décembre 2002 portant attributions, organisation et fonctionnement du Centre national d'inventaire et d'aménagement des ressources forestières et fauniques.
- Décret numéro 2002-436 du 31 décembre 2002 portant attributions, organisation et fonctionnement du service de contrôle des produits forestiers à l'exportation.
- Décret numéro 2002-437 du 31 décembre 2002 fixant les conditions de gestion et d'utilisation des forêts.
- Décret numéro 2002-438 du 31 décembre 2002 fixant les modalités de répartition de la taxe de superficie destinée au développement des départements.

3-RÉPUBLIQUE DÉMOCRATIQUE DU CONGO

- Loi numéro 011/2002 du 29 août 2002 portant Code forestier en RDC.

4- RÉPUBLIQUE DU GABON

- Loi numéro 016/01 du 31 décembre 2001 portant code forestier en République gabonaise.

5-RÉPUBLIQUE CENTRAFRICAINE

Loi numéro 90/003 du 9 juin 1990 portant Code forestier

ANNEXES

CONVENTION DES NATIONS UNIES SUR LA DIVERSITÉ BIOLOGIQUE

RIO DE JANEIRO, BRÉSIL, 05 JUIN 1992

INTRODUCTION

La Convention des Nations Unies sur la diversité biologique vise à garantir la mise en œuvre d'une action internationale efficace pour ralentir la destruction des espèces biologiques, des habitats et des écosystèmes. Elle a été ouverte à la signature à la Conférence des Nations Unies sur l'environnement et le développement -- le Sommet « planète Terre » -- à Rio de Janeiro (Brésil) le 5 juin 1992. À la Conférence, 157 pays ont signé la Convention, y compris la Communauté européenne. Pour que la Convention entre en vigueur, elle doit être ratifiée par 30 pays au moins, généralement par leur parlement.

Les dispositions les plus importantes de la Convention sont les suivantes :

Les pays doivent adopter des règles pour la protection des ressources biologiques ;

Les gouvernements sont juridiquement responsables des incidences que pourraient avoir sur l'environnement d'autres pays les activités de sociétés privées sises sur leur territoire ;

Les ressources destinées à aider les pays en développement à appliquer la Convention doivent être gérées par le Fonds pour l'environnement mondial, en attendant la création d'une nouvelle structure institutionnelle ;

Les transferts de technologie aux pays en développement doivent se faire selon des conditions préférentielles et libérales, lorsque les droits ou brevets en matière de propriété intellectuelle le permettent ;

Les sociétés de biotechnologie doivent être règlementées ;

Il convient de prévoir l'accès au matériel génétique et le droit de propriété ;

Les pays en développement doivent être dédommagés de l'exploitation de leurs matériels génétiques.

HISTORIQUE

C'est en 1987 que le Programme des Nations Unies pour l'environnement (PNUE) a invité pour la première fois les gouvernements à envisager l'établissement d'un instrument juridique international pour la protection et l'utilisation rationnelle de la diversité biologique. L'année suivante, le PNUE a créé un groupe de travail spécial d'experts de la diversité biologique qui s'est réuni trois fois, de novembre 1988 à juillet 1990. Sur la base du rapport final du Groupe de travail, le PNUE a créé un groupe spécial d'experts juridiques et techniques sur la diversité biologique chargé de négocier une convention. Ce groupe a tenu deux sessions et est devenu par la suite Comité de négociation intergouvernemental chargé d'élaborer une convention sur la diversité biologique. Il a achevé les négociations en vue de la Convention pendant les cinq sessions qu'il a tenues de juin 1991 à mai 1992.

QUESTIONS À L'ÉTUDE

Les questions litigieuses débattues au cours des négociations étaient notamment les suivantes : l'aide financière à apporter aux pays en développement pour les aider à appliquer les dispositions de la Convention ; les conditions selon lesquelles les pays industrialisés auraient accès aux matériels génétiques qui se trouvent pour l'essentiel dans les forêts tropicales des pays en développement ; les conditions selon lesquelles les pays en développement auraient accès aux écotechnologies et aux nouvelles biotechniques mises au point à partir des matériels génétiques provenant de leurs forêts tropicales ; et la question de la propriété des biotechniques mises au point à partir de ces matériels et de l'utilisation des droits conférés par brevet.

Une fois les négociations terminées, plusieurs pays ont émis des réserves concernant divers aspects de la Convention, mais ont par la suite accepté de signer celle-ci. Les États-Unis ne l'ont pas signée, faisant valoir que les dispositions de la Convention imposeraient des restrictions excessives à leur secteur biotechnologique.

CONVENTION SUR LA DIVERSITÉ BIOLOGIQUE

Préambule

Les Parties contractantes,

Conscientes de la valeur intrinsèque de la diversité biologique et de la valeur de la diversité et de ses éléments constitutifs sur les plans environnemental, génétique, social, économique, scientifique, éducatif, culturel, récréatif et esthétique,

Conscientes également de l'importance de la diversité biologique pour l'évolution et pour la préservation des systèmes qui entretiennent la biosphère,

Affirmant que la conservation de la diversité biologique est une préoccupation commune à l'humanité,

Réaffirmant que les États ont des droits souverains sur leurs ressources biologiques,

Réaffirmant également que les États sont responsables de la conservation de leur diversité biologique et de l'utilisation durable de leurs ressources biologiques,

Préoccupées par le fait que la diversité biologique s'appauvrit considérablement par suite de certaines des activités de l'homme,

Conscientes du fait que les renseignements et les connaissances sur la diversité biologique font généralement défaut et qu'il est nécessaire de développer d'urgence les moyens scientifiques, techniques et institutionnels propres à assurer le savoir fondamental nécessaire à la conception des mesures appropriées et à leur mise en œuvre.

Notant qu'il importe au plus haut point d'anticiper et de prévenir les causes de la réduction ou de la perte sensible de la diversité biologique à la source et de s'y attaquer,

Notant également que lorsqu'il existe une menace de réduction sensible ou de perte de la diversité biologique, l'absence de certitudes scientifiques totales ne doit pas être invoquée comme raison pour différer les mesures qui permettraient d'en éviter le danger ou d'en atténuer les effets,

Notant en outre que la conservation de la diversité biologique exige essentiellement la conservation *in situ* des écosystèmes et des habitats naturels ainsi que le maintien et la reconstitution de populations viables d'espèces dans leur milieu naturel,

Notant en outre que des mesures *ex situ*, de préférence dans le pays d'origine, revêtent également une grande importance,

Reconnaissant qu'un grand nombre de communautés locales et de populations autochtones dépendent étroitement et traditionnellement des ressources biologiques sur lesquelles sont fondées leurs traditions et qu'il est souhaitable d'assurer le partage équitable des avantages découlant de l'utilisation des connaissances, innovations et pratiques traditionnelles intéressant la conservation de la diversité biologique et l'utilisation durable de ses éléments,

Reconnaissant également le rôle capital que jouent les femmes dans la conservation et l'utilisation durable de la diversité biologique et affirmant la nécessité d'assurer leur pleine participation à tous les niveaux aux décisions politiques concernant la conservation de la diversité biologique et à leur application,

Soulignant qu'il importe et qu'il est nécessaire de favoriser la coopération internationale, régionale et mondiale entre les Etats et les organisations intergouvernementales et le secteur non gouvernemental aux fins de conservation de la diversité biologique et de l'utilisation durable de ses éléments,

Reconnaissant que le fait d'assurer des ressources financières nouvelles et additionnelles ainsi qu'un accès satisfaisant aux techniques pertinentes devrait influer sensiblement sur la mesure dans laquelle le monde sera à même de s'attaquer à l'appauvrissement de la diversité biologique,

Reconnaissant en outre que des moyens spéciaux sont nécessaires pour satisfaire les besoins des pays en développement, notamment la fourniture de ressources financières nouvelles et additionnelles ainsi qu'un accès approprié aux techniques pertinentes,

Notant à cet égard les conditions particulières des pays les moins avancés et des petits Etats insulaires,

Reconnaissant que des investissements importants sont nécessaires pour assurer la conservation de la diversité biologique, dont on peut escompter de nombreux avantages sur les plans environnemental, économique et social,

Reconnaissant que le développement économique et social et l'éradication de la pauvreté sont les premières priorités des pays en développement qui prennent le pas sur toutes les autres,

Conscientes du fait que la conservation et l'utilisation durable de la diversité biologique revêtent la plus haute importance pour la satisfaction des besoins alimentaires, sanitaires et autres de la population de la planète, qui ne cesse de croître, et que l'accès aux ressources génétiques et à la technologie ainsi que leur partage sont de ce fait indispensables,

Notant qu'à terme la conservation et l'utilisation durable de la diversité biologique renforceront les relations amicales entre Etats et contribueront à la paix de l'humanité,

Désireuses d'améliorer et de compléter les arrangements internationaux existant en matière de conservation de la diversité biologique et d'utilisation durable de ses éléments,

Déterminées à conserver et à utiliser durablement la diversité biologique au profit des générations présentes et futures,

Sont convenues de ce qui suit :

Article 1. Objectifs

Les objectifs de la présente Convention, dont la réalisation sera conforme à ses dispositions pertinentes, sont la conservation de la diversité biologique, l'utilisation durable de ses éléments et le partage juste et équitable des avantages découlant de l'exploitation des ressources génétiques, notamment grâce à un accès satisfaisant aux ressources génétiques et à un transfert approprié des techniques pertinentes, compte tenu de tous les droits sur ces ressources et aux techniques, et grâce à un financement adéquat.

Article 2. Emploi des termes

Aux fins de la présente Convention, on entend par :

Biotechnologie : toute application technologique qui utilise des systèmes biologiques, des organismes vivants, ou des dérivés de ceux-ci, pour réaliser ou modifier des produits ou des procédés à usage spécifique.

Conditions in situ : conditions caractérisées par l'existence de ressources génétiques au sein d'écosystèmes et d'habitats naturels et, dans le cas des espèces domestiquées et cultivées, dans le milieu où se sont développés leurs caractères distinctifs.

Conservation ex-situ : la conservation d'éléments constitutifs de la diversité biologique en dehors de leur milieu naturel.

Conservation in situ : la conservation des écosystèmes et des habitats naturels et le maintien et la reconstitution de populations viables d'espèces dans leur milieu naturel et, dans le cas des espèces domestiquées et cultivées, dans le milieu où se sont développés leurs caractères distinctifs.

Diversité biologique : Variabilité des organismes vivants de toute origine y compris, entre autres, les écosystèmes terrestres, marins et autres écosystèmes aquatiques et les complexes écologiques dont ils font partie ; cela comprend la diversité au sein des espèces et entre espèces ainsi que celle des écosystèmes.

Ecosystème : le complexe dynamique formé de communautés de plantes, d'animaux et de micro-organismes et de leur environnement non vivant qui, par leur interaction, forment une unité fonctionnelle.

Espèce domestiquée ou cultivée : toute espèce dont le processus d'évolution a été influencé par l'homme pour répondre à ses besoins.

Habitat : le lieu ou type de site dans lequel un organisme ou une population existe à l'état naturel.

Matériel génétique : le matériel d'origine végétale, animale, microbienne ou autre, contenant des unités fonctionnelles de l'hérédité.

Organisation régionale d'intégration économique : toute organisation constituée par des États souverains d'une région donnée, à laquelle ces États membres ont transféré des compétences en ce qui concerne les questions régies par la présente Convention et qui a été dûment mandatée, conformément à ses procédures internes, pour signer, ratifier, accepter, approuver ladite Convention ou y adhérer.

Pays d'origine des ressources génétiques : pays qui possède ces ressources génétiques dans des conditions *in situ.*

Pays fournisseur de ressources génétiques : tout pays qui fournit des ressources génétiques récoltées auprès de sources *in situ*, y compris les populations d'espèces sauvages ou domestiquées, ou prélevées auprès de sources *ex-situ*, qu'elles soient ou non originaires de ce pays.

Ressources biologiques : les ressources génétiques, les organismes ou éléments de ceux-ci, les populations, ou tout autre élément biotique des écosystèmes ayant une utilisation ou une valeur effective ou potentielle pour l'humanité.

Ressources génétiques : le matériel génétique ayant une valeur effective ou potentielle.

Technologie : toute technologie y compris la biotechnologie.

Utilisation durable : l'utilisation des éléments constitutifs de la diversité biologique d'une manière et à un rythme qui n'entraînent pas leur appauvrissement à long terme, et sauvegardent ainsi leur potentiel pour satisfaire les besoins et les aspirations des générations présentes et futures.

Zone protégée : toute zone géographiquement délimitée qui est désignée, ou règlementée, et gérée en vue d'atteindre des objectifs spécifiques de conservation.

Article 3. Principe

Conformément à la Charte des Nations Unies et aux principes du droit international, les États ont le droit souverain d'exploiter leurs propres ressources selon leur politique d'environnement et ils ont le devoir de faire en sorte que les activités exercées dans les limites de leur juridiction ou sous leur contrôle ne causent pas de dommage à l'environnement dans d'autres États ou dans des régions ne relevant d'aucune juridiction nationale.

Article 4. Champ d'application

Sous réserve des droits des autres États et sauf disposition contraire expresse de la présente convention, les dispositions de la Convention s'appliquent à chacune des Parties contractantes :

a) Lorsqu'il s'agit des éléments de la diversité biologique de zones situées dans les limites de sa juridiction nationale ;

b) Lorsqu'il s'agit des processus et activités qui sont réalisés sous sa juridiction ou son contrôle, que ce soit à l'intérieur de la zone relevant de sa juridiction nationale ou en dehors des limites de sa juridiction nationale, indépendamment de l'endroit où ces processus et activités produisent leurs effets.

Article 5. Coopération

Chaque Partie contractante, dans la mesure du possible et selon qu'il conviendra, coopère avec d'autres Parties contractantes, directement ou le cas échéant, par l'intermédiaire d'organisations internationales compétentes, dans des domaines ne relevant pas de la juridiction nationale et dans d'autres domaines d'intérêt mutuel, pour la conservation et l'utilisation durable de la diversité biologique.

Article 6. Mesures générales en vue de la conservation et de l'utilisation durable

Chacune des Parties contractantes, en fonction des conditions et moyens qui lui sont propres :

a) Élabore des stratégies, plans ou programmes nationaux tendant à assurer la conservation et l'utilisation durable de la diversité biologique ou adapte à cette fin ses stratégies, plans ou programmes existants qui tiendront compte, entre autres, des mesures énoncées dans la présente Convention qui la concernent ;

b) Intègre, dans toute la mesure possible et comme il convient, la conservation et l'utilisation durable de la diversité biologique dans ses plans, programmes et politiques sectoriels ou intersectoriels pertinents.

Article 7. Identification et surveillance

Chaque Partie contractante, dans la mesure du possible et selon qu'il conviendra, notamment aux fins des articles 8 à 10 :

a) Identifie les éléments constitutifs de la diversité biologique importants pour sa conservation et son utilisation durable, en tenant compte de la liste indicative de catégories figurant à l'annexe I.

b) Surveille par prélèvement d'échantillons et d'autres techniques, les éléments constitutifs de la diversité biologique identifiés en application de l'alinéa a) ci-dessus, et prête une attention particulière à ceux qui doivent d'urgence faire l'objet de mesures de conservation ainsi qu'à ceux qui offrent le plus de possibilités en matière d'utilisation durable ;

c) Identifie les processus et catégories d'activités qui ont ou risquent d'avoir une influence défavorable sensible sur la conservation et l'utilisation durable de la diversité biologique, et surveille leurs effets par prélèvement d'échantillons et d'autres techniques.

d) Conserve et structure à l'aide d'un système les données résultant des activités d'identification et de surveillance entreprises conformément aux alinéas a), b) et c) ci-dessus.

Article 8. Conservation in situ

Chaque Partie contractante, dans la mesure du possible et selon qu'il conviendra :

a) Etablit un système de zones protégées ou de zones où des mesures spéciales doivent être prises pour conserver la diversité biologique ;

b) Élabore, si nécessaire, des lignes directrices pour le choix, la création et la gestion de zones protégées ou de zones où des mesures spéciales doivent être prises pour conserver la diversité biologique ;

c) Règlemente ou gère les ressources biologiques présentant une importance pour la conservation de la diversité biologique à l'intérieur comme à l'extérieur des zones protégées afin d'assurer leur conservation et leur utilisation durable ;

d) Favorise la protection des écosystèmes et des habitats naturels, ainsi que le maintien de populations viables d'espèces dans leur milieu naturel ;

e) Promeut un développement durable et écologiquement rationnel dans les zones adjacentes aux zones protégées en vue de renforcer la protection de ces dernières ;

f) Remet en état et restaure les écosystèmes dégradés et favorise la reconstitution des espèces menacées moyennant, entre autres, l'élaboration et l'application de plans ou autres stratégies de gestion ;

g) Met en place ou maintient des moyens pour règlementer, gérer ou maîtriser les risques associés à l'utilisation et à la libération d'organismes vivants et modifiés résultant de la biotechnologie qui risquent d'avoir sur l'environnement des impacts défavorables qui pourraient influer sur la conservation et l'utilisation durable de la diversité biologique, compte tenu également des risques pour la santé humaine ;

h) Empêche d'introduire, contrôle ou éradique les espèces exotiques qui menacent des écosystèmes, des habitats ou des espèces ;

i) S'efforce d'instaurer les conditions nécessaires pour assurer la compatibilité entre les utilisations actuelles et la conservation de la diversité biologique et l'utilisation durable de ses éléments constitutifs ;

j) Sous réserve des dispositions de sa législation nationale, respecte, préserve et maintient les connaissances, innovations et pratiques des communautés autochtones et locales qui incarnent des modes de vie traditionnels présentant un intérêt pour la conservation et l'utilisation durable de la diversité biologique et en favorise l'application sur une plus grande échelle, avec l'accord et la participation des dépositaires de ces connaissances, innovations et pratiques et encourage le partage équitable des avantages découlant de l'utilisation de ces connaissances, innovations et pratiques ;

k) Formule ou maintient en vigueur les dispositions législatives et autres dispositions règlementaires nécessaires pour protéger les espèces et populations menacées ;

l) Lorsqu'un effet défavorable important sur la diversité biologique a été déterminé conformément à l'article 7, règlemente ou gère les processus pertinents ainsi que les catégories d'activités ;

m) Coopère à l'octroi d'un appui financier et autre pour la conservation *in situ* visée aux alinéas a) à l) ci-dessus, notamment aux pays en développement.

Article 9. Conservation ex-situ

Chaque Partie contractante, dans la mesure du possible et selon qu'il conviendra, et au premier chef afin de compléter les mesures de conservation *in situ* :

a) Adopte des mesures pour conserver *ex-situ* des éléments constitutifs de la diversité biologique, de préférence dans le pays d'origine de ces éléments ;

b) Met en place et entretient des installations de conservation *ex-situ* et de recherche pour les plantes, les animaux et les micro-organismes, de préférence dans le pays d'origine des ressources génétiques ;

c) Adopte des mesures en vue d'assurer la reconstitution et la régénération des espèces menacées et la réintroduction de ces espèces dans leur habitat naturel dans de bonnes conditions ;

d) Règlemente et gère la collecte des ressources biologiques dans les habitats naturels aux fins de la conservation *ex-situ* de manière à éviter que soient menacés les écosystèmes et les populations d'espèces *in situ*, excepté lorsque des mesures *ex-situ* particulières sont temporairement nécessaires, conformément à l'alinéa c) ci-dessus ;

e) Coopère à l'octroi d'un appui financier et autre pour la conservation *ex-situ* visée aux alinéas a) à d) ci-dessus, et à la création et au maintien de moyens de conservation *ex-situ* dans les pays en développement.

Article 10. Utilisation durable des éléments constitutifs de la diversité biologique

Chaque Partie contractante, dans la mesure du possible et selon qu'il conviendra :

a) Intègre les considérations relatives à la conservation et à l'utilisation durable des ressources biologiques dans le processus décisionnel national ;

b) Adopte des mesures concernant l'utilisation des ressources biologiques pour éviter ou atténuer les effets défavorables sur la diversité biologique ;

c) Protège et encourage l'usage coutumier des ressources biologiques conformément aux pratiques culturelles traditionnelles compatibles avec les impératifs de leur conservation ou de leur utilisation durable ;

d) Aide les populations locales à concevoir et à appliquer des mesures correctives dans les zones dégradées où la diversité biologique a été appauvrie ;

e) Encourage ses pouvoirs publics et son secteur privé à coopérer pour mettre au point des méthodes favorisant l'utilisation durable des ressources biologiques.

Article 11. Mesures d'incitation

Chaque Partie contractante adopte, dans la mesure du possible et selon qu'il conviendra, des mesures économiquement et socialement rationnelles incitant à conserver et à utiliser durablement les éléments constitutifs de la diversité biologique.

Article 12. Recherche et formation

Les Parties contractantes, tenant compte des besoins particuliers des pays en développement :

a) Mettent en place et poursuivent des programmes d'éducation et de formation scientifiques et techniques pour identifier et conserver la diversité biologique et ses éléments constitutifs et en assurer l'utilisation durable, et apportent un appui à l'éducation et à la formation répondant aux besoins particuliers des pays en développement ;

b) Favorisent et encouragent la recherche qui contribue à conserver la diversité biologique et à en assurer l'utilisation durable, en particulier dans les pays en développement, en se conformant entre autres aux décisions de la Conférence des Parties faisant suite aux recommandations de l'organe subsidiaire chargé de fournir des avis scientifiques, techniques et technologiques ;

c) Conformément aux dispositions des articles 16, 18 et 20, encouragent l'exploitation des progrès de la recherche scientifique sur la diversité biologique pour mettre au point des méthodes de conservation et d'utilisation durable des ressources biologiques et coopèrent à cet effet ;

Article 13. Éducation et sensibilisation du public

Les Parties contractantes :

a) Favorisent et encouragent une prise de conscience de l'importance de la conservation de la diversité biologique et des mesures nécessaires à cet effet et en assurent la promotion par les médias, ainsi que la prise en compte de ces questions dans les programmes d'enseignement ;

b) Coopèrent, selon qu'il conviendra, avec d'autres États et des organisations internationales, pour mettre au point des programmes d'éducation et de sensibilisation du public concernant la conservation et l'utilisation durable de la diversité biologique.

Article 14. Études d'impact et réduction des effets nocifs

1. Chaque Partie contractante, dans la mesure du possible et selon qu'il conviendra :

a) Adopte des procédures permettant d'exiger l'évaluation des impacts sur l'environnement des projets qu'elle a proposés et qui sont susceptibles de nuire sensiblement à la diversité biologique en vue d'éviter et de réduire au minimum de tels effets, et, s'il y a lieu, permet au public de participer à ces procédures ;

b) Prend les dispositions voulues pour qu'il soit dûment tenu compte des effets sur l'environnement de ses programmes et politiques susceptibles de nuire sensiblement à la diversité biologique ;

c) Encourage, sur une base de réciprocité, la notification, l'échange de renseignements et les consultations au sujet des activités relevant de sa juridiction ou de son autorité et susceptibles de nuire sensiblement à la diversité biologique d'autres États ou de zones situées hors des limites de la juridiction nationale, en encourageant la conclusion d'accords bilatéraux, régionaux ou multilatéraux, selon qu'il conviendra ;

d) Dans le cas d'un danger ou d'un dommage imminent ou grave trouvant son origine sous sa juridiction ou son contrôle, et menaçant la diversité biologique dans une zone relevant de la juridiction d'autres États ou dans des zones situées en dehors des limites de la juridiction des États, en informe immédiatement les États susceptibles d'être touchés par ce danger ou ce dommage, et prend les mesures propres à prévenir ce danger ou ce dommage ou à en atténuer autant que possible les effets ;

e) Facilite les arrangements nationaux aux fins de l'adoption de mesures d'urgence au cas où des activités ou des événements, d'origine naturelle ou autre, présenteraient un danger grave ou imminent pour la diversité biologique, et encourage la coopération internationale en vue d'étayer ces efforts nationaux et, selon qu'il est approprié et comme en conviennent les États ou les organisations régionales d'intégration économique concernés, en vue d'établir des plans d'urgence communs ;

2. La Conférence des Parties examine, sur la base des études qui seront entreprises, la question de la responsabilité et de la réparation, y compris la remise en état et l'indemnisation pour dommages causés à la diversité biologique, sauf si cette responsabilité est d'ordre strictement interne.

Article 15. Accès aux ressources génétiques

1. Étant donné que les États ont droit de souveraineté sur leurs ressources naturelles, le pouvoir de déterminer l'accès aux ressources génétiques appartient aux gouvernements et est régi par la législation nationale.

2. Chaque Partie contractante s'efforce de créer les conditions propres à faciliter l'accès aux ressources génétiques aux fins d'utilisation écologiquement rationnelle par d'autres Parties contractantes et de ne pas imposer de restrictions allant à l'encontre des objectifs de la présente Convention.

3. Aux fins de la présente Convention, on entend par ressources génétiques fournies par une Partie contractante, et dont il est fait mention dans le présent article et aux articles 16 et 19 ci-après, exclusivement les ressources qui sont fournies par des Parties contractantes qui sont des pays d'origine de ces ressources ou par des Parties qui les ont acquises conformément à la présente Convention.

4. L'accès, lorsqu'il est accordé, est régi par des conditions convenues d'un commun accord et est soumis aux dispositions du présent article.

5. L'accès aux ressources génétiques est soumis au consentement préalable donné en connaissance de cause de la Partie contractante qui fournit lesdites ressources, sauf décision contraire de cette Partie.

6. Chaque Partie contractante s'efforce de développer et d'effectuer des recherches scientifiques fondées sur les ressources génétiques fournies par d'autres Parties contractantes avec la pleine participation de ces Parties et, dans la mesure du possible, sur leur territoire.

7. Chaque Partie contractante prend les mesures législatives, administratives ou de politique générale appropriées, conformément aux articles 16 et 19 et, le cas échéant, par le biais du mécanisme de financement créé en vertu des articles 20 et 21, pour assurer le partage juste et équitable des résultats de la recherche et de la mise en valeur ainsi que des avantages résultant de l'utilisation commerciale et autre des ressources génétiques avec la Partie contractante qui fournit ces ressources. Ce partage s'effectue selon des modalités mutuellement convenues.

Article 16. Accès à la technologie et transfert de technologie

1. Chaque Partie contractante, reconnaissant que la technologie inclut la biotechnologie, et que l'accès à la technologie et le transfert de celle-ci entre Parties contractantes sont des éléments essentiels à la réalisation des objectifs de la présente Convention, s'engage, sous réserve des dispositions du présent article, à assurer et/ou à faciliter à d'autres Parties contractantes l'accès aux technologies nécessaires à la conservation et à l'utilisation durable de la diversité biologique, ou utilisant les ressources génétiques sans causer de dommages sensibles à l'environnement, et le transfert desdites technologies.

2. L'accès à la technologie et le transfert de celle-ci, tels que visés au paragraphe 1 ci-dessus, sont assurés et/ou facilités pour ce qui concerne les pays en développement à des conditions justes et les plus favorables, y compris à des conditions de faveur et préférentielles s'il en est ainsi mutuellement convenu, et selon que de besoin conformément aux mécanismes financiers établis aux termes des articles 20 et 21. Lorsque les technologies font l'objet de brevets et autres droits de propriété intellectuelle, l'accès et le transfert sont assurés selon des modalités qui reconnaissent les droits de propriété intellectuelle et sont compatibles avec leur protection adéquate et effective. L'application du présent paragraphe sera conforme aux dispositions des paragraphes 3, 4 et 5 ci-après.

3. Chaque Partie contractante prend, comme il convient, les mesures législatives, administratives ou de politique générale voulues pour que soit assuré aux Parties contractantes qui fournissent des ressources génétiques, en particulier celles qui sont des pays en développement, l'accès à la technologie utilisant ces ressources et le transfert de ladite technologie selon des modalités

mutuellement convenues, y compris à la technologie protégée par des brevets et autres droits de propriété intellectuelle, le cas échéant par le biais des dispositions des articles 20 et 21, dans le respect du droit international et conformément aux paragraphes 4 et 5 ci-après.

4. Chaque Partie contractante prend, comme il convient, les mesures législatives, administratives, ou de politique générale, voulues pour que le secteur privé facilite l'accès à la technologie visée au paragraphe 1 ci-dessus, sa mise au point conjointe et son transfert au bénéfice tant des institutions gouvernementales que du secteur privé des pays en développement et, à cet égard, se conforme aux obligations énoncées aux paragraphes 1, 2 et 3 ci-dessus.

5. Les Parties contractantes, reconnaissant que les brevets et autres droits de propriété intellectuelle peuvent avoir une influence sur l'application de la Convention, coopèrent à cet égard sans préjudice des législations nationales et du droit international pour assurer que ces droits s'exercent à l'appui et non à l'encontre de ses objectifs.

Article 17. Échange d'informations

1. Les Parties contractantes facilitent l'échange d'informations, provenant de toutes les sources accessibles au public, intéressant la conservation et l'utilisation durable de la diversité biologique en tenant compte des besoins spéciaux des pays en développement.

2. Cet échange comprend l'échange d'informations sur les résultats des recherches techniques, scientifiques et socio-économiques ainsi que d'informations sur les programmes de formation et d'études, les connaissances spécialisées et les connaissances autochtones et traditionnelles en tant que telles ou associées aux technologies visées au paragraphe 1 de l'article 16. Cet échange comprend aussi, lorsque c'est possible, le rapatriement des informations.

Article 18. Coopération technique et scientifique

1. Les Parties contractantes encouragent la coopération technique et scientifique internationale dans le domaine de la conservation et de l'utilisation durable de la diversité biologique, au besoin par le biais des institutions nationales et internationales compétentes.

2. Chaque Partie contractante encourage la coopération technique et scientifique avec d'autres Parties contractantes, en particulier les pays en développement, pour l'application de la présente Convention, notamment par l'élaboration et l'application de politiques nationales. En encourageant cette coopération, il convient d'accorder une attention particulière au développement et au renforcement des moyens nationaux par le biais de la mise en valeur des ressources humaines et du renforcement des institutions.

3. La Conférence des Parties, à sa première réunion, détermine comment créer un centre d'échange pour encourager et faciliter la coopération technique et scientifique.

4. Conformément à la législation et aux politiques nationales, les Parties contractantes encouragent et mettent au point des modalités de coopération aux fins de l'élaboration et de l'utilisation de technologies, y compris les technologies autochtones et traditionnelles, conformément aux objectifs de la présente Convention. À cette fin, les Parties contractantes encouragent également la coopération en matière de formation de personnel et d'échange d'experts.

5. Les Parties contractantes encouragent, sous réserve d'accords mutuels, l'établissement de programmes de recherche conjoints et de coentreprises pour le développement de technologies en rapport avec les objectifs de la présente Convention.

Article 19. Gestion de la biotechnologie et répartition de ses avantages

1. Chaque Partie contractante prend les mesures législatives, administratives ou de politique voulues pour assurer la participation effective aux activités de recherche biotechnologique des Parties contractantes, en particulier les pays en développement, qui fournissent les ressources génétiques pour ces activités de recherche, si possible dans ces Parties contractantes.

2. Chaque Partie contractante prend toutes les mesures possibles pour encourager et favoriser l'accès prioritaire, sur une base juste et équitable, des Parties contractantes, en particulier des pays en développement, aux résultats et aux avantages découlant des biotechnologies fondées sur les ressources génétiques fournies par ces Parties. Cet accès se fait à des conditions convenues d'un commun accord.

3. Les Parties examinent s'il convient de prendre des mesures et d'en fixer les modalités, éventuellement sous forme d'un protocole, comprenant notamment

un accord préalable donné en connaissance de cause définissant les procédures appropriées dans le domaine du transfert, de la manutention et de l'utilisation en toute sécurité de tout organisme vivant modifié résultant de la biotechnologie qui risquerait d'avoir des effets défavorables sur la conservation et l'utilisation durable de la diversité biologique.

4. Chaque Partie contractante communique directement ou exige que soit communiquée par toute personne physique ou morale relevant de sa juridiction, et fournissant des organismes visés au paragraphe 3 ci-dessus toute information disponible relative à l'utilisation et aux règlements de sécurité exigés par ladite Partie contractante en matière de manipulation de tels organismes, ainsi que tout renseignement disponible sur l'impact défavorable potentiel des organismes spécifiques en cause, à la Partie contractante sur le territoire de laquelle ces organismes doivent être introduits.

Article 20. Ressources financières

1. Chaque Partie contractante s'engage à fournir, en fonction de ses moyens, un appui et des avantages financiers en ce qui concerne les activités nationales tendant à la réalisation des objectifs de la présente Convention, conformément à ses plans, priorités et programmes nationaux.

2. Les Parties qui sont des pays développés fournissent des ressources financières nouvelles et additionnelles pour permettre aux Parties qui sont des pays en développement de faire face à la totalité des surcoûts convenus que leur impose la mise en œuvre des mesures par lesquelles ils s'acquittent des obligations découlant de la présente Convention et de bénéficier de ses dispositions, ces surcoûts étant convenus entre une Partie qui est un pays en développement et la structure institutionnelle visée à l'article 21, selon la politique, la stratégie, les priorités du programme et les conditions d'attribution ainsi qu'une liste indicative des surcoûts établies par la Conférence des Parties. Les autres Parties, y compris les pays qui se trouvent dans une phase de transition vers l'économie de marché, peuvent assumer volontairement les obligations des Parties qui sont des pays développés. Aux fins du présent article, la Conférence des Parties dresse à sa première réunion la liste des Parties qui sont des pays développés et des autres Parties qui assument volontairement les obligations des Parties qui sont des pays développés. La Conférence des Parties revoit périodiquement cette liste et la modifie en cas de besoin. Les autres pays et sources seraient également encouragés à fournir des contributions à titre volontaire. Pour traduire ces engagements en actes, on tiendra compte de la nécessité de faire en sorte que le flux des fonds soit adéquat, prévisible et ponctuel et du fait qu'il est

important de répartir le fardeau entre les Parties contribuantes inscrites sur la liste susmentionnée.

3. Les Parties qui sont des pays développés peuvent aussi fournir, au bénéfice des Parties qui sont des pays en développement, des ressources financières liées à l'application de la présente Convention, par des voies bilatérales, régionales et multilatérales.

4. Les pays en développement ne pourront s'acquitter effectivement des obligations qui leur incombent en vertu de la Convention que dans la mesure où les pays développés s'acquitteront effectivement des obligations qui leur incombent en vertu de la Convention s'agissant des ressources financières et du transfert de technologie et où ces derniers tiendront pleinement compte du fait que le développement économique et social et l'élimination de la pauvreté sont les priorités des pays en développement.

5. Les Parties tiennent pleinement compte des besoins spécifiques et de la situation particulière des pays les moins avancés dans les mesures qu'ils prennent en matière de financement et de transfert de technologie.

6. Les Parties contractantes prennent aussi en considération les conditions spéciales résultant de la répartition et de la localisation de la diversité biologique sur le territoire des Parties qui sont des pays en développement, et de la dépendance de ces dernières, en particulier de celles qui sont des petits États insulaires.

7. Elles prennent également en considération la situation particulière des pays en développement, notamment de ceux qui sont les plus vulnérables du point de vue de l'environnement, ceux qui ont des zones arides et semi-arides, des zones côtières et montagneuses.

Article 21. Mécanisme de financement

1. Un mécanisme de financement est institué pour fournir des ressources financières aux Parties qui sont des pays en développement, aux fins de la présente Convention, sous forme de dons ou à des conditions de faveur, dont les éléments essentiels sont exposés dans le présent article. Aux fins de la Convention, le mécanisme fonctionne sous l'autorité et la direction de la Conférence des Parties, envers laquelle il est comptable. Le fonctionnement du mécanisme est assuré par la structure institutionnelle dont pourrait décider la Conférence des Parties à sa première réunion. Aux fins de la présente Convention, la Conférence des Parties détermine la politique générale, la

stratégie et les priorités du programme ainsi que les critères définissant les conditions d'attribution et d'utilisation de ces ressources. Les contributions seront telles qu'elles permettront de prendre en compte la nécessité de versements prévisibles, adéquats et ponctuels comme il est prévu à l'article 20, en rapport avec le montant des ressources nécessaires, dont la Conférence des Parties décidera périodiquement, et l'importance du partage du fardeau entre les Parties contribuantes figurant sur la liste mentionnée au paragraphe 2 de l'article 20. Les Parties qui sont des pays développés ainsi que d'autres pays et d'autres sources peuvent également verser des contributions volontaires. Le mécanisme fonctionne selon un système de gestion démocratique et transparent.

2. Conformément aux objectifs de la présente Convention, la Conférence des Parties détermine, à sa première réunion, la politique générale, la stratégie et les priorités du programme, ainsi que des critères et des lignes directrices détaillés pour définir les conditions requises pour avoir accès aux ressources financières et les utiliser, y compris le contrôle et l'évaluation régulière de cette utilisation. La Conférence des Parties décide des dispositions nécessaires pour donner effet au paragraphe 1 ci-dessus après consultation avec la structure institutionnelle à laquelle aura été confié le fonctionnement du mécanisme de financement.

3. La Conférence des Parties examine l'efficacité du mécanisme de financement créé par le présent article, notamment les critères et les lignes directrices visés au paragraphe 2 ci-dessus, au plus tôt deux ans après l'entrée en vigueur de la présente Convention et ensuite de façon régulière. Sur la base de cet examen, elle prend des mesures appropriées pour rendre le mécanisme plus efficace si nécessaire.

4. Les Parties contractantes envisagent de renforcer les institutions financières existantes pour qu'elles fournissent des ressources financières en vue de la conservation et de l'utilisation durable de la diversité biologique.

Article 22. Relations avec d'autres conventions internationales

1. Les dispositions de la présente Convention ne modifient en rien les droits et obligations découlant pour une Partie contractante d'un accord international existant, sauf si l'exercice de ces droits ou le respect de ces obligations causait de sérieux dommages à la diversité biologique ou constituait pour elle une menace.

2. Les Parties contractantes appliquent la présente Convention, en ce qui concerne le milieu marin, conformément aux droits et obligations des États découlant du droit de la mer.

Article 23. La Conférence des Parties

1. Il est institué par les présentes une Conférence des Parties. La première réunion de la Conférence des Parties est convoquée par le Directeur exécutif du Programme des Nations Unies pour l'environnement un an au plus tard après l'entrée en vigueur de la présente Convention. Par la suite, les réunions ordinaires de la Conférence des Parties auront lieu régulièrement, selon la fréquence déterminée par la Conférence à sa première réunion.

2. Des réunions extraordinaires de la Conférence des Parties peuvent avoir lieu à tout autre moment si la Conférence le juge nécessaire, ou à la demande écrite d'une Partie, sous réserve que cette demande soit appuyée par un tiers au moins des Parties dans les six mois suivant sa communication auxdites Parties par le Secrétariat.

3. La Conférence des Parties arrête et adopte par consensus son propre règlement intérieur et celui de tout organe subsidiaire qu'elle pourra créer, ainsi que le règlement financier régissant le financement du Secrétariat. À chaque réunion ordinaire, elle adopte le budget de l'exercice financier courant jusqu'à la session ordinaire suivante.

4. La Conférence des Parties examine l'application de la présente Convention et, à cette fin :

a) Etablit la forme et la fréquence de la communication des renseignements à présenter conformément à l'article 26 et examine ces renseignements ainsi que les rapports présentés par tout organe subsidiaire ;

b) Étudie les avis techniques, technologiques et scientifiques sur la diversité biologique fournis conformément à l'article 25 ;

c) Examine et adopte, en tant que de besoin, des protocoles conformément à l'article 28 ;

d) Examine et adopte, selon qu'il convient, les amendements à la présente Convention et à ses annexes, conformément aux articles 29 et 30 ;

e) Examine les amendements à tout protocole, ainsi qu'à toute annexe audit protocole et, s'il en est ainsi décidé, recommande leur adoption aux Parties au protocole considéré ;

f) Examine et adopte, en tant que de besoin, et conformément à l'article 30, les annexes supplémentaires à la présente Convention ;

g) Crée les organes subsidiaires jugés nécessaires à l'application de la présente Convention, en particulier pour donner des avis scientifiques et techniques ;

h) Se met en rapport, par l'intermédiaire du Secrétariat, avec les organes exécutifs des conventions traitant des questions qui font l'objet de la présente Convention en vue de fixer avec eux les modalités de coopération appropriées ;

i) Examine et prend toutes autres mesures nécessaires à la poursuite des objectifs de la présente Convention en fonction des enseignements tirés de son application.

5. L'Organisation des Nations Unies, ses institutions spécialisées et l'Agence internationale de l'énergie atomique, de même que tout État qui n'est pas Partie à la présente Convention, peuvent se faire représenter aux réunions de la Conférence des Parties en qualité d'observateurs. Tout organe ou organisme, gouvernemental ou non gouvernemental, qualifié dans les domaines se rapportant à la conservation et à l'utilisation durable de la diversité biologique qui a informé le Secrétariat de son désir de se faire représenter à une réunion de la Conférence des Parties en qualité d'observateur peut être admis à y prendre part à moins qu'un tiers au moins des Parties présentes n'y fassent objection. L'admission et la participation des observateurs sont subordonnées au respect du règlement intérieur adopté par la Conférence des Parties.

Article 24. Le Secrétariat

1. Il est institué par les présentes un secrétariat. Ses fonctions sont les suivantes :

a) Organiser les réunions de la Conférence des Parties prévues à l'article 23 et en assurer le service ;

b) S'acquitter des fonctions qui lui sont assignées en vertu de tout protocole à la présente Convention ;

c) Établir des rapports sur l'exercice des fonctions qui lui sont assignées en vertu de la présente Convention et les présenter à la Conférence des Parties ;

d) Assurer la coordination avec les autres organismes internationaux compétents, et en particulier conclure les arrangements administratifs et contractuels qui pourraient lui être nécessaires pour s'acquitter efficacement de ses fonctions ;

e) S'acquitter de toutes autres fonctions que la Conférence des Parties pourrait décider de lui assigner.

2. À sa première réunion ordinaire, la Conférence des Parties désigne le Secrétariat parmi les organisations internationales compétentes qui se seraient proposées pour assurer les fonctions de secrétariat prévues par la présente Convention.

Article 25. Organe subsidiaire chargé de fournir des avis scientifiques, techniques et technologiques

1. Un organe subsidiaire chargé de fournir des avis scientifiques, techniques et technologiques est créé par les présentes pour donner en temps opportun à la Conférence des Parties et le cas échéant, à ses autres organes subsidiaires, des avis concernant l'application de la présente Convention. Cet organe est ouvert à la participation de toutes les Parties et il est pluridisciplinaire. Il se compose de représentants gouvernementaux compétents dans les domaines de spécialisation concernés. Il fait régulièrement rapport à la Conférence des Parties sur tous les aspects de son travail.

2. Sous l'autorité de la Conférence des Parties, conformément aux directives qu'elle aura établies, et sur sa demande, cet organe :

a) Fournit des évaluations scientifiques et techniques sur la situation en matière de diversité biologique ;

b) Réalise des évaluations scientifiques et techniques sur les effets des types de mesures prises conformément aux dispositions de la présente Convention ;

c) Repère les technologies et savoir-faire de pointe, novateurs et efficaces concernant la conservation et l'utilisation durable de la diversité biologique et indique les moyens d'en promouvoir le développement ou d'en assurer le transfert ;

d) Fournit des avis sur les programmes scientifiques et la coopération internationale en matière de recherche-développement concernant la conservation et l'utilisation durable de la diversité biologique ;

e) Répond aux questions d'ordre scientifique, technique, technologique et méthodologique que la Conférence des Parties et ses organes subsidiaires lui adressent.

3. Les attributions, le mandat, la structure et le fonctionnement de cet organe pourront être précisés par la Conférence des Parties.

Article 26. Rapports

Selon une périodicité qui sera déterminée par la Conférence des Parties, chaque Partie contractante présente à la Conférence des Parties un rapport sur les dispositions qu'elle a adoptées pour appliquer la présente Convention et la mesure dans laquelle elles ont permis d'assurer la réalisation des objectifs qui y sont énoncés.

Article 27. Règlement des différends

1. En cas de différend entre Parties contractantes touchant l'interprétation ou l'application de la présente Convention, les Parties concernées recherchent une solution par voie de négociation.

2. Si les Parties concernées ne peuvent pas parvenir à un accord par voie de négociation, elles peuvent conjointement faire appel aux bons offices ou à la médiation d'une tierce Partie.

3. Au moment de ratifier, d'accepter ou d'approuver la présente Convention ou d'y adhérer, et à tout moment par la suite, tout État ou organisation régionale d'intégration économique peut déclarer par écrit auprès du Dépositaire que, dans le cas d'un différend qui n'a pas été réglé conformément aux paragraphes 1 ou 2 ci-dessus, il ou elle accepte de considérer comme obligatoire l'un ou l'autre des modes de règlement ci-après, ou les deux :

a) L'arbitrage, conformément à la procédure énoncée à la première partie de l'annexe II ;

b) La soumission du différend à la Cour internationale de Justice.

4. Si les Parties n'ont pas accepté la même procédure ou une procédure quelconque, conformément au paragraphe 3 ci-dessus, le différend est soumis à la conciliation conformément à la deuxième partie de l'annexe II, à moins que les Parties n'en conviennent autrement.

5. Les dispositions du présent article s'appliquent aux différends touchant un protocole, sauf si celui-ci en dispose autrement.

Article 28. Adoption de protocoles

1. Les Parties contractantes coopèrent pour formuler et adopter des protocoles à la présente Convention.

2. Les protocoles sont adoptés à une réunion de la Conférence des Parties.

3. Le Secrétariat communique aux Parties le texte de tout projet de protocole au moins six mois avant la réunion de la Conférence des Parties.

Article 29. Amendements à la Convention ou aux protocoles

1. Toute Partie contractante peut proposer des amendements à la présente Convention. Toute Partie à un protocole peut proposer des amendements à ce protocole.

2. Les amendements à la présente Convention sont adoptés à une réunion de la Conférence des Parties. Les amendements à un protocole sont adoptés à une réunion des Parties au protocole considéré. Le texte de tout projet d'amendement à la présente Convention ou à un protocole, sauf disposition contraire du protocole considéré, est communiqué par le Secrétariat aux Parties à l'instrument considéré au moins six mois avant la réunion à laquelle il est proposé pour adoption. Le Secrétariat communique aussi les amendements proposés aux signataires de la présente Convention, pour information.

3. Les Parties n'épargnent aucun effort pour parvenir à un consensus sur tout projet d'amendement à la présente Convention ou à un protocole. Si tous les

efforts en ce sens ont été épuisés sans qu'un accord soit intervenu, l'amendement est adopté en dernier recours par le vote à la majorité des deux tiers des Parties à l'instrument considéré, présentes à la réunion et exprimant leur vote ; il est soumis par le Dépositaire à la ratification, l'acceptation ou l'approbation de toutes les Parties.

4. La ratification, l'acceptation ou l'approbation des amendements est notifiée par écrit au Dépositaire. Les amendements adoptés conformément au paragraphe 3 ci-dessus entrent en vigueur pour les Parties les ayant acceptés le quatre-vingt-dixième jour après le dépôt des instruments de ratification, d'acceptation ou d'approbation par les deux tiers au moins des Parties à la présente Convention ou au protocole considéré, sauf disposition contraire du protocole en question. Par la suite, les amendements entrent en vigueur à l'égard de toute autre Partie le quatre-vingt-dixième jour après le dépôt par cette Partie de son instrument de ratification, d'acceptation ou d'approbation des amendements.

5. Aux fins du présent article, l'expression « Parties présentes à la réunion et exprimant leur vote » s'entend des Parties présentes à la réunion qui ont émis un vote affirmatif ou négatif.

Article 30. Adoption des annexes et des amendements aux annexes

1. Les annexes à la présente Convention ou à ses protocoles font partie intégrante de la Convention ou de ses protocoles, selon le cas, et, sauf disposition contraire expresse, toute référence à la présente Convention ou à ses protocoles renvoie également à leurs annexes. Les annexes sont limitées aux questions de procédure et aux questions scientifiques, techniques et administratives.

2. Sauf disposition contraire d'un protocole concernant ses propres annexes, la proposition, l'adoption et l'entrée en vigueur d'annexes supplémentaires à la présente Convention ou d'annexes à un protocole sont régies par la procédure suivante :

a) Les annexes à la présente Convention ou à ses protocoles sont proposées et adoptées selon la procédure fixée à l'article 29 ;

b) Toute Partie qui ne peut approuver une annexe supplémentaire à la présente Convention ou une annexe à l'un de ses protocoles auquel elle est partie en donne par écrit notification au Dépositaire dans l'année qui suit la date de communication de l'adoption par le Dépositaire. Ce dernier informe sans délai toutes les Parties de toute notification reçue. Une Partie peut à tout moment retirer une objection et l'annexe considérée entre alors en vigueur à l'égard de cette Partie sous réserve de l'alinéa c) ci-dessous ;

c) Un an après la communication par le Dépositaire de l'adoption de l'annexe, celle-ci entre en vigueur à l'égard de toutes les Parties à la présente Convention ou au protocole considéré qui n'ont pas donné par écrit la notification prévue à l'alinéa b) ci-dessus.

3. La proposition, l'adoption et l'entrée en vigueur d'amendements aux annexes à la présente Convention ou à l'un de ses protocoles sont soumises à la même procédure que la proposition, l'adoption et l'entrée en vigueur des annexes à la Convention ou à l'un de ses protocoles.

4. Si une annexe supplémentaire ou un amendement à une annexe se rapporte à un amendement à la Convention ou à un protocole, cette annexe supplémentaire ou cet amendement n'entre en vigueur que lorsque l'amendement à la Convention ou au protocole considéré entre lui-même en vigueur.

Article 31. Droit de vote

1. Sous réserve des dispositions du paragraphe 2 ci-dessous, chaque Partie à la présente Convention ou à tout protocole dispose d'une voix.

2. Les organisations régionales d'intégration économique disposent, pour exercer leur droit de vote dans les domaines qui relèvent de leur compétence, d'un nombre de voix égal au nombre de leurs États membres qui sont Parties à la Convention ou au protocole considéré. Elles n'exercent pas leur droit de vote si leurs États membres exercent le leur et inversement.

Article 32. Rapports entre la présente Convention et ses protocoles

1. Aucun État ni aucune organisation régionale d'intégration économique ne peut devenir Partie à un protocole sans être ou devenir simultanément Partie à la présente Convention.

2. Les décisions prises en vertu d'un protocole sont prises par les seules Parties au protocole considéré. Toute Partie contractante qui n'a pas ratifié, accepté ou approuvé un protocole peut participer, en qualité d'observateur, à toute réunion des Parties à ce protocole.

Article 33. Signature

La présente Convention est ouverte à la signature de tous les États et organisations régionales d'intégration économique à Rio de Janeiro, du 5 au 14 juin 1992, et au Siège de l'Organisation des Nations Unies à New York, du 15 juin 1992 au 4 juin 1993.

Article 34. Ratification, acceptation, approbation

1. La présente Convention et ses protocoles sont soumis à la ratification, à l'acceptation ou à l'approbation des États et des organisations régionales d'intégration économique. Les instruments de ratification, d'acceptation ou d'approbation seront déposés auprès du Dépositaire.

2. Toute organisation visée au paragraphe 1 ci-dessus qui devient Partie à la présente Convention ou à l'un quelconque de ses protocoles et dont aucun État membre n'est lui-même Partie contractante, est liée par toutes les obligations énoncées dans la Convention ou dans le protocole considéré, selon le cas. Lorsqu'un ou plusieurs États membres d'une de ces organisations sont Parties à la Convention ou à un protocole, l'organisation et ses États membres conviennent de leurs responsabilités respectives en ce qui concerne l'exécution de leurs obligations en vertu de la Convention ou du protocole, selon le cas. En tel cas, l'organisation et ses États membres ne sont pas habilités à exercer concurremment leurs droits au titre de la Convention ou du protocole.

3. Dans leurs instruments de ratification, d'acceptation ou d'approbation, les organisations visées au paragraphe 1 ci-dessus indiquent l'étendue de leurs compétences dans les domaines régis par la Convention ou par le protocole considéré. Elles informent également le Dépositaire de toute modification pertinente de l'étendue de ces compétences.

Article 35. Adhésion

1. La présente Convention et ses protocoles éventuels sont ouverts à l'adhésion des États et des organisations régionales d'intégration économique à partir de la date à laquelle la Convention ou le protocole considéré ne sont plus ouverts à la signature. Les instruments d'adhésion seront déposés auprès du Dépositaire.

2. Dans leurs instruments d'adhésion, les organisations visées au paragraphe 1 ci-dessus indiquent l'étendue de leurs compétences dans les domaines régis

par la Convention ou par le protocole considéré. Elles informent également le Dépositaire de toute modification pertinente de l'étendue de ces compétences.

3. Les dispositions du paragraphe 2 de l'article 34 s'appliquent aux organisations régionales d'intégration économique qui adhèrent à la présente Convention ou à l'un quelconque de ses protocoles.

Article 36. Entrée en vigueur

1. La présente Convention entrera en vigueur le quatre-vingt-dixième jour suivant la date du dépôt du trentième instrument de ratification, d'acceptation, d'approbation ou d'adhésion.

2. Un protocole entre en vigueur le quatre-vingt-dixième jour suivant la date du dépôt du nombre d'instruments de ratification, d'acceptation, d'approbation ou d'adhésion précisé dans ledit protocole.

3. À l'égard de chacune des Parties contractantes qui ratifie, accepte ou approuve la présente Convention, ou y adhère, après le dépôt du trentième instrument de ratification, d'acceptation, d'approbation ou d'adhésion, la Convention entrera en vigueur le quatre-vingt-dixième jour suivant la date du dépôt, par ladite Partie contractante, de son instrument de ratification, d'acceptation, d'approbation ou d'adhésion.

4. À moins qu'il n'en dispose autrement, un protocole entre en vigueur pour une Partie contractante qui le ratifie, l'accepte, l'approuve ou y adhère après son entrée en vigueur conformément au paragraphe 2 ci-dessus, soit le quatre-vingt-dixième jour après la date de dépôt par cette Partie contractante de son instrument de ratification, d'acceptation, d'approbation ou d'adhésion, soit au moment où la Convention entre en vigueur pour cette Partie, la dernière date étant retenue.

5. Aux fins des paragraphes 1 et 2 ci-dessus, aucun des instruments déposés par une organisation régionale d'intégration économique n'est considéré comme un instrument venant s'ajouter aux instruments déjà déposés par les États membres de ladite organisation.

Article 37. Réserves

Aucune réserve ne peut être faite à la présente Convention.

Article 38. Dénonciation

1. À l'expiration d'un délai de deux ans à compter de la date d'entrée en vigueur de la présente Convention à l'égard d'une Partie contractante, cette Partie contractante peut à tout moment dénoncer la Convention par notification écrite au Dépositaire.

2. Toute dénonciation prend effet à l'expiration d'un délai d'un an suivant la date de sa réception par le Dépositaire, ou à toute autre date ultérieure qui pourra être spécifiée dans la notification de dénonciation.

3. Toute Partie contractante qui aura dénoncé la présente Convention sera considérée comme ayant également dénoncé les protocoles auxquels elle est Partie.

Article 39. Arrangements financiers provisoires

Sous réserve qu'il ait été intégralement restructuré, conformément aux dispositions de l'article 21, le Fonds pour l'environnement mondial du Programme des Nations Unies pour le développement, du Programme des Nations Unies pour l'environnement et de la Banque internationale pour la reconstruction et le développement est, provisoirement, la structure institutionnelle prévue par l'article 21, pour la période allant de l'entrée en vigueur de la présente Convention à la première réunion de la Conférence des Parties ou jusqu'à ce que la Conférence des Parties ait désigné une structure institutionnelle conformément à l'article 21.

Article 40. Arrangements intérimaires pour le Secrétariat

Le Secrétariat à fournir par le Directeur exécutif du Programme des Nations Unies pour l'environnement est le secrétariat prévu au paragraphe 2 de l'article 24, établi sur une base intérimaire pour la période allant de l'entrée en vigueur de la présente Convention à la première réunion de la Conférence des Parties.

Article 41. Dépositaire

Le Secrétaire général de l'Organisation des Nations Unies assume les fonctions de Dépositaire de la présente Convention et de ses protocoles.

Article 42. Textes faisant foi

L'original de la présente Convention, dont les textes anglais, arabe, chinois, espagnol, français et russe font également foi, sera déposé auprès du Secrétaire général de l'Organisation des Nations Unies.

EN FOI DE QUOI les soussignés, à ce dûment habilités, ont signé la présente Convention.

Fait à Rio de Janeiro, le cinq juin mil neuf cent quatre-vingt-douze.

Annexe I
IDENTIFICATION ET SURVEILLANCE

1. Écosystèmes et habitats : comportant une forte diversité, de nombreuses espèces endémiques ou menacées, ou des étendues sauvages ; nécessaires pour les espèces migratrices ; ayant une importance sociale, économique, culturelle ou scientifique ; ou qui sont représentatifs, uniques ou associés à des processus d'évolution ou d'autres processus biologiques essentiels ;

2. Espèces et communautés qui sont : menacées ; des espèces sauvages apparentées à des espèces domestiques ou cultivées ; d'intérêt médicinal, agricole ou économique ; d'importance sociale, scientifique ou culturelle ; ou d'un intérêt pour la recherche sur la conservation et l'utilisation durable de la diversité biologique, telles que les espèces témoins ;

3. Génomes et gènes décrits revêtant une importance sociale, scientifique ou économique.

Annexe II

Première partie

ARBITRAGE

Article 1

La Partie requérante notifie au Secrétariat que les Parties renvoient un différend à l'arbitrage conformément à l'article 27. La notification indique l'objet de l'arbitrage et notamment les articles de la Convention ou du protocole dont l'interprétation ou l'application font l'objet du litige. Si les Parties ne s'accordent pas sur l'objet du litige avant la désignation du Président du tribunal arbitral, c'est ce dernier qui le détermine. Le Secrétariat communique les informations ainsi reçues à toutes les Parties à la Convention ou au protocole concerné.

Article 2

1. En cas de différend entre deux Parties, le tribunal arbitral est composé de trois membres. Chacune des Parties au différend nomme un arbitre ; les deux arbitres ainsi nommés désignent d'un commun accord le troisième arbitre, qui assume la présidence du Tribunal. Ce dernier ne doit pas être ressortissant de l'une des Parties au différend, ni avoir sa résidence habituelle sur le territoire de l'une de ces Parties, ni se trouver au service de l'une d'elles, ni s'être déjà occupé de l'affaire à aucun titre.

2. En cas de différend entre plus de deux Parties, les Parties ayant le même intérêt désignent un arbitre d'un commun accord.

3. En cas de vacance, il est pourvu à la vacance selon la procédure prévue pour la nomination initiale.

Article 3

1. Si, dans un délai de deux mois après la nomination du deuxième arbitre, le Président du tribunal arbitral n'est pas désigné, le Secrétaire général de l'Organisation des Nations Unies procède, à la requête d'une Partie, à sa désignation dans un nouveau délai de deux mois.

2. Si, dans un délai de deux mois après réception de la requête, l'une des Parties au différend n'a pas procédé à la nomination d'un arbitre, l'autre Partie peut saisir le Secrétaire général, qui procède à la désignation dans un nouveau délai de deux mois.

Article 4

Le tribunal arbitral rend ses décisions conformément aux dispositions de la présente Convention, à tout protocole concerné et au droit international.

Article 5

Sauf si les Parties au différend en décident autrement, le tribunal arbitral établit ses propres règles de procédure.

Article 6

À la demande de l'une des Parties, le tribunal arbitral peut recommander les mesures conservatoires indispensables.

Article 7

Les Parties au différend facilitent les travaux du tribunal arbitral et, en particulier, utilisent tous les moyens à leur disposition pour :

a) Fournir au Tribunal tous les documents, renseignements et facilités nécessaires ;

b) Permettre au Tribunal, en cas de besoin, de faire comparaître des témoins ou des experts et d'enregistrer leur déposition.

Article 8

Les Parties et les arbitres sont tenus de conserver le caractère confidentiel de tout renseignement qu'ils obtiennent confidentiellement au cours des audiences du tribunal arbitral.

Article 9

À moins que le tribunal arbitral n'en décide autrement du fait des circonstances particulières de l'affaire, les frais du Tribunal sont pris en charge, à parts égales, par les Parties au différend. Le Tribunal tient un relevé de tous ses frais et en fournit un état final aux Parties.

Article 10

Toute Partie contractante ayant, en ce qui concerne l'objet du différend, un intérêt d'ordre juridique susceptible d'être affecté par la décision peut intervenir dans la procédure avec le consentement du Tribunal.

Article 11

Le Tribunal peut connaître et décider des demandes reconventionnelles directement liées à l'objet du différend.

Article 12

Les décisions du tribunal arbitral, tant sur la procédure que sur le fond, sont prises à la majorité des voix de ses membres.

Article 13

Si l'une des Parties au différend ne se présente pas devant le tribunal arbitral ou ne défend pas sa cause, l'autre Partie peut demander au Tribunal de poursuivre la procédure et de prononcer sa décision. Le fait qu'une des Parties ne se soit pas présentée devant le Tribunal ou se soit abstenue de faire valoir ses droits ne fait pas obstacle à la procédure. Avant de prononcer sa sentence définitive, le tribunal arbitral doit s'assurer que la demande est fondée dans les faits et en droit.

Article 14

Le Tribunal prononce sa sentence définitive au plus tard cinq mois à partir de la date à laquelle il a été créé, à moins qu'il n'estime nécessaire de prolonger ce délai pour une période qui ne devrait pas excéder cinq mois supplémentaires.

Article 15

La sentence définitive du tribunal arbitral est limitée à la question qui fait l'objet du différend et est motivée. Elle contient les noms des membres qui ont participé au délibéré et la date à laquelle elle a été prononcée. Tout membre du Tribunal peut y annexer un avis distinct ou une opinion divergente.

Article 16

La sentence est obligatoire pour les Parties au différend. Elle est sans appel, à moins que les Parties ne se soient entendues d'avance sur une procédure d'appel.

Article 17

Tout différend qui pourrait surgir entre les Parties au différend concernant l'interprétation ou l'exécution de la sentence peut être soumis par l'une des Parties au tribunal arbitral qui l'a rendue.

Deuxième partie

CONCILIATION

Article 1

Une Commission de conciliation est créée à la demande de l'une des Parties au différend. À moins que les Parties n'en conviennent autrement, la Commission se compose de cinq membres, chaque Partie concernée en désignant deux et le Président étant choisi d'un commun accord par les membres ainsi désignés.

Article 2

En cas de différend entre plus de deux Parties, les Parties ayant le même intérêt désignent leurs membres de la Commission d'un commun accord. Lorsque deux Parties au moins ont des intérêts indépendants ou lorsqu'elles sont en désaccord sur la question de savoir si elles ont le même intérêt, elles nomment leurs membres séparément.

Article 3

Si, dans un délai de deux mois après la demande de création d'une commission de conciliation, tous les membres de la Commission n'ont pas été nommés par les Parties, le Secrétaire général de l'Organisation des Nations Unies procède, à la requête de la Partie qui a fait la demande, aux désignations nécessaires dans un nouveau délai de deux mois.

Article 4

Si, dans un délai de deux mois après la dernière nomination d'un membre de la Commission, celle-ci n'a pas choisi son Président, le Secrétaire général de l'Organisation des Nations Unies procède, à la requête d'une Partie, à la désignation du Président dans un nouveau délai de deux mois.

Article 5

La Commission de conciliation prend ses décisions à la majorité des voix de ses membres. À moins que les Parties au différend n'en conviennent autrement, elle établit sa propre procédure. Elle rend une proposition de résolution du différend que les Parties examinent de bonne foi.

Article 6

En cas de désaccord au sujet de la compétence de la Commission de conciliation, celle-ci décide si elle est ou non compétente.

DÉCISION ADOPTÉE PAR LA CONFÉRENCE DES PARTIES À LA CONVENTION SUR LA DIVERSITÉ BIOLOGIQUE À SA NEUVIÈME RÉUNION, BONN, 19-30 MAI 2008

IX/ 13. Article 8 (j) et dispositions connexes

Gardant présent à l'esprit que, aux fins de la présente décision, la protection des connaissances, innovations et pratiques traditionnelles devrait être interprétée conformément à la Convention et, en particulier, aux dispositions de l'article 8j),
Prenant note de la réunion internationale d'experts sur les réponses aux changements climatiques pour les communautés autochtones et locales et l'impact sur leurs savoirs traditionnels relatives à la diversité biologique – Région arctique, tenue du 25 au 28 mars 2008 à Helsinki,
Prenant note également de la Déclaration des Nations Unies sur les droits des peuples autochtones,[152]/

A. Rapport d'activités sur la mise en œuvre du programme de travail sur l'article 8 j) et les dispositions connexes

La Conférence des Parties

1. *Encourage* la poursuite des progrès dans l'intégration des objectifs de l'article 8 j) et des dispositions connexes, notamment l'alinéa c) de l'article 10, le paragraphe 2 de l'article 17 et le paragraphe 4) de l'article 18, dans les programmes thématiques de la Convention et d'autres questions scientifiques et intersectorielles importantes et prend note des progrès réalisés dans l'intégration des tâches pertinentes et qui sont reflétés dans les rapports nationaux ;
2. *Prie* le Secrétaire exécutif de continuer de faire rapport à la sixième sur l'article 8 j) et les dispositions connexes sur les progrès réalisés dans l'application de l'article 8 j) et des dispositions connexes, en s'appuyant sur les informations communiquées dans les rapports nationaux, et sur l'intégration des objectifs de l'article 8 j) et des dispositions connexes, notamment l'alinéa c) de l'article 10, dans les programmes thématiques de la Convention ;
3. *Demande* aux Parties, et en particulier à celles qui ne l'ont pas encore fait, de présenter des informations concernant la mise en œuvre du programme de travail sur l'article 8 j) et les dispositions connexes, y compris des informations sur la participation des communautés autochtones et locales au niveau national, dans la mesure du possible par le biais des quatrièmes

---

152/ Résolution 61/295 de l'Assemblée générale du 13 septembre 2007.

rapports nationaux et suffisamment tôt pour la sixième réunion du Groupe de travail sur l'article 8 j) et les dispositions connexes, et *prie* le Secrétaire exécutif de rassembler et résumer ces informations dans un cadre de meilleures pratiques de conservation et d'utilisation durable aux niveaux national, régional et communautaire et de les mettre à la disposition du Groupe de travail sur l'article 8 j) et les dispositions connexes à sa sixième réunion ;

4. *Prie* le Secrétaire exécutif de continuer à rassembler des études de cas, analyser et faire rapport sur les travaux relatifs aux dispositions connexes, en mettant l'accent sur l'alinéa c) de l'article 10, et de fournir au Groupe de travail à sa sixième réunion des avis sur les moyens de faire progresser et d'accroître l'application de cette disposition connexe ;

5. *Décide* qu'une réunion du groupe de travail sur l'article 8 j) et les dispositions connexes sera organisée immédiatement avant une réunion appropriée avant la huitième réunion du Groupe de travail spécial à composition non limitée sur l'accès et le partage des avantages ;

6. *Décide* de poursuivre les tâches de la première phase du programme de travail qui ne sont pas encore achevées ou qui sont permanentes, à savoir les tâches 1, 2 et 4 ;

7. *Décide* d'entreprendre les tâches 7, 10 et 12 et, à cette fin, invite les Parties, les gouvernements, les communautés autochtones et locales, et les autres organisations concernées à apporter des contributions sur la manière de faire avancer ces tâches, identifiant la contribution effective du groupe de travail sur l'article 8 j) et les dispositions connexes aux travaux en cours, en particulier concernant les systèmes *sui generis*, le code de conduite éthique et le régime international d'accès et de partage des avantages, et *prie* le Secrétaire exécutif de compiler ces vues et de les mettre à la disposition du Groupe de travail sur l'article 8 j) et les dispositions connexes pour examen ;

8. *Décide* d'initier la tâche 15 du programme de travail sur l'article 8 j) et les dispositions connexes, conformément au paragraphe 2 de l'article 17 de la Convention sur la diversité biologique, afin de faciliter la réappropriation des connaissances traditionnelles en matière de diversité biologique ; et *invite* les Parties, les gouvernements et les organisations internationales, les communautés autochtones et locales et autres parties prenantes à soumettre au Secrétariat leurs opinions et *prie* le Secrétaire exécutif de compiler ces opinions et de les mettre à la disposition du Groupe de travail sur l'article 8 j) et les dispositions connexes pour examen à sa sixième réunion et l'élaboration d'un mandat afin de traiter de cette question ;

9. *Prie* Secrétaire exécutif, pour commencer la tâche 15, de coopérer avec l'Organisation des Nations Unies pour l'éducation, la science et la culture et d'autres organisations concernées en vue de renforcer les synergies, d'éviter les doubles emplois et de respecter les travaux de ces organisations ;

10. *Encourages* les Parties et les communautés autochtones et locales à apporter des contributions sur l'utilité et les éléments potentiels d'une stratégie de conservation et d'utilisation durable, y compris l'usage coutumier, de la diversité biologique par les communautés autochtones et locales visant à autonomiser et renforcer le rôle des communautés autochtones et locales dans les processus de prise de décisions aux niveaux local, national et international, et prie le Secrétaire exécutif de compiler ces contributions et de les mettre à disposition du Groupe de travail sur l'article 8 j) à sa sixième réunion pour examen ;

11. *Décide* d'entreprendre à sa dixième réunion un examen approfondi des tâches du programme de travail sur l'article 8 j) et les dispositions connexes de la Convention sur la diversité biologique en vue de poursuivre les travaux du groupe de travail sur l'article 8 j) et d'accorder une plus grande importance aux liens entre la protection des connaissances, innovations et pratiques traditionnelles et la conservation et l'utilisation durable de la diversité biologique et le partage juste et équitable des avantages découlant de l'utilisation des connaissances, innovations et pratiques traditionnelles ;

12. *Demande* que le Groupe de travail spécial à composition non limitée sur l'article 8 j) collabore avec le Groupe de travail spécial à composition non limitée sur l'accès et le partage des avantages et contribue à l'exécution de son mandat en fournissant des vues sur le développement et la négociation du régime international sur l'accès et le partage des avantages se rapportant aux connaissances, innovations et pratiques traditionnelles associées aux ressources génétiques et au partage juste et équitable des avantages découlant de leur utilisation.

B. Rapport de synthèse sur l'état et les tendances des connaissances, innovations et pratiques des communautés autochtones et locales qui présentent un intérêt pour la conservation et l'utilisation durable de la diversité biologique : i) rapports régionaux révisés — recensement des obstacles aux connaissances traditionnelles ; ii) communautés autochtones et locales très vulnérables face aux changements climatiques ; iii) protection des droits des communautés autochtones et locales habitant volontairement dans l'isolement

La Conférence des Parties,

Rappelant le mandat de la Convention sur la diversité biologique, tout en étant attentive à celui de la Convention-cadre des Nations Unies sur les changements climatiques,

Reconnaissant la nécessité de respecter, de préserver et de maintenir les connaissances, innovations et pratiques traditionnelles des communautés autochtones et locales qui présentent un intérêt pour la conservation et l'utilisation durable de la diversité biologique et d'en promouvoir l'application à une plus grande échelle avec le consentement et la participation des dépositaires de ces connaissances, innovations et pratiques, et d'encourager le partage équitable des avantages découlant de l'utilisation de ces connaissances, innovations et pratiques,

Préoccupée par l'impact des changements climatiques et des activités visant l'atténuation des changements climatiques et l'adaptation à ceux-ci sur les communautés autochtones et locales, ainsi que sur leurs connaissances, pratiques et innovations qui présentent un intérêt pour la conservation et l'utilisation durable de la diversité biologique,

Consciente de la diversité culturelle des communautés autochtones et locales, y compris celles qui vivent volontairement dans l'isolement, et de l'importance que revêtent leurs connaissances, innovations et pratiques pour la conservation et l'utilisation durable de la diversité biologique,

Prenant note des travaux de recherche diffusés par le Secrétariat concernant des lignes directrices pour la documentation des connaissances traditionnelles, les communautés autochtones et locales très vulnérables aux changements climatiques et la protection des droits des communautés autochtones et locales qui vivent volontairement dans l'isolement,

1. *Prend note avec appréciation* de l'achèvement de la deuxième phase du rapport de synthèse sur l'identification des processus nationaux qui risquent de menacer le maintien, la préservation et l'application des connaissances traditionnelles, ainsi que sur l'identification des processus qui, au niveau des communautés locales, risquent de menacer le maintien, la préservation et l'application des connaissances traditionnelles ;

2. *Invite* les Parties, les gouvernements et les organisations internationales compétentes à aider les communautés autochtones et locales à combattre les causes sous-jacentes et propres aux communautés du déclin des connaissances, innovations et pratiques traditionnelles qui présentent un intérêt pour la conservation et l'utilisation durable de la diversité biologique, en prenant des mesures de renforcement des capacités et des mesures concrètes pour l'élaboration de plans d'action communautaires visant leur préservation, maintien et respect.

3. *Prend note avec inquiétude* des vulnérabilités propres aux communautés autochtones et locales face aux effets des changements climatiques et des activités visant l'atténuation et l'adaptation aux impacts de ces changements, y compris des menaces de plus en plus grandes qui en résultent pour les connaissances traditionnelles ;

4. *Prend note également* de la valeur exceptionnelle des connaissances, innovations et pratiques traditionnelles associées à la diversité biologique détenues par les communautés autochtones et locales, en particulier par les femmes, pour aider à comprendre et à évaluer les conséquences des changements climatiques, y compris les vulnérabilités et les stratégies d'adaptation, ainsi que d'autres formes de dégradation de l'environnement, et *encourage* les Parties, les gouvernements et les organisations internationales concernées, avec la participation pleine et entière et le consentement préalable en connaissance de cause des communautés autochtones et locales, à documenter, analyser et appliquer, dans la mesure du possible, selon qu'il convient et conformément à l'article 8 j) de la Convention, ces connaissances de manière à compléter les données scientifiques ;

5. *Invite* la Conférence des Parties à la Convention-cadre des Nations Unies sur les changements climatiques à prendre note des conséquences des changements climatiques sur les connaissances, innovations et pratiques traditionnelles relatives à la diversité biologique des communautés autochtones et locales ;

6. *Encourage* les Parties à la Convention à envisager, dans la mesure du possible et selon qu'il convient, l'introduction des mesures administratives et législatives nécessaires pour assurer la participation pleine et entière des communautés autochtones et locales à la formulation, l'application et la

surveillance des mesures d'atténuation et d'adaptation aux impacts des changements climatiques, lorsque celles-ci peuvent avoir un effet sur la diversité biologique et sur les connaissances, innovations et pratiques traditionnelles associées qui sont détenues par les communautés autochtones et locales ;

7. *Encourage en outre* les Parties à mettre ces informations à la disposition du Secrétaire exécutif en vue de leur diffusion à travers le mécanisme le plus approprié d'échange d'information et de partage d'expériences et *prie* le Secrétaire exécutif d'examiner l'utilité du mécanisme du Centre d'échange de la Convention et du portail d'information sur les connaissances traditionnelles à cette fin, ainsi que les possibilités de coopération avec la Convention-Cadre des Nations Unies sur les changements climatiques ;

8. *Prend note* du rapport sur les mesures qui pourraient être prises pour assurer le respect des droits des communautés non protégées et vivant volontairement dans l'isolement, compte tenu de leurs connaissances traditionnelles (UNEP/CBD/WG8J/5/INF/17) ;

9. *Invite* les Parties à formuler des politiques appropriées qui garantissent le respect des droits des peuples qui vivent volontairement isolés dans des aires protégées, des réserves et des parcs ainsi que dans des zones dont la protection a été proposée, y compris leur choix de vivre dans l'isolement.

C. Considérations relatives aux lignes directrices pour la documentation des connaissances traditionnelles

La Conférence des Parties,

Rappelant le paragraphe 5 de la décision VIII/5 B, dans lequel elle prie le Groupe de travail sur l'article 8 j) et les dispositions connexes d'examiner la possibilité d'élaborer des lignes directrices techniques pour enregistrer et documenter les connaissances, innovations et pratiques traditionnelles et d'analyser la menace possible que représentent ces documents pour les droits des détenteurs des connaissances traditionnelles, innovations et pratiques, avec la participation entière et efficace des communautés autochtones et locales,

Affirmant le rôle central que jouent les connaissances traditionnelles dans la culture des communautés autochtones et locales et les droits de celles-ci à leurs connaissances, innovations et pratiques,

Reconnaissant que la documentation et l'enregistrement des connaissances traditionnelles doivent surtout bénéficier aux communautés autochtones et locales et que leur participation à ces programmes doit être volontaire et ne doit pas constituer une condition préalable à la protection des connaissances traditionnelles,

1. *Exhorte* les Parties, les gouvernements et les organisations internationales à appuyer et aider les communautés autochtones et locales à conserver le contrôle et la propriété de leurs connaissances, innovations et pratiques traditionnelles :

a) en rapatriant les connaissances traditionnelles dans des bases de données, selon qu'il convient ; et
b) en favorisant le renforcement des capacités et le développement des infrastructures et des ressources nécessaires ;

afin de veiller à ce que :

c) la documentation des connaissances, innovations et pratiques traditionnelles soit sujette au consentement préalable en connaissance de cause des communautés autochtones et locales ; et
d) les communautés autochtones et locales puissent prendre des décisions informées concernant la documentation de leurs connaissances, innovations et pratiques traditionnelles ;

2. *Rappelant* les paragraphes 35 à 38 de la décision VI/10 F[153]/, *prie* le Secrétaire exécutif de collaborer avec l'Instance permanente des Nations Unies sur les questions autochtones, l'Organisation des Nations Unies pour l'éducation, la science et la culture et l'Organisation mondiale de la propriété intellectuelle pour traiter des avantages et des menaces de la documentation des connaissances traditionnelles, et de mettre les résultats à la disposition du Groupe de travail sur l'article 8 j) et les dispositions connexes à sa sixième réunion.

153/ Dans les paragraphes 35 à 38 de la décision VI/10 F, la Conférence des Parties demande à l'Organisation mondiale de la propriété intellectuelle que les informations pertinentes sur la protection des connaissances traditionnelles soient disponibles par le biais du Centre d'échange.

D. *Plan d'action pour la rétention des savoirs traditionnels : mécanismes et mesures pour combattre les causes sous-jacentes du déclin des connaissances traditionnelles*

La Conférence des Parties

1. *Note avec appréciation* l'état d'avancement des éléments du plan d'action pour la rétention des savoirs traditionnels, en particulier des éléments B et D, et *décide* que, dans les futurs travaux sur le plan d'action, la priorité devrait être accordée à la section E visant le renforcement des capacités ;

2. *Exhorte* les Parties et les gouvernements à élaborer leur propre panoplie de mesures et mécanismes pour combattre les causes sous-jacentes du déclin des connaissances, innovations et pratiques traditionnelles en fonction de leur situation nationale spécifique et de la diversité des communautés autochtones et locales, avec la participation pleine et entière de ces communautés, et à faire rapport sur les expériences en mettant l'accent sur les mesures constructives, par le biais des rapports nationaux, du mécanisme du Centre d'échange et du portail d'information sur les savoirs traditionnels ;

3. *Invite* le mécanisme de financement de la Convention et d'autres donateurs éventuels à fournir les fonds nécessaires à l'élaboration de plans d'action nationaux pour la rétention des savoirs traditionnels qui présentent un intérêt pour la conservation et l'utilisation durable de la diversité biologique ;

4. *Invite* en outre les Parties et les gouvernements à faire rapport, avec la contribution des communautés autochtones et locales, sur les mesures constructives prises pour assurer la rétention des savoirs traditionnels dans les domaines présentant un intérêt pour la conservation et l'utilisation durable de la diversité biologique, telles celles qui figurent dans l'annexe ci-jointe, sans que cette liste soit limitative.

Annexe

a) Renforcement des soins de santé traditionnels fondés sur la diversité biologique.

b) Élargissement des possibilités d'apprendre et de parler les langues autochtones et locales.

c) Politiques de sport et de tourisme respectueuses des cultures.

d) Recherche sur le mode de vie des communautés autochtones et locales et leur environnement.

e) Mise sur pied de structures de gestion respectueuses des cultures au sein des communautés autochtones et locales (coopératives, etc.).

f) Mise au point de techniques qui privilégient les méthodes traditionnelles de culture, les activités de récolte et après récolte (activités de stockage, de préparation des semis, etc.).

g) Rétablissement des institutions spirituelles ou religieuses traditionnelles.

h) Création de médias (journaux, stations de radio et de télévision par exemple) qui sont contrôlés par les communautés autochtones et locales et dotées d'un contenu autochtone conformément à la législation nationale.

i) Création d'aires protégées, de parcs naturels, etc., en consultation avec les communautés autochtones et locales et en les faisant participer à leur gestion, conformément à la législation nationale.

j) Initiatives destinées à rapprocher les femmes, les jeunes et les anciens.

k) Promotion de la création d'entreprises qui offrent des produits et services traditionnels.

l) Renforcement des institutions qui encouragent la collecte et la distribution traditionnelles de nourriture, de médicaments traditionnels et d'autres ressources.

m) Initiatives d'élaboration et de mise en œuvre de programmes d'éducation respectueux des cultures dans les communautés autochtones et locales.

n) Initiatives des communautés autochtones et locales pour un développement durable et soucieux des cultures.

E. *Mécanismes destinés à promouvoir la participation des communautés autochtones et locales aux travaux de la Convention*

La Conférence des Parties

1. *Accueille avec satisfaction* la convocation de l'atelier de renforcement des capacités en matière de réseaux et d'échanges d'informations à l'intention des correspondants nationaux et des communautés autochtones et locales dans la région de l'Amérique latine et des Caraïbes, tenu à Quito du 14 au 16 décembre 2006, avec le généreux soutien des gouvernements de l'Espagne et des Pays-Bas ;

2. *Prend note avec appréciation* des travaux du Forum international des peuples autochtones sur la biodiversité et d'autres organisations communautaires autochtones et locales visant à promouvoir la compréhension des travaux de la Convention dans les communautés autochtones et locales et favoriser leur participation aux réunions de la Convention ;

3. *Prend note* de la nécessité de traduire dans les six langues officielles des Nations Unies les notifications et autres documents d'information pour les communautés autochtones et locales selon qu'il conviendra ;

4. *Invite* les Parties, les gouvernements et les institutions et mécanismes de financement pertinents à contribuer au Fonds général d'affectation spéciale pour les contributions volontaires afin de faciliter la participation des communautés autochtones et locales aux travaux de la Convention sur la diversité biologique, conformément aux critères de fonctionnement du mécanisme de financement volontaire adopté par la Conférence des Parties à sa huitième réunion dans la décision VIII/5 D, en vue de permettre la poursuite de cette importante initiative ;

5. *Encourage* les Parties, les gouvernements et les organisations internationales concernées, selon qu'il conviendra, en collaboration avec le Secrétaire exécutif, notamment par le truchement de l'Initiative mondiale sur la communication, l'éducation et la sensibilisation du public et celui du mécanisme du centre d'échange, à élaborer, y compris dans les langues locales, selon que de besoin, d'autres moyens de communiquer l'information publique sur les savoirs traditionnels relatifs à la conservation et à l'utilisation durable de la diversité biologique, dans un langage simple et dans divers formats respectueux des communautés, comme la vidéo, y compris la télévision, l'audio pour la radio communautaire, les chansons, les affiches, le théâtre et la cinématographie afin d'assurer la participation pleine et effective des communautés autochtones et locales, dont les femmes et les jeunes, aux

niveaux local, national et international tout en appuyant l'élaboration par les communautés autochtones et locales de leurs propres outils de communication ;

6. *Prend note avec appréciation* de la revitalisation de la page d'accueil de l'article 8 j) sur le site Internet du Secrétariat et de la création du portail d'information sur les savoirs traditionnels, et se félicite de l'élaboration d'initiatives connexes par le Secrétaire exécutif dont un certain nombre d'outils de communication et d'échange d'information à coefficient de technologie moins élevé aux fins de leur utilisation par les communautés autochtones et locales ;

7. *Prie* le Secrétaire exécutif :

a) de convoquer, sous réserve de la disponibilité des ressources financières nécessaires, d'autres ateliers régionaux et infrarégionaux consacrés aux outils de communication faciles à utiliser par les communautés sur les savoirs traditionnels relatifs à la conservation et à l'utilisation durable de la diversité biologique pour aider les communautés autochtones et locales à les utiliser et pour faciliter la mise en place de réseaux de communication, notant la nécessité de les adapter aux langues locales et de faire participer des formateurs issus de communautés autochtones et locales ;

b) de poursuivre l'élaboration et la traduction, sous réserve de la disponibilité de ressources financières, des divers mécanismes de communication électronique, notamment la page d'accueil de l'article 8 j) et le portail d'information sur les connaissances traditionnelles, d'établir des liens avec les initiatives existantes, nouvelles et futures fondées sur la Toile comme Indigenousportal.com et de rendre compte des progrès accomplis à la prochaine réunion du Groupe de travail ;

c) d'assurer le suivi du site Internet de la Convention et, en particulier, la page d'accueil de l'article 8 j) et le portail d'information sur les savoirs traditionnels, et de consulter les Parties et les communautés autochtones et locales ainsi que leurs organisations, y compris les jeunes et les femmes, et autres organisations nationales et régionales concernées qui participent aux travaux de la Convention, comme le Forum international des peuples autochtones sur la biodiversité, afin d'identifier les lacunes éventuelles et de faire rapport à la prochaine réunion du Groupe de travail sur les progrès accomplis au titre de la mise en place de réseaux avec les communautés autochtones et locales ;

d) de rendre disponibles à travers le portail d'information et d'autres moyens sur les savoirs traditionnels des informations sur les possibilités et sources possibles de financement qui peuvent aider les communautés autochtones et locales dans les États Parties et leurs réseaux à diffuser l'information dans les langues appropriées et accessibles, et, par le biais de médias appropriés, aux communautés autochtones et locales sur les questions relatives à l'article 8 j) dont celle de l'accès et du partage des avantages ;

e) de fournir, en temps opportun, aux correspondants nationaux des documents pour les réunions tenues au titre de la Convention dans les six langues des Nations Unies et ce, afin de faciliter le processus de consultation avec, entre et dans les communautés autochtones et locales ;

f) d'intensifier les efforts déployés pour encourager le Fonds général d'affectation spéciale pour les contributions volontaires à faciliter la participation des communautés autochtones et locales aux travaux de la Convention sur la diversité biologique ;

8. *Réitère* la demande adressée au Secrétaire exécutif dans la décision VIII/5 C, le priant de s'efforcer de mettre à disposition la documentation des réunions du Groupe de travail sur l'article 8j) et les dispositions connexes et du Groupe de travail sur l'accès et le partage des avantages dans la mesure du possible, conformément au règlement intérieur des réunions de la Convention sur la diversité biologique, trois mois avant ces réunions afin de faciliter les consultations avec les représentants des communautés autochtones et locales.

F. Élaboration d'éléments de systèmes sui generis pour la protection des connaissances, innovations et pratiques traditionnelles

La Conférence des Parties,

Rappelant le texte introductif de la décision VIII/5, selon lequel « aux fins de la présente décision, la protection des connaissances, innovations et pratiques traditionnelles doit être interprétée conformément aux dispositions de l'article 8 j) »,

1. *Prend en considération* les éléments de systèmes *sui generis* pour la protection des connaissances, innovations et pratiques traditionnelles tels qu'ils ont été élaborés plus avant dans la note du Secrétaire exécutif sur le sujet (UNEP/CBD/WG8J/5/6) et *reconnaît* qu'ils constituent des éléments à considérer lors de l'élaboration par les Parties et les gouvernements de systèmes *sui generis* visant à protéger les connaissances, innovations et pratiques traditionnelles des communautés autochtones et locales ;

2. *Invite* les Parties et les gouvernements à envisager que l'élaboration, l'adoption ou la reconnaissance de systèmes *sui generis* efficaces soient de nature locale, nationale ou régionale, prenant en considération le droit

coutumier pertinent des communautés autochtones et locales concernées, et que ces systèmes soient reconnus ou créés avec la pleine et entière participation de ces communautés, afin de protéger, respecter, préserver, maintenir et promouvoir leurs connaissances, innovations et pratiques tout en garantissant un partage juste et équitable des avantages ;

3. *Invite* les Parties, les gouvernements, les communautés autochtones et locales et les organisations concernées à faire part de leur expérience en ce qui a trait à l'élaboration, l'adoption ou la reconnaissance de systèmes *sui generis*, et à soumettre au Secrétaire exécutif des études de cas concises et d'autres données d'expérience qui étayent les éléments de systèmes *sui generis* présentant un intérêt pour la conservation et l'utilisation durable de la diversité biologique, qui sont exposés dans la note du Secrétaire exécutif sur l'élaboration d'éléments de systèmes *sui generis* pour la protection des connaissances, innovations et pratiques traditionnelles (UNEP/CBD/WG8J/5/6), y compris les moyens d'assurer un consentement préalable en connaissance de cause ;

4. *Prie* le Secrétaire exécutif de mettre les études de cas et les données d'expérience reçues à disposition par le biais du portail d'information sur les connaissances traditionnelles du Centre d'échange de la Convention et par d'autres moyens ;

5. *Prie en outre* le Secrétaire exécutif d'actualiser le document UNEP/CBD/WG8J/5/6 à la lumière des études de cas et des données d'expérience reçues, pour examen par le Groupe de travail sur l'article 8 j) et les dispositions connexes à sa sixième réunion ;

6. *Note* les liens étroits qui existent dans de nombreux pays entre des systèmes *sui generis* efficaces qui pourraient être élaborés, adoptés ou reconnus et l'application des dispositions relatives à l'accès et au partage des avantages et la nécessité de mettre un terme à l'usage abusif et à l'appropriation illicite des connaissances, innovations et pratiques des communautés autochtones et locales, conformément à la décision VII/16 H.

G. ÉLÉMENTS D'UN CODE DE CONDUITE ÉTHIQUE

La Conférence des Parties

1. *Prend note* des projets révisés additionnels d'éléments d'un code de conduite éthique propre à assurer le respect du patrimoine culturel et intellectuel des communautés autochtones et locales présentant un intérêt pour la conservation et l'utilisation durable de la diversité biologique, qui figure à l'annexe de la présente décision ;

2 . *Prie* les Parties et *invite* les gouvernements, les communautés autochtones et locales, les organisations internationales concernées et autres parties prenantes concernées, après s'être livrés, selon que de besoin, à des consultations, de soumettre par écrit des observations au

Secrétaire exécutif sur les projets d'éléments révisés, six mois au moins avant la sixième réunion du Groupe de travail spécial surl'article 8 j) et les dispositions connexes ;

3. *Prie* le Secrétaire exécutif de transmettre la présente décision à l'Instance permanente des Nations Unies sur les questions autochtones et de solliciter une collaboration pour l'élaboration des éléments d'un code de conduite éthique ;

4. *Prie en outre* le Secrétaire exécutif de compiler les opinions et observations fournies et de mettre à disposition cette compilation trois mois au moins avant la sixième réunion du Groupe de travail spécial sur l'article 8 j) et les dispositions connexes aux fins de son examen ;

5. *Prie* le Groupe de travail spécial sur l'article 8 j) et les dispositions connexes d'élaborer plus avant le projet d'éléments d'un code de conduite éthique et de le soumettre pour examen et adoption éventuelle à la Conférence des Parties à sa dixième réunion.

Annexe III

PROJET D'ÉLÉMENTS D'UN CODE DE CONDUITE ÉTHIQUE PROPRE À [ASSURER] [FAVORISER] LE RESPECT DU PATRIMOINE CULTUREL ET INTELLECTUEL DES COMMUNAUTÉS AUTOCHTONES ET LOCALES PRÉSENTANT UN INTÉRÊT POUR LA CONSERVATION ET L'UTILISATION DURABLE DE LA DIVERSITÉ BIOLOGIQUE

[*Rappelant* [la demande formulée dans] les recommandations d'action 1, 8 et 9 du rapport de la deuxième session de l'Instance permanente des Nations Unies sur les questions autochtones approuvées par la Conférence des Parties au paragraphe 5 de la décision VII/16 I et dans la décision VIII/5 F, concernant les éléments d'un code de conduite éthique propre à assurer le respect du patrimoine culturel et intellectuel des communautés autochtones et locales présentant un intérêt pour la conservation et l'utilisation durable de la diversité biologique, et prenant en considération la tâche 16 du programme de travail sur l'article 8 j) et les dispositions connexes,

Soulignant que, s'agissant de ce code, « patrimoine culturel et intellectuel » s'entend du patrimoine culturel et de la propriété intellectuelle des communautés autochtones et locales et est interprété dans le contexte de la Convention comme signifiant les connaissances, innovations et pratiques des communautés autochtones et locales qui incarnent des modes de vie traditionnels intéressant la conservation et l'utilisation durable de la diversité biologique,

[*Désireux* de favoriser] [*Favorisant*] le respect intégral du patrimoine culturel et intellectuel des communautés autochtones et locales présentant un intérêt pour la conservation et l'utilisation durable de la diversité biologique,

Rappelant qu'en vertu de l'article 8 j) de la Convention, les Parties à la Convention sur la diversité biologique ont entrepris, sous réserve de leur législation nationale, de respecter, de conserver et de maintenir [dans la mesure du possible et selon qu'il convient] les connaissances, innovations et pratiques des communautés autochtones et locales caractérisant des modes de vie traditionnels présentant un intérêt pour la conservation et l'utilisation durable de la diversité biologique (ci-après appelées « connaissances traditionnelles »), et de favoriser leur application à plus grande échelle avec l'approbation et la participation des dépositaires de ces connaissances, innovations et pratiques, et d'encourager le partage équitable des avantages découlant de l'utilisation de ces connaissances, innovations et pratiques,

Reconnaissant que le respect des connaissances traditionnelles nécessite que leur soit attribué la même valeur qu'aux connaissances scientifiques occidentales et qu'elles soient jugées complémentaires de ces dernières, et que ce principe est essentiel à la promotion du respect intégral du patrimoine culturel et intellectuel des communautés autochtones et locales présentant un intérêt pour la conservation et l'utilisation durable de la diversité biologique,

Reconnaissant également que toute mesure visant à assurer le respect, la conservation et le maintien de l'utilisation des connaissances traditionnelles, tels les codes de conduite éthique, a beaucoup plus de chances de succès si elle profite de l'appui des communautés autochtones et locales et qu'elle est conçue et présentée d'une manière compréhensible [et applicable],

Reconnaissant en outre l'importance d'appliquer les lignes directrices volontaires d'Akwé:Kon pour la conduite d'études d'impacts culturels, environnementaux et sociaux d'aménagements proposés ou susceptibles d'avoir un impact sur des sites sacrés et sur des terres ou des eaux occupées ou utilisées traditionnellement par des communautés autochtones et locales,

[*Rappelant* que l'accès des communautés autochtones et locales aux terres et aux eaux qu'elles ont toujours occupées ou utilisées et la possibilité de pratiquer leurs connaissances traditionnelles sur ces terres et ces eaux sont primordiaux au maintien des connaissances traditionnelles et au développement d'innovations et de pratiques présentant un intérêt pour la conservation et l'utilisation durable de la diversité biologique,]

Gardant à l'esprit l'importance de préserver [et de favoriser] les langues utilisées par les communautés autochtones et locales comme riche source de connaissances médicales et de pratiques [agricoles] traditionnelles, dont la diversité biologique agricole et l'élevage, les terres, l'air, l'eau et les écosystèmes complets, qui sont transmises d'une génération à l'autre,

Tenant compte du principe holistique des connaissances traditionnelles et de leur contexte multidimensionnel qui comprend, entre autres, des qualités spatiales,[154] / culturelles,[155]/ [spirituelles] et temporelles,[156]/

Tenant compte en outre des divers organes, instruments, programmes, stratégies, normes, rapports et processus internationaux pertinents et de l'importance de leur harmonisation, de leur complémentarité et de leur application efficace, notamment et selon qu'il convient :

154/ Vocation territoriale ou locale

155/ Ancrées dans la plus vaste tradition culturelle d'un peuple

156/ Évoluent, s'adaptent et se transforment de façon dynamique avec le temps

a) La Charte internationale des droits de l'homme (1966) ;

b) La Convention 169 de l'Organisation internationale du travail relative aux peuples autochtones et tribaux (1989) ;

c) La Convention sur la diversité biologique (1992) ;

d) La deuxième Décennie internationale des populations autochtones du monde (2005-2014) ;

e) La Déclaration des Nations Unies sur les droits des peuples autochtones ; [157]/

f) La Déclaration universelle sur la bioéthique et les droits de l'homme (UNESCO 2005) ;

g) La Déclaration universelle sur la diversité culturelle (UNESCO, 2001) ;

h) La Convention sur la protection et la promotion de la diversité des expressions culturelles adoptée le 20 octobre 2005 ;

i) [La Convention pour la sauvegarde du patrimoine culturel immatériel (UNESCO 2003)] ;

[Proclament ce qui suit]

157/ ADOPTÉE PAR L'ASSEMBLÉE GÉNÉRALE DES NATIONS UNIES LE 13 SEPTEMBRE 2007

SECTION 1
[NATURE ET PORTÉE INTRODUCTION]

1. Le [projet d'éléments] [Les éléments] d'un code de conduite éthique ci-après [est volontaire et a] [sont volontaires et ont] pour objet de fournir une orientation [en ce qui concerne les activités/interactions avec les communautés autochtones et locales et l'élaboration de codes de conduite à l'échelon local, national et régional], dans le but de favoriser le respect, la préservation et le maintien des connaissances, innovations et pratiques traditionnelles [qui présentent un intérêt pour la conservation et l'utilisation durable de la diversité biologique].

SECTION 2
JUSTIFICATION

2. [Ces éléments d'un code de conduite éthique ont pour but de favoriser le respect du patrimoine culturel et intellectuel des communautés autochtones et locales qui présente un intérêt pour la conservation et l'utilisation durable de la diversité biologique. Ce faisant, ils contribuent à la réalisation des objectifs de l'article 8 j) de la Convention sur la diversité biologique et de son plan d'action pour le maintien et l'utilisation des connaissances, innovations et pratiques traditionnelles des communautés autochtones et locales.]

3. [Ils visent à donner aux Parties et aux gouvernements des orientations pour l'établissement ou l'amélioration des cadres juridiques nationaux nécessaires afin de régir les activités/interactions avec les communautés autochtones et locales et en particulier le développement ou la recherche sur des terres et des eaux traditionnellement occupées par des communautés autochtones et locales, tout en permettant à ces communautés de promouvoir le respect de leurs connaissances traditionnelles et des ressources biologiques et génétiques qui s'y rattachent.]

Option A : supprimer le paragraphe

Option B : nouveau texte :

Ces éléments visent à donner aux Parties à la Convention et aux gouvernements des orientations pour l'établissement ou l'amélioration des cadres juridiques nationaux nécessaires afin de régir toutes les activités/interactions avec les communautés autochtones et locales [notamment par les ministères et organismes gouvernementaux, les établissements d'enseignement, les promoteurs du secteur privé, les intervenants éventuels dans les projets de développement et/ou de recherche, les industries extractives, la foresterie et d'autres acteurs éventuels] [et en particulier pour le développement ou la recherche sur des terres et des eaux traditionnellement occupées par des communautés autochtones et locales, tout en permettant à ces communautés de promouvoir le respect de leurs connaissances traditionnelles et des ressources biologiques et génétiques qui s'y rattachent.]

4. [L'un des objectifs des éléments de ce code de conduite éthique est d'assurer que tous les États Parties à la Convention sur la diversité biologique, de même que les organisations internationales compétentes, gouvernementales ou non gouvernementales, collaborent activement à la promotion, la compréhension et l'application de ces éléments auprès des personnes et des organismes qui entretiennent des relations avec les communautés autochtones et locales, ainsi que dans la recherche faisant appel aux connaissances, innovations et pratiques traditionnelles présentant un intérêt pour la conservation et l'utilisation durable de la diversité biologique, afin d'assurer de favoriser le respect de ces connaissances.]

SECTION 3
PRINCIPES ÉTHIQUES

5. [Les principes éthiques suivants s'appliquent aux activités/interactions avec les communautés autochtones et locales qui présentent un intérêt pour la conservation et l'utilisation durable de la diversité biologique, y compris le développement et/ou la recherche envisagés ou en cours sur des sites sacrés, des sites importants sur le plan culturel et des terres ou des eaux occupées ou utilisées traditionnellement par des communautés autochtones et locales].

Option A

6. Les principes [éthiques] ci-dessous visent à [faciliter] [reconnaître] le droit des communautés autochtones et locales de jouir de leur patrimoine culturel et intellectuel [qui présente un intérêt pour la conservation et l'utilisation durable de la diversité biologique], de le protéger et de le transmettre aux futures générations, et ces principes devraient servir de fondement dans toutes les relations avec les communautés autochtones et locales.

Option B

6. Les principes éthiques ci-dessous visent à faciliter [reconnaître] le principe fondamental selon lequel les communautés autochtones et locales ont le droit de jouir de leur patrimoine culturel et intellectuel qui présente un intérêt pour la conservation et l'utilisation durable de la diversité biologique, de le protéger et de le transmettre aux futures générations, et ces principes

devraient servir de fondement dans toutes les relations avec les communautés autochtones et locales.

Option C

6. Les principes éthiques ci-dessous reposent sur le principe fondamental selon lequel les communautés autochtones et locales sont en droit de jouir de leur culture[158]/, ce qui implique la possibilité, si elles le désirent, de transmettre leur culture [qui présente un intérêt pour la conservation et l'utilisation durable de la diversité biologique] aux futures générations, et ces principes devraient servir de fondement dans toutes les relations avec les communautés autochtones et locales.

Il est hautement souhaitable que les activités/interactions avec les communautés autochtones et locales reposent sur les principes suivants :

A. Principes éthiques généraux

Respect des règlements convenus

7. Ce principe reconnaît [la prédominance et] l'importance des règlements convenus d'un commun accord ou des accords au niveau national qui existent dans de nombreux pays et que le respect doit toujours s'appliquer à ces arrangements.

Propriété intellectuelle

8. Les préoccupations et les revendications collectives et individuelles concernant la propriété intellectuelle sur les connaissances, innovations et pratiques traditionnelles qui présentent un intérêt pour la conservation et l'utilisation durable de la diversité biologique doivent être reconnues et traitées dans la négociation avec les dépositaires des connaissances traditionnelles et/ou les communautés autochtones et locales, selon qu'il convient, avant d'entreprendre quelque activité/interaction. Les dépositaires des connaissances doivent être autorisés à conserver leurs droits actuels sur les connaissances traditionnelles, y compris la détermination de leurs droits de propriété intellectuelle.

Non-discrimination

9. Les principes d'éthique et les règles qui régissent toutes les activités/interactions doivent être non discriminatoires, compte tenu des mesures correctives s'appliquant au sexe, aux groupes désavantagés et à la représentation.

---

[158]/ Article 27 du Pacte international relatif aux droits civils et politiques

[Transparence/Divulgation complète]

10. Les communautés autochtones et locales devraient être pleinement informées [dans la mesure du possible] de la nature, la portée et l'objet de toute activité/interaction proposée et exécutée par d'autres qui pourrait faire appel à leurs connaissances, innovations et pratiques traditionnelles en matière de conservation et d'utilisation durable de la diversité biologique ayant lieu ou susceptible d'avoir des incidences sur des sites sacrés et sur des terres et des eaux occupées ou utilisées traditionnellement par des communautés autochtones et locales. Sous réserve de la législation nationale, cette information doit être fournie en tenant compte du bassin de connaissances et des pratiques culturelles des communautés autochtones et locales, et y faire activement appel.

[Approbation] [consentement préalable en connaissance de cause] des dépositaires des connaissances

11.

Option A

Toute activité/interaction liée à la diversité biologique, à sa conservation et à son utilisation durable, ayant lieu ou susceptible d'avoir des incidences sur des sites sacrés et des terres et des eaux traditionnellement occupées ou utilisées par les communautés autochtones et locales, et ayant un impact sur des groupes spécifiques, doit être réalisée uniquement dans toute la mesure possible et comme il convient avec [l'approbation] [le consentement préalable en connaissance de cause des communautés autochtones et locales concernées en conformité avec les obligations nationales et internationales en vigueur.

Option B

Les connaissances traditionnelles ne peuvent être utilisées qu'avec l'approbation des dépositaires de ces connaissances.

Option C

Les activités/interactions entreprises sur des terres et des eaux de communautés autochtones et locales doivent se faire avec l'approbation de ces communautés lorsqu'elles se déroulent sur des sites sacrés et culturellement importants, et il convient de reconnaître et d'accepter que les communautés autochtones et locales puissent être réticentes à fournir des informations qui permettraient d'identifier clairement les sites sacrés.

RESPECT

12. Les connaissances traditionnelles doivent être respectées en tant qu'expression légitime de la culture, des traditions et de l'expérience des

communautés autochtones et locales. Il est hautement souhaitable que les personnes qui entretiennent des relations avec les communautés autochtones et locales respectent l'intégrité, la moralité et la spiritualité des cultures, des traditions et des relations des communautés autochtones et locales, et évitent d'imposer des concepts, des normes et des jugements de valeur dans le dialogue entre cultures. Le respect du patrimoine culturel, des sites cérémoniaux et sacrés, des espèces sacrées et des connaissances secrètes et sacrées mérite une attention particulière dans toute activité/interaction.

[PROTECTION DE LA] PROPRIÉTÉ COLLECTIVE OU INDIVIDUELLE

13. Les ressources et connaissances des communautés autochtones et locales peuvent être détenues à titre collectif ou individuel. Quiconque entretient des relations avec les communautés autochtones et locales devrait veiller à comprendre l'équilibre des droits et obligations collectifs et individuels. [Le droit dont disposent les communautés autochtones et locales de protéger, collectivement ou autrement, leur patrimoine culturel et intellectuel devrait être respecté.]

Partage juste et équitable des avantages

14. Les communautés autochtones et locales devraient tirer des avantages justes et équitables de leur contribution à toutes les activités/interactions liées à la diversité biologique et aux connaissances traditionnelles associées [qui sont prévues ou sont susceptibles d'avoir des incidences sur des sites sacrés et des terres ou des eaux traditionnellement occupées ou utilisées par des communautés autochtones et locales. Le partage des avantages doit être considéré comme un moyen de renforcer les communautés autochtones et locales et de promouvoir les objectifs de la Convention sur la diversité biologique, et doit être équitable entre les groupes et au sein de ceux-ci.

Protection

15. Les activités/interactions proposées qui relèvent des attributions de la Convention devraient comprendre des efforts raisonnables pour protéger et améliorer les relations qu'entretiennent les communautés autochtones et locales touchées avec l'environnement et, partant, promouvoir les objectifs de la Convention.

[Approche de précaution y compris le concept de « prévention des dommages »]

16. Confirmant l'approche de précaution mise de l'avant dans le principe 15 de la Déclaration de Rio sur l'environnement et le développement[159]/, et dans le préambule de la Convention sur la diversité biologique, les prévisions et les évaluations des dommages biologiques et culturels possibles devraient inclure des critères et indicateurs locaux, et associer pleinement les communautés autochtones et locales pertinentes.

B. Considérations particulières

17.

Option A

Reconnaissance des sites sacrés des sites présentant une importance culturelle et des terres et des eaux traditionnellement occupées ou utilisées par des communautés autochtones et locales [[160]/] [conformément à la norme internationale ILO 169, Partie II, Terres

Ce principe reconnaît les liens inaliénables des communautés autochtones et locales avec leurs sites sacrés, avec des sites présentant une importance culturelle et avec des terres et des eaux traditionnellement occupées ou utilisées par ces communautés ainsi qu'avec les connaissances traditionnelles qui s'y rattachent, et le caractère indissociable de leur culture, de leurs terres et de leurs eaux. Les Parties [à la Convention sont] [doivent être] encouragées, selon leur législation nationale [intérieure] et leurs obligations internationales à reconnaître le mode traditionnel de possession des terres des communautés autochtones et locales, car l'accès aux terres et aux eaux ainsi qu'aux sites sacrés est fondamental au maintien des connaissances traditionnelles et à la diversité biologique qui s'y rattache. Les terres et les eaux peu peuplées ne doivent pas être tenues pour désertes car il peut s'agir de terres et d'eaux traditionnellement occupées ou utilisées par des communautés autochtones et locales.

Option B

Reconnaissance [des terres et des eaux traditionnellement occupées ou utilisées par des communautés autochtones et locales]

[L'identification des communautés autochtones et locales dont les intérêts pourraient être touchés par des activités/interactions relevant du mandat de la

---

[159]/*Rapport de la Conférence des Nations Unies sur l'environnement et le développement, Rio de Janeiro, 3-14 juin 1992*, vol. I, *Résolutions adoptées par la Conférence* (Publication des Nations Unies, Sales No. E.93.I.8 et additif), résolution 1, annexe I

[160]/Voir la norme internationale ILO 169, Partie II, Terres. http://www.ilo.org/ilolex/english/convdisp1.htm

Convention nécessite la reconnaissance des terres et des eaux traditionnellement occupées ou utilisées par ces communautés.

Reconnaissance des sites sacrés et des sites présentant une importance culturelle

Les personnes qui envisagent une activité/interaction devraient obtenir des communautés autochtones et locales l'autorisation d'entreprendre ces activités/interactions sur des sites sacrés et des sites présentant une importance culturelle. Elles doivent comprendre que les communautés autochtones et locales puissent être réticentes à fournir des informations qui permettraient d'identifier clairement des sites sacrés.

Accès aux ressources traditionnelles
Option A

18. Les ressources traditionnelles sont [souvent] de nature collective [mais peuvent englober des droits et des obligations individuels] et concerner des ressources traditionnelles [qui se trouvent sur des terres et des eaux traditionnellement occupées ou utilisées par des communautés autochtones et locales. Les communautés autochtones et locales doivent déterminer par elles-mêmes la nature et l'envergure de leur(s) propre(s) régime(s) de droits sur les ressources traditionnelles, en fonction de leur(s) loi(s) coutumière(s). L'accès aux ressources traditionnelles est essentiel à l'utilisation durable de la diversité biologique et à la survie des cultures.

Option B

La recherche ne doit pas nuire à l'accès aux ressources traditionnelles, sauf en cas d'approbation de la communauté concernée. Elle doit respecter les règles coutumières régissant l'accès aux ressources quand cela est exigé par la communauté concernée.

Option C
Droits sur les ressources traditionnelles

Ces droits sont de nature collective, mais ils peuvent englober des droits individuels et concerner des ressources naturelles et/ou traditionnelles qui se trouvent sur des terres et dans des eaux traditionnellement occupées ou utilisées par des communautés autochtones et locales. Les communautés autochtones et locales devraient déterminer par elles-mêmes la nature et l'étendue de leur propre régime de droits sur les ressources, en fonction de leur(s) loi(s) coutumière(s). La reconnaissance des droits sur les ressources traditionnelles est essentielle à l'utilisation durable de la diversité biologique et à la survie des cultures.

Interdiction de déplacement arbitraire

19. [Les activités/interactions liées à la diversité biologique et aux objectifs de la Convention, telle la conservation, y compris la recherche associée, ne doivent pas causer le déplacement des communautés autochtones et locales des terres et des eaux qu'elles ont toujours occupées ou utilisées, par la force ou par contrainte, sans leur consentement. Les communautés autochtones et locales qui acceptent d'être déplacées des terres et des eaux qu'elles ont toujours occupées ou utilisées devraient être indemnisées et recevoir l'assurance de pouvoir y retourner[161]/. Il est hautement souhaitable d'éviter que des membres de la communauté, surtout les aînés, les personnes handicapées et les enfants, ne soient retirés de leur famille par la force ou la contrainte en raison d'une activité/interaction de ce type.]

Intendance/garde traditionnelle

20. L'intendance/garde traditionnelle reconnaît le lien d'interdépendance holistique entre l'humanité et les écosystèmes, ainsi que les obligations et les responsabilités des communautés autochtones et locales de protéger et de conserver leur rôle traditionnel d'intendants et de gardiens de ces écosystèmes par le maintien de leur culture, de leurs croyances spirituelles et de leurs pratiques coutumières. Par conséquent, la diversité culturelle, y compris la diversité linguistique, est essentielle à la protection de la diversité biologique. Les communautés autochtones et locales doivent donc, lorsque cela convient,

---

[161] Voir l'article 16 de la convention OIT [169.] « 1. Sous réserve des paragraphes suivants du présent article, les peuples intéressés ne doivent pas être déplacés des terres qu'ils occupent. 2. Lorsque le déplacement et la réinstallation desdits peuples sont jugés nécessaires à titre exceptionnel, ils ne doivent avoir lieu qu'avec leur consentement, donné librement et en toute connaissance de cause. Lorsque ce consentement ne peut être obtenu, ils ne doivent avoir lieu qu'à l'issue de procédures appropriées établies par la législation nationale et comprenant, s'il y a lieu, des enquêtes publiques où les peuples intéressés aient la possibilité d'être représentés de façon efficace. 3. Chaque fois que possible, ces peuples doivent avoir le droit de retourner sur leurs terres traditionnelles, dès que les raisons qui ont motivé leur déplacement et leur réinstallation cessent d'exister. 4. Dans le cas où un tel retour n'est pas possible, ainsi que déterminé par un accord ou, en l'absence d'un tel accord, au moyen de procédures appropriées, ces peuples doivent recevoir, dans toute la mesure possible, des terres de qualité et de statut juridique au moins égaux à ceux des terres qu'ils occupaient antérieurement et leur permettant de subvenir à leurs besoins du moment et d'assurer leur développement futur. Lorsque les peuples intéressés expriment une préférence pour une indemnisation en espèces ou en nature, ils doivent être ainsi indemnisés, sous réserve des garanties appropriées. 5. Les personnes ainsi déplacées et réinstallées doivent être entièrement indemnisées de toute perte ou de tout dommage subi par elles de ce fait. » Article 17.

participer activement à la gestion des terres et des eaux qu'elles occupent ou utilisent traditionnellement, y compris les sites sacrés et les aires protégées. Les communautés autochtones et locales peuvent également considérer certaines espèces de végétaux et d'animaux comme sacrées et, à titre d'intendantes de la diversité biologique, être responsables de leur bien-être et de leur viabilité. Cette réalité doit être respectée et prise en considération dans toutes les activités/interactions, y compris la recherche.

Dédommagement et/ou indemnisation

21. [Cet élément reconnaît que] tous les efforts seront déployés afin de protéger de toute conséquence néfaste les communautés autochtones et locales, de même que leur culture [et les terres et les eaux qu'elles ont toujours occupées ou utilisées,] leurs sites sacrés et les espèces sacrées, et leurs ressources traditionnelles, qui pourrait découler de quelque activité/interaction liée à la diversité biologique, à sa conservation et à son utilisation durable, y compris la recherche et ses résultats [et que si] [. [Si] elles subissaient de telles conséquences néfastes, un dédommagement ou une indemnisation appropriés pourrait être envisagé à des conditions convenues d'un commun accord [.] [entre les communautés autochtones et locales et les promoteurs de ces activités/interactions.]]

Rapatriement

22. Des efforts doivent être déployés en vue du rapatriement des informations nécessaires pour faciliter la récupération des connaissances traditionnelles liées à la diversité biologique.

Relations pacifiques

23. [L'exacerbation des tensions causées par les activités/interactions de conservation ou d'utilisation durable [entre les communautés autochtones et locales, d'une part, et les gouvernements locaux ou nationaux, d'autre part,] doit être évitée. [Si cela s'avérait impossible, il faudrait mettre en place des mécanismes de résolution des différends et des griefs adaptés aux réalités culturelles et nationales, sous réserve de la législation nationale en vigueur.] Les personnes et les organismes qui entretiennent des relations avec les communautés autochtones et locales, y compris les chercheurs, doivent aussi éviter d'intervenir dans les différends entre les communautés autochtones et locales.

Soutien des projets de recherche autochtones

24. Les communautés autochtones et locales devraient avoir la possibilité de participer activement à la recherche qui les concerne ou qui utilise leurs connaissances traditionnelles, relativement aux objectifs de la Convention, et arrêter leurs projets et priorités en matière de recherche et mener leurs propres

recherches, y compris établir leurs instituts de recherche et promouvoir le renforcement de la coopération, des capacités et des compétences.

Section 4

MÉTHODES

Négociations en toute bonne foi

25. Les personnes qui utilisent les éléments de ce code sont encouragées à interagir de bonne foi et à s'engager formellement dans un procédé de négociation en toute bonne foi.

Subsidiarité et prise de décisions

26.

Option A

Toutes les décisions concernant les activités/interactions liées à la diversité biologique, y compris la recherche qui a des incidences sur des sites sacrés et sur des terres et des eaux occupées ou utilisées traditionnellement par des communautés autochtones et locales, devraient être prises [selon qu'il convient] à l'échelon le plus bas possible en respectant le principe de consentement préalable donné librement et en toute connaissance de cause, afin d'assurer la responsabilisation et la participation [pleine et] entière de la communauté et la reconnaissance des institutions, de la façon de gouverner et du mode de gestion des communautés autochtones et locales.

Option B

Les activités/interactions officielles liées aux objectifs de la Convention doivent avoir lieu à l'échelon voulu pour assurer la responsabilisation et la pleine participation de la communauté, en gardant à l'esprit que ces activités/interactions doivent refléter les structures décisionnelles des communautés autochtones et locales.

Partenariat et coopération

27. Toutes les activités/interactions entreprises dans l'esprit du projet d'éléments d'un code de conduite éthique doivent être fondées sur le partenariat et la coopération afin de soutenir, de maintenir et d'assurer l'utilisation durable de la diversité biologique et des connaissances traditionnelles.

Éléments liés à la parité des sexes

28. La méthodologie doit tenir compte du rôle crucial que jouent les femmes des communautés autochtones et locales dans la conservation et l'utilisation durable de la diversité biologique, et ainsi confirmer la nécessité de la participation pleine et entière des femmes à tous les niveaux

d'établissement et de mise en œuvre des politiques en faveur de la conservation de la diversité biologique, selon qu'il convient.

Participation pleine et entière/approche participative

29. Ce principe reconnaît l'importance fondamentale que revêt la participation pleine et entière des communautés autochtones et locales à toutes les activités/interactions relatives à la diversité biologique et à sa conservation qui sont susceptibles d'avoir un impact sur ces communautés.

CONFIDENTIALITÉ

30. La confidentialité de l'information et des ressources doit être respectée, sous réserve du droit national. L'information fournie par les communautés autochtones et locales ne doit ni être utilisée, ni divulguée à des fins différentes de celles pour lesquelles elle a été [obtenue ou] transmise, ni être fournie à un tiers sans le consentement du ou des dépositaires des connaissances et/ou de la collectivité, selon qu'il convient. La confidentialité est plus particulièrement de mise dans le cas d'information sacrée et/ou secrète. Les personnes qui travaillent avec les communautés autochtones et locales doivent savoir que des notions telles que « le domaine public » peuvent être étrangères à la culture des communautés autochtones et locales.

RECHERCHE RESPONSABLE

31. L'éthique des relations entre les chercheurs et tiers, d'une part, et les personnes qui sont à la source des connaissances traditionnelles, d'autre part, est non seulement la responsabilité de la personne et de l'organisation et/ou de la société professionnelle à laquelle la personne appartient, mais aussi celle des gouvernements qui ont autorité sur ces activités/interactions, ces chercheurs et/ou le territoire. Les biens culturels et intellectuels des communautés autochtones et locales en rapport avec les connaissances, les idées, les expressions culturelles et le matériel culturel présentant un intérêt pour la conservation et l'utilisation durable de la diversité biologique doivent être respectés. De plus, tous les tiers devraient respecter les [droits] culturels et les [droits] de propriété intellectuelle des communautés autochtones et locales en ce qui a trait aux connaissances, aux idées, aux expressions culturelles et au matériel culturel présentant un intérêt pour la conservation et l'utilisation durable de la diversité biologique.

32. [Le présent document n'est pas juridiquement contraignant en vertu du droit international et ne doit pas être considéré comme une modification ou une interprétation des obligations des Parties à la Convention sur la diversité biologique ou de tout autre instrument international.]

Paragraphes à vérifier en fonction des principes énoncés :

[Respect interculturel

33. Les activités/interactions éthiques, y compris les relations de recherche, doivent reposer sur le respect des systèmes de connaissance, différents, mais égaux, des communautés autochtones et locales, de leurs processus décisionnels et de leurs échéanciers, de leur diversité, de leurs relations spirituelles et matérielles particulières avec les sites sacrés et les terres et les eaux qu'elles ont toujours occupées ou utilisées], et de leur identité culturelle. Il convient de toujours [respecter et] être sensible aux secrets et aux connaissances sacrées, aux espèces sacrées et aux lieux/sites sacrés [liés à la diversité biologique]. Il convient en outre de respecter les biens culturels des communautés autochtones et locales qui présentent un intérêt pour la diversité biologique, sa conservation et son utilisation durable. Une conduite éthique doit reconnaître qu'il est [parfois] légitime [dans certains cas] pour les communautés autochtones et locales de limiter l'accès aux connaissances traditionnelles, et à la diversité biologique et aux ressources génétiques qui s'y rattachent, pour des raisons éthiques et culturelles.

Réciprocité

34. [Les communautés autochtones et locales doivent tirer avantage des activités/interactions qui les touchent ou les associent, ou qui touchent ou concernent leurs sites sacrés et les terres et les eaux traditionnellement occupées ou utilisées par elles] et/ou leurs ressources et leurs connaissances traditionnelles. [Fait très important,] L'information obtenue doit leur être retournée d'une façon et dans une forme qu'elles peuvent comprendre et qui respecte leur culture. Cette façon de faire favorisera les échanges interculturels et l'accès aux connaissances de l'autre afin de promouvoir la synergie et la complémentarité.

Reconnaissance des structures sociales des communautés autochtones et locales — familles élargies, communautés et nations autochtones

35. Pour les communautés autochtones et locales, toutes les activités/interactions se déroulent dans un contexte social. Les « familles » élargies sont le principal véhicule de diffusion culturelle, et les aînés de même que les jeunes jouent un rôle déterminant dans ce processus, qui est fondé sur le transfert intergénérationnel [de connaissances, d'innovations et de pratiques]. La structure sociale des communautés autochtones et locales doit donc être respectée, y compris le droit de transmettre leur culture et leurs connaissances selon leurs traditions et leurs coutumes. Aucune activité/interaction ne doit entraîner [par la force ou la contrainte], et sans leur [approbation] [consentement préalable donné en connaissance de cause] le retrait de membres de communautés autochtones et locales, surtout les aînés,

les personnes handicapées et les enfants, de leur famille et de leur structure sociale.

H. *Indicateurs pour l'évaluation des progrès accomplis dans la poursuite de l'objectif 2010 relatif à la diversité biologique : état des connaissances, innovations et pratiques traditionnelles*

La Conférence des Parties,

Reconnaissant que l'état et l'évolution de la diversité linguistique et le nombre de personnes parlant des langues autochtones constituent des indicateurs utiles de la préservation et de l'utilisation des connaissances traditionnelles, s'ils sont employés avec d'autres indicateurs, et que l'on a besoin de disposer d'indicateurs plus précis en ce qui a trait aux communautés autochtones et locales, aux connaissances traditionnelles et à la diversité biologique,

Prenant en considération le cadre établi dans la décision VIII/15 pour la vérification de l'application et de la réalisation de l'objectif de 2010 et l'intégration des objectifs dans les programmes de travail thématiques,

1. *Note* l'importance d'indicateurs qualitatifs et quantitatifs pour donner une idée générale de l'état et des tendances des connaissances traditionnelles et appréhender la réalité des communautés autochtones et locales dans le cadre du Plan stratégique et de l'objectif 2010 relatif à la biodiversité ;

2. *Accueille avec satisfaction* les travaux effectués sous les auspices du Groupe de travail spécial à composition non limitée sur l'article 8 j) et les dispositions connexes de la Convention sur la diversité biologique, en particulier les ateliers régionaux et internationaux d'experts organisés par le Groupe de travail sur les indicateurs du Forum international des peuples autochtones sur la biodiversité, pour identifier un nombre limité d'indicateurs utiles, pratiques et quantifiables sur l'état des connaissances, innovations et pratiques traditionnelles pour évaluer les progrès du Plan stratégique de la Convention et l'objectif 2010 relatif à la biodiversité ;

3. *Recommande* qu'au plus deux indicateurs supplémentaires sur l'état des connaissances, innovations et pratiques traditionnelles soient inclus dans le cadre de travail par le Groupe de travail spécial sur l'article 8 j) et les dispositions connexes à sa sixième réunion ;

4. *Remercie chaleureusement* les Gouvernements de la Norvège, de l'Espagne et de la Suède pour leur généreuse contribution au financement de cette initiative ;

5. *Prend note* des indicateurs proposés qui figurent à l'annexe I du rapport du Séminaire international d'experts sur les indicateurs propres aux peuples autochtones, la Convention sur la diversité biologique et les objectifs

du Millénaire pour le développement organisé par le Forum international des peuples autochtones sur la biodiversité à Banaue, Philippines, du 5 au 9 mars 2007 (UNEP/CBD/WG-8J/5/8) ;

6. *Invite* les Parties, les gouvernements et les organisations compétentes, en consultation avec les communautés autochtones et locales et avec leur participation active, à élaborer et, le cas échéant, mettre à l'essai à l'échelle nationale des indicateurs de l'état et des tendances des connaissances, innovations et pratiques traditionnelles, pour évaluer les progrès accomplis dans la mise en œuvre du Plan stratégique de la Convention et de l'objectif 2010 relatif à la diversité biologique, *notant* que l'annexe mentionnée au paragraphe 5 ci-dessus pourrait fournir des informations utiles à examiner dans le cadre de ces travaux ;

7. *Invite également* les Parties, les gouvernements et les organisations compétentes à présenter au Secrétaire exécutif, en consultation avec les communautés autochtones et locales, des informations sur l'expérience acquise et les enseignements dégagés de la conception et, le cas échéant, de la mise à l'essai d'indicateurs nationaux de l'état et des tendances des connaissances, innovations et pratiques traditionnelles, pour évaluer les progrès accomplis dans la mise en œuvre du Plan stratégique de la Convention et de l'objectif 2010 relatif à la diversité biologique, et *invite* aussi les Parties, en consultation avec les communautés autochtones et locales, à en rendre compte dans leurs quatrièmes rapports nationaux ;

8. *Prie* le Secrétaire exécutif de rassembler les informations reçues, d'évaluer la possibilité d'obtenir les données voulues et de transmettre cette compilation et analyse à la sixième réunion du Groupe de travail spécial intersessions à composition non limitée su r l'article 8 j) et les dispositions connexes, afin qu'elles puissent servir de base aux travaux futurs ;

9. *Demande* au Groupe de travail spécial intersessions à composition non limitée sur l'article 8 j) et les dispositions connexes de poursuivre, à sa sixième réunion, ses travaux sur l'identification d'un nombre limité d'indicateurs utiles, pratiques et quantifiables sur l'état des connaissances, innovations et pratiques traditionnelles, pour évaluer les progrès accomplis dans la mise en œuvre du Plan stratégique de la Convention et de l'objectif 2010 relatif à la diversité biologique ;

10. *Prie* le Secrétaire exécutif d'assurer la coordination avec l'Instance permanente des Nations Unies sur les questions autochtones et avec le Groupe d'appui interorganisations en ce qui concerne les travaux sur les indicateurs qui présentent un intérêt pour les peuples autochtones, la

Convention sur la diversité biologique et les objectifs du Millénaire pour le développement.

I. RECOMMANDATIONS DE L'INSTANCE PERMANENTE DES NATIONS UNIES SUR LES QUESTIONS AUTOCHTONES

La Conférence des Parties

1. *Accueille favorablement* la poursuite d'une coopération étroite entre la Convention et l'Instance permanente des Nations Unies sur les questions autochtones en ce qui a trait aux aspects propres aux communautés autochtones et locales et à leurs connaissances, innovations et pratiques présentant un intérêt pour la conservation et l'utilisation durable de la diversité biologique ;

2. *Note avec satisfaction* la contribution de l'Instance permanente des Nations Unies sur les questions autochtones aux travaux de la Convention et notamment, l'organisation de la réunion d'un groupe d'experts internationaux consacrée au régime international sur l'accès et le partage des avantages prévu par la Convention sur la diversité biologique et aux droits de l'homme des peuples autochtones, qui s'est tenue à New York du 17 au 19 janvier 2007 (UNEP/CBD/WG8J/5/INF/10), et le rapport sur les connaissances traditionnelles établi par le Secrétariat de l'Instance permanente (UNEP/CBD/WG8J/5/INF/12) ;

3. *Prie* le Secrétaire exécutif d'appeler l'attention sur le rôle important que jouent les communautés autochtones et locales dans les activités liées à 2010 qui est l'Année internationale de la biodiversité et de coopérer étroitement avec l'Instance permanente des Nations Unies sur les questions autochtones afin de déterminer les possibilités de se **livrer** ensemble, sous la direction du Bureau, à des activités communes concernant l'échange d'informations et la sensibilisation.

CONSEIL DES DROITS DE L'HOMME DES NATIONS-UNIES

Résolution 2006/2 du 29 juin 2006

Groupe de travail de la Commission des droits de l'homme chargé d'élaborer un projet de déclaration conformément au paragraphe 5 de la Résolution 49/214 de l'Assemblée Générale en date du 23 décembre 1994

Le Conseil des droits de l'homme,

Rappelant la résolution 1995/32 de la Commission des droits de l'homme en date du 3 mars 1995, par laquelle la Commission a créé un groupe de travail intersessions à composition non limitée chargé exclusivement d'élaborer un projet de déclaration des Nations Unies sur les droits des peuples autochtones, à la lumière du projet contenu dans l'annexe à la résolution 1994/45 de la Sous-Commission de la promotion et de la protection des droits de l'homme, pour examen et adoption par l'Assemblée générale dans le courant de la première Décennie internationale des peuples autochtones,

Sachant que le groupe de travail de la Commission des droits de l'homme chargé d'élaborer un projet de déclaration conformément au paragraphe 5 de la résolution 49/214 de l'Assemblée générale en date du 23 décembre 1994 a tenu 11 sessions entre 1995 et 2006,

Considérant que l'Assemblée générale, dans sa résolution 59/174 du 20 décembre 2004, a prié instamment toutes les parties au processus de négociation de faire tout leur possible pour mener à bien le mandat du groupe de travail et présenter à l'Assemblée générale dès que possible pour adoption un projet final de déclaration des Nations Unies sur les droits des peuples autochtones,

Soulignant que le paragraphe 127 du document final du Sommet mondial de 2005, adopté par l'Assemblée générale dans sa résolution 60/1 du 16 septembre 2005, réaffirme la volonté de la communauté internationale d'adopter dès que possible une version finale du projet de déclaration des Nations Unies sur les droits des peuples autochtones,

Prenant note du rapport du groupe de travail sur les travaux de sa onzième session, qui a eu lieu à Genève du 5 au 16 décembre 2005 et du 30 janvier au 3 février 2006 (E/CN.4/2006/79),

Accueillant avec satisfaction la conclusion du Président-Rapporteur figurant au paragraphe 30 du rapport du groupe de travail et sa proposition contenue dans l'annexe I de ce rapport,

1. *Adopte* la Déclaration des Nations Unies sur les droits des peuples autochtones, telle que proposée par le Président-Rapporteur du groupe de travail de la Commission des droits de l'homme chargé d'élaborer un projet

de déclaration conformément au paragraphe 5 de la résolution 49/214 de l'Assemblée générale en date du 23 décembre 1994, contenue dans l'annexe I du rapport du groupe de travail sur les travaux de sa onzième session (E/CN.4/2006/79);

2. *Recommande* à l'Assemblée générale d'adopter le projet de résolution ci-après :

« *L'Assemblée générale*,

Prenant note de la résolution 2006/2 du Conseil des droits de l'homme en date du 29 juin 2006, par laquelle le Conseil a adopté le texte de la Déclaration des Nations Unies sur les droits des peuples autochtones,

1. *Remercie* le Conseil d'avoir adopté la Déclaration des Nations Unies sur les droits des peuples autochtones ;

2. *Adopte* la Déclaration telle qu'elle figure dans l'annexe à la résolution 2006/2 du Conseil en date du 29 juin 2006. »

21e séance
29 juin 2006

[adoptée par 30 voix contre 2, avec 12 abstentions, à l'issue d'un vote enregistré.]

DÉCLARATION DES NATIONS UNIES SUR LES DROITS DES PEUPLES AUTOCHTONES

Affirmant que les peuples autochtones sont égaux à tous les autres peuples, tout en reconnaissant le droit de tous les peuples d'être différents, de s'estimer différents et d'être respectés en tant que tels,

Affirmant aussi que tous les peuples contribuent à la diversité et à la richesse des civilisations et des cultures, qui constituent le patrimoine commun de l'humanité,

Affirmant en outre que toutes les doctrines, politiques et pratiques qui invoquent ou prônent la supériorité de peuples ou d'individus en se fondant sur des différences d'ordre national, racial, religieux, ethnique ou culturel sont racistes, scientifiquement fausses, juridiquement sans valeur, moralement condamnables et socialement injustes,

Réaffirmant que les peuples autochtones, dans l'exercice de leurs droits, ne doivent faire l'objet d'aucune forme de discrimination,

Préoccupée par le fait que les peuples autochtones ont subi des injustices historiques à cause, entre autres, de la colonisation et de la dépossession de leurs terres, territoires et ressources, ce qui les a empêchés d'exercer, notamment, leur droit au développement conformément à leurs propres besoins et intérêts,

Reconnaissant la nécessité urgente de respecter et de promouvoir les droits intrinsèques des peuples autochtones qui découlent de leurs structures politiques, économiques et sociales et de leur culture, de leurs traditions spirituelles, de leur histoire et de leur philosophie, en particulier leurs droits à leurs terres, territoires et ressources,

Reconnaissant en outre la nécessité urgente de respecter et de promouvoir les droits des peuples autochtones affirmés dans les traités, accords et autres arrangements constructifs conclus avec les États,

Se félicitant du fait que les peuples autochtones s'organisent pour améliorer leur situation sur les plans politique, économique, social et culturel et mettre fin à toutes les formes de discrimination et d'oppression partout où elles se produisent,

Convaincue que le contrôle par les peuples autochtones des événements qui les concernent, eux et leurs terres, territoires et ressources, leur permettra de renforcer leurs institutions, leur culture et leurs traditions et de promouvoir leur développement selon leurs aspirations et leurs besoins,

Reconnaissant aussi que le respect des savoirs, des cultures et des pratiques traditionnelles autochtones contribue à une mise en valeur durable et équitable de l'environnement et à sa bonne gestion,

Soulignant la contribution de la démilitarisation des terres et territoires des peuples autochtones à la paix, au progrès économique et social et au développement, à la compréhension et aux relations amicales entre les nations et les peuples du monde,

Reconnaissant en particulier le droit des familles et des communautés autochtones de conserver la responsabilité partagée de l'éducation, de la formation, de l'instruction et du bien-être de leurs enfants, conformément aux droits de l'enfant,

Reconnaissant aussi que les peuples autochtones ont le droit de déterminer librement leurs rapports avec les États, dans un esprit de coexistence, d'intérêt mutuel et de plein respect,

Considérant que les droits affirmés dans les traités, accords et arrangements constructifs entre les États et les peuples autochtones sont, dans certaines situations, des sujets de préoccupation, d'intérêt, de responsabilité et de caractère internationaux,

Considérant également que les traités, accords et autres arrangements constructifs, et les relations qu'ils représentent, sont la base d'un partenariat renforcé entre les peuples autochtones et les États,

Reconnaissant que la Charte des Nations Unies, le Pacte international relatif aux droits économiques, sociaux et culturels et le Pacte international relatif aux droits civils et politiques affirment l'importance fondamentale du droit de tous les peuples de disposer d'eux-mêmes, droit en vertu duquel ils déterminent librement leur statut politique et assurent librement leur développement économique, social et culturel,

Considérant qu'aucune disposition de la présente Déclaration ne pourra être invoquée pour dénier à un peuple quel qu'il soit son droit à l'autodétermination, exercé conformément au droit international,

Convaincue que la reconnaissance des droits des peuples autochtones dans la présente Déclaration encouragera des relations harmonieuses et de coopération entre les États et les peuples autochtones, fondées sur les principes de justice, de démocratie, de respect des droits de l'homme, de non-discrimination et de bonne foi,

Encourageant les États à respecter et à mettre en œuvre effectivement toutes leurs obligations applicables aux peuples autochtones en vertu des instruments internationaux, en particulier ceux relatifs aux droits de l'homme, en consultation et en coopération avec les peuples concernés,

Soulignant que l'Organisation des Nations Unies a un rôle important et continu à jouer dans la promotion et la protection des droits des peuples autochtones,

Convaincue que la présente Déclaration est une nouvelle étape importante sur la voie de la reconnaissance, de la promotion et de la protection des droits et libertés des peuples autochtones et dans le développement des activités pertinentes du système des Nations Unies dans ce domaine,

Reconnaissant et réaffirmant que les autochtones ont droit sans discrimination à tous les droits de l'homme reconnus en droit international, et que les peuples autochtones ont des droits collectifs qui sont indispensables à leur existence, à leur bien-être et à leur développement intégral en tant que peuples,

Proclame solennellement la Déclaration des Nations Unies sur les droits des peuples autochtones dont le texte suit, qui constitue un idéal à atteindre dans un esprit de partenariat et de respect mutuel,

Article premier

Les peuples autochtones ont le droit, à titre collectif ou individuel, de jouir pleinement de l'ensemble des droits de l'homme et des libertés fondamentales reconnus par la Charte des Nations Unies, la Déclaration universelle des droits de l'homme et le droit international des droits de l'homme.

Article 2

Les autochtones, individus et peuples, sont libres et égaux à tous les autres et ont le droit de ne faire l'objet d'aucune forme de discrimination dans l'exercice de leurs droits fondé, en particulier, sur leur origine ou leur identité autochtones.

Article 3

Les peuples autochtones ont le droit à l'autodétermination. En vertu de ce droit, ils déterminent librement leur statut politique et recherchent librement leur développement économique, social et culturel.

Article 4

Les peuples autochtones, dans l'exercice de leur droit à l'autodétermination, ont le droit d'être autonomes et de s'administrer eux-mêmes pour tout ce qui touche à leurs affaires intérieures et locales, ainsi que de disposer de voies et moyens de financer leurs activités autonomes.

Article 5

Les peuples autochtones ont le droit de maintenir et de renforcer leurs institutions politiques, juridiques, économiques, sociales et culturelles distinctes, tout en conservant le droit, si tel est leur choix, de participer pleinement à la vie politique, économique, sociale et culturelle de l'État.

Article 6

Tout autochtone a droit à une nationalité.

Article 7

1. Les autochtones ont droit à la vie, à l'intégrité physique et mentale, à la liberté et à la sécurité de la personne.

2. Les peuples autochtones ont le droit, à titre collectif, de vivre dans la liberté, la paix et la sécurité en tant que peuples distincts et ne font l'objet d'aucun acte de génocide ou autre acte de violence, y compris le transfert forcé d'enfants autochtones d'un groupe à un autre.

Article 8

1. Les autochtones ont le droit, en tant que peuple et en tant qu'individus, de ne pas être soumis à l'assimilation forcée ou à la destruction de leur culture.

2. Les États mettent en place des mécanismes de réparation efficaces visant :

a) Tout acte ayant pour but ou pour effet de les priver de leur intégrité en tant que peuples distincts ou de leurs valeurs culturelles ou identité ethnique ;

b) Tout acte ayant pour but ou pour effet de les déposséder de leurs terres, territoires ou ressources ;

c) Toute forme de transfert forcé de population ayant pour but ou pour effet de violer ou d'éroder l'un quelconque de leurs droits ;

d) Toute forme d'assimilation ou d'intégration forcée à d'autres cultures ou modes de vie imposée par des mesures législatives, administratives ou autres ; et

e) Toute forme de propagande dirigée contre eux dans le but d'encourager la discrimination raciale ou ethnique ou d'y inciter.

Article 9

Les autochtones ont le droit, en tant que peuples et en tant qu'individus, d'appartenir à une communauté ou à une nation autochtone, conformément aux traditions et coutumes de la communauté ou de la nation considérée. Aucune discrimination quelle qu'elle soit ne saurait résulter de l'exercice de ce droit.

Article 10

Les peuples autochtones ne peuvent être séparés par la force de leurs terres ou territoires. Aucune réinstallation ne peut avoir lieu sans le consentement libre, préalable et éclairé des peuples autochtones concernés et un accord sur une indemnisation juste et équitable et, lorsque cela est possible, la faculté de retour.

Article 11

1. Les peuples autochtones ont le droit d'observer et de revivifier leurs traditions culturelles et leurs coutumes. Ils ont notamment le droit de conserver, protéger et développer les manifestations passées, présentes et futures de leur culture, telles que les sites archéologiques et historiques, l'artisanat, les dessins et modèles, les rites, les techniques, les arts visuels et du spectacle et la littérature.
2. Les États doivent accorder réparation par le biais de mécanismes efficaces, y compris en matière de restitution, mis au point en concertation avec les peuples autochtones, en ce qui concerne les biens culturels, intellectuels, religieux et spirituels qui leur ont été pris sans leur consentement libre, préalable et éclairé, ou en violation de leurs lois, traditions et coutumes.

Article 12

1. Les peuples autochtones ont le droit de manifester, pratiquer, promouvoir et enseigner leurs traditions, coutumes et rites religieux et spirituels ; le droit d'entretenir et de protéger leurs sites religieux et culturels et d'y avoir accès en privé ; le droit d'utiliser leurs objets rituels et d'en disposer ; et le droit au rapatriement de leurs restes humains.
2. Les États veillent à permettre l'accès aux objets et restes humains en leur possession et/ou leur rapatriement par le biais de mécanismes justes, transparents et efficaces mis au point en concertation avec les peuples autochtones concernés.

Article 13

1. Les peuples autochtones ont le droit de revivifier, d'utiliser, de développer et de transmettre aux générations futures leur histoire, leur langue, leurs traditions orales, leur philosophie, leur système

d'écriture et leur littérature, ainsi que de choisir et de conserver leurs propres noms pour les communautés, les lieux et les personnes.

2. Les États prennent des mesures efficaces pour protéger ce droit et faire en sorte que les peuples autochtones puissent comprendre les procédures politiques, juridiques et administratives et y être compris, en fournissant, si nécessaire, des services d'interprétation ou d'autres moyens appropriés.

Article 14

1. Les peuples autochtones ont le droit d'établir et de contrôler leurs propres systèmes et établissements scolaires où l'enseignement est dispensé dans leur propre langue, d'une manière adaptée à leurs méthodes culturelles d'enseignement et d'apprentissage.

2. Les autochtones, en particulier les enfants, ont le droit d'accéder sans discrimination à tous les niveaux et à toutes les formes d'enseignement public.

3. Les États, en concertation avec les peuples autochtones, prennent des mesures efficaces pour que les autochtones, en particulier les enfants autochtones vivant à l'extérieur de leur communauté, puissent accéder, lorsque cela est possible, à un enseignement dispensé selon leur propre culture et dans leur propre langue.

Article 15

1. Les peuples autochtones ont droit à ce que l'enseignement et l'information publics reflètent fidèlement la dignité et la diversité de leurs cultures, de leurs traditions, de leur histoire et de leurs aspirations.

2. Les États prennent des mesures efficaces, en concertation avec les peuples autochtones concernés, pour combattre les préjugés et éliminer la discrimination et pour promouvoir la tolérance, la compréhension et de bonnes relations entre les peuples autochtones et toutes les autres composantes de la société.

Article 16

1. Les peuples autochtones ont le droit d'établir leurs propres médias dans leur propre langue et d'accéder à toutes les formes de médias non autochtones sans discrimination.

2. Les États prennent des mesures efficaces pour faire en sorte que les médias publics reflètent dûment la diversité culturelle

autochtone. Les États, sans préjudice de l'obligation d'assurer pleinement la liberté d'expression, encouragent les médias privés à refléter de manière adéquate la diversité culturelle autochtone.

Article 17

1. Les autochtones, individus et peuples, ont le droit de jouir pleinement de tous les droits établis par le droit du travail international et national applicable.

2. Les États doivent, en consultation et en coopération avec les peuples autochtones, prendre des mesures visant spécifiquement à protéger les enfants autochtones contre l'exploitation économique et contre tout travail susceptible d'être dangereux ou d'entraver leur éducation ou de nuire à leur santé ou à leur développement physique, mental, spirituel, moral ou social, en tenant compte de leur vulnérabilité particulière et de l'importance de l'éducation pour leur réussite.

3. Les autochtones ont le droit de n'être soumis à aucune condition de travail discriminatoire, notamment en matière d'emploi ou de rémunération.

Article 18

Les peuples autochtones ont le droit de participer à la prise des décisions qui peuvent avoir des incidences sur leurs droits, par l'intermédiaire de représentants qu'ils ont eux-mêmes choisis conformément à leurs propres procédures, ainsi que le droit de conserver et de développer leurs propres institutions décisionnelles.

Article 19

Les États se concertent et coopèrent de bonne foi avec les peuples autochtones, par l'intermédiaire de leurs propres institutions représentatives, en vue d'obtenir leur consentement libre, préalable et éclairé avant d'adopter et d'appliquer des mesures législatives susceptibles de les concerner.

Article 20

1. Les peuples autochtones ont le droit de conserver et de développer leurs systèmes ou institutions politiques, économiques et sociaux, de jouir en toute sécurité de leurs propres moyens de subsistance et de développement et de se livrer librement à toutes leurs activités économiques, traditionnelles et autres.

2. Les peuples autochtones privés de leurs moyens de subsistance et de développement ont droit à une indemnisation juste et équitable.

Article 21

1. Les peuples autochtones ont droit, sans discrimination, à l'amélioration de leur situation économique et sociale, notamment dans les domaines de l'éducation, de l'emploi, de la formation et de la reconversion professionnelle, du logement, de l'assainissement, de la santé et de la sécurité sociale.

2. Les États prennent des mesures efficaces et, selon qu'il conviendra, des mesures spéciales pour assurer une amélioration continue de la situation économique et sociale des peuples autochtones. Une attention particulière est accordée aux droits et aux besoins particuliers des anciens, des femmes, des jeunes, des enfants et des personnes handicapées autochtones.

Article 22

1. Une attention particulière est accordée aux droits et besoins spéciaux des anciens, des femmes, des jeunes, des enfants et des personnes handicapées autochtones dans l'application de la présente Déclaration.

2. Les États prennent des mesures, en concertation avec les peuples autochtones, pour veiller à ce que les femmes et les enfants jouissent de la protection et des garanties voulues contre toutes les formes de violence et de discrimination.

Article 23

Les peuples autochtones ont le droit de définir et d'élaborer des priorités et des stratégies en vue d'exercer leur droit au développement. En particulier, ils ont le droit d'être activement associés à l'élaboration et à la définition des programmes de santé, de logement et autres programmes économiques et sociaux les concernant, et, autant que possible, de les administrer par l'intermédiaire de leurs propres institutions.

Article 24

1. Les peuples autochtones ont droit à leur pharmacopée traditionnelle et le droit de conserver leurs pratiques médicales, y compris de préserver leurs plantes médicinales, les animaux et les minéraux d'intérêt vital. Les autochtones ont aussi le droit d'avoir accès, sans aucune discrimination, à tous les services sociaux et de santé.

2. Les autochtones ont le droit, en toute égalité, de jouir du meilleur état possible de santé physique et mentale. Les États prennent

les mesures nécessaires en vue d'assurer progressivement la complète réalisation de ce droit.

Article 25

Les peuples autochtones ont le droit de conserver et de renforcer leurs liens spirituels particuliers avec les terres, territoires, eaux fluviales et côtières et autres ressources qu'ils occupent et utilisent traditionnellement, et d'assumer leurs responsabilités en la matière à l'égard des générations futures.

Article 26

1. Les peuples autochtones ont le droit aux terres, territoires et ressources qu'ils possèdent et occupent traditionnellement ou qu'ils ont utilisés ou acquis.
2. Les peuples autochtones ont le droit de posséder, d'utiliser, de mettre en valeur et de contrôler les terres, territoires et ressources qu'ils possèdent parce qu'ils leur appartiennent ou qu'ils les occupent ou les utilisent traditionnellement, ainsi que ceux qu'ils ont acquis.
3. Les États accordent reconnaissance et protection juridiques à ces terres, territoires et ressources. Cette reconnaissance se fait en respectant dûment les coutumes, traditions et régimes fonciers des peuples autochtones concernés.

Article 27

Les États mettront en place et appliqueront, en concertation avec les peuples autochtones concernés, un processus équitable, indépendant, impartial, ouvert et transparent reconnaissant dûment les lois, traditions, coutumes et régimes fonciers des peuples autochtones, pour reconnaître les droits des peuples autochtones en ce qui concerne leurs terres, leurs territoires et leurs ressources, y compris ceux qu'ils possèdent, occupent ou utilisent traditionnellement, et statuer sur ces droits. Les peuples autochtones auront le droit de participer à ce processus.

Article 28

1. Les peuples autochtones ont droit à réparation, y compris sous la forme d'une restitution ou, lorsque cela n'est pas possible, d'une indemnisation juste, correcte et équitable pour les terres, territoires et ressources qu'ils possédaient traditionnellement ou occupaient ou utilisaient et qui ont été confisqués, occupés, exploités ou dégradés sans leur consentement libre, préalable et éclairé.

2. Sauf si les peuples concernés en décident librement autrement, l'indemnisation se fait sous forme de terres, de territoires et de ressources équivalents par leur qualité, leur étendue et leur régime juridique ou d'une indemnité pécuniaire, ou autre forme appropriée de réparation.

Article 29

1. Les peuples autochtones ont droit à la préservation et à la protection de leur environnement et de la capacité de production de leurs terres ou territoires et ressources. Les États établissent et mettent en œuvre, sans discrimination, les programmes de conservation et de protection destinés aux peuples autochtones.

2. Les États prennent des mesures efficaces pour veiller à ce qu'aucune matière dangereuse ne soit stockée ou déchargée sur les terres ou territoires des peuples autochtones sans leur consentement libre, préalable et éclairé.

3. Les États prennent aussi, selon que de besoin, des mesures efficaces pour veiller à ce que des programmes de surveillance, de prévention et de soins destinés aux peuples autochtones affectés par ces matières, et conçus et exécutés par eux, soient dûment mis en œuvre.

Article 30

1. Il ne peut y avoir d'activités militaires sur les terres ou territoires des peuples autochtones, à moins que ces activités ne soient justifiées par une menace importante contre l'intérêt public ou qu'elles n'aient été librement décidées en accord avec les peuples autochtones concernés, ou demandées par ces derniers.

2. Les États engagent des consultations effectives avec les peuples autochtones concernés, par les procédures appropriées et en particulier, par l'intermédiaire de leurs institutions représentatives, avant d'utiliser leurs terres et territoires pour des activités militaires.

Article 31

1. Les peuples autochtones ont le droit de préserver, de contrôler, de protéger et de développer leurs patrimoines culturels, leur savoir traditionnel et leurs expressions culturelles traditionnelles ainsi que les manifestations de leurs sciences, techniques et cultures, y compris leurs ressources humaines et génétiques, leurs semences, leur pharmacopée, leur connaissance des propriétés de la faune et de la flore, leurs traditions orales, leur littérature, leur esthétique, leurs sports et leurs jeux traditionnels et leurs arts visuels et du spectacle. Ils ont également le droit de préserver, de contrôler, de protéger et de

développer leur propriété intellectuelle collective de ce patrimoine culturel, ce savoir traditionnel et ces expressions culturelles traditionnelles.

2. En concertation avec les peuples autochtones, les États prennent des mesures efficaces pour reconnaître et protéger l'exercice de ces droits.

Article 32

1. Les peuples autochtones ont le droit de définir et d'élaborer des priorités et des stratégies pour la mise en valeur et l'utilisation de leurs terres ou territoires et autres ressources.

2. Les États consultent les peuples autochtones concernés et coopèrent avec eux de bonne foi par l'intermédiaire de leurs propres institutions représentatives, en vue d'obtenir leur consentement libre et éclairé, avant l'approbation de tout projet ayant des incidences sur leurs terres ou territoires et autres ressources, notamment en ce qui concerne la mise en valeur, l'utilisation ou l'exploitation de leurs ressources minérales, hydriques ou autres.

3. Les États mettent en place des mécanismes de réparation justes et équitables pour toute activité de cette nature, et des mesures sont prises pour en atténuer les effets néfastes sur les plans environnemental, économique, social, culturel ou spirituel.

Article 33

1. Les peuples autochtones ont le droit de choisir leur propre identité ou appartenance conformément à leurs coutumes et traditions, sans préjudice du droit de leurs membres d'obtenir, à titre individuel, la citoyenneté de l'État dans lequel ils vivent.

2. Les peuples autochtones ont le droit de déterminer les structures de leurs institutions et d'en choisir les membres selon leurs propres procédures.

Article 34

Les peuples autochtones ont le droit de promouvoir, développer et conserver leurs structures institutionnelles et leurs coutumes, spiritualité, traditions, procédures ou pratiques particulières et, lorsqu'ils existent, leurs systèmes ou coutumes juridiques, en conformité avec les normes internationales relatives aux droits de l'homme.

Article 35

Les peuples autochtones ont le droit de déterminer les responsabilités des individus envers leur communauté.

Article 36

1. Les peuples autochtones, en particulier ceux qui vivent de part et d'autre de frontières internationales, ont le droit d'entretenir et de développer, à travers ces frontières, des contacts, des relations et des liens de coopération avec leurs propres membres ainsi qu'avec les autres peuples, notamment des activités ayant des buts spirituels, culturels, politiques, économiques et sociaux.
2. Les États prennent, en consultation et en coopération avec les peuples autochtones, des mesures efficaces pour faciliter l'exercice et assurer l'application de ce droit.

Article 37

1. Les peuples autochtones ont droit à ce que les traités, accords et autres arrangements constructifs conclus avec les États ou leurs successeurs soient reconnus, honorés, respectés et appliqués par les États.
2. Aucune disposition de la présente Déclaration ne peut être interprétée de manière à diminuer ou à nier les droits des peuples autochtones énoncés dans des traités, accords et arrangements constructifs.

Article 38

Les États prennent, en consultation et en coopération avec les peuples autochtones, les mesures appropriées, y compris législatives, pour atteindre les buts de la présente Déclaration.

Article 39

Les peuples autochtones ont le droit d'avoir accès à une assistance financière et technique fournie par les États et par le biais de la coopération internationale, pour jouir des droits énoncés dans la présente Déclaration.

Article 40

Les peuples autochtones ont le droit d'avoir accès à des procédures justes et équitables pour le règlement des conflits et des différends avec les États et à une décision rapide en la matière, ainsi qu'à des voies de recours utiles pour toutes violations de leurs droits individuels et collectifs. Toute décision prend dûment en considération les coutumes, traditions, règles et systèmes juridiques des peuples autochtones concernés et du droit international des droits de l'homme.

Article 41

Les organes et les institutions spécialisées du système des Nations Unies et autres organisations intergouvernementales contribuent à la pleine mise en œuvre des dispositions de la présente Déclaration par la mobilisation, entre autres, de la coopération financière et de l'assistance technique. Les moyens d'assurer la participation des peuples autochtones à l'examen des questions les concernant doivent être mis en place.

Article 42

L'Organisation des Nations Unies, ses organes, en particulier l'Instance permanente sur les questions autochtones, les institutions spécialisées, notamment au niveau des pays, et les États favorisent le respect et la pleine application des dispositions de la présente Déclaration et en suivent l'application effective.

Article 43

Les droits reconnus dans la présente Déclaration constituent les normes minimales nécessaires à la survie, à la dignité et au bien-être des peuples autochtones du monde.

Article 44

Tous les droits et libertés reconnus dans la présente Déclaration sont garantis de la même façon à tous les autochtones, hommes et femmes.

Article 45

Aucune disposition de la présente Déclaration ne peut être interprétée comme entraînant la diminution ou l'extinction de droits que les peuples autochtones ont déjà ou sont susceptibles d'acquérir à l'avenir.

Article 46

1. Aucune disposition de la présente Déclaration ne peut être interprétée comme impliquant pour un État, un peuple, un groupement ou un individu un droit quelconque de se livrer à une activité ou d'accomplir un acte contraire à la Charte des Nations Unies.
2. Dans l'exercice des droits énoncés dans la présente Déclaration, les droits de l'homme et les libertés fondamentales de tous sont respectés. L'exercice des droits énoncés dans la présente Déclaration n'est soumis qu'aux seules restrictions prévues par la loi, conformément aux obligations internationales relatives aux droits de

l'homme. Toute restriction de cette nature sera non discriminatoire et strictement nécessaire, exclusivement en vue d'assurer la reconnaissance et le respect des droits et libertés d'autrui et de satisfaire aux exigences justes et les plus impératives d'une société démocratique.

3. Les dispositions énoncées dans la présente Déclaration seront interprétées conformément aux principes de justice, de démocratie, de respect des droits de l'homme, d'égalité, de non-discrimination, de bonne gouvernance et de bonne foi.

Nations-Unies, Instance Permanente sur les Questions autochtones
9e et 10e séances – matin et après-midi, 16 mai 2003

LES PEUPLES AUTOCHTONES REVENDIQUENT LA RECONNAISSANCE DE LEURS SAVOIRS TRADITIONNELS POUR GÉRER L'ENVIRONNEMENT

À l'issue de sa première semaine de travaux, l'Instance permanente sur les questions autochtones a entendu vendredi les préoccupations des communautés sur l'environnement : l'industrie minière et pétrolière polluante, les manipulations génétiques de semences et leurs conséquences sur la biodiversité des terres autochtones et les modes de production et d'alimentation traditionnels.

Au-delà de la dénonciation, illustrée par de nombreux exemples concrets, s'est manifesté le souci de l'héritage à léguer aux générations futures : les représentants autochtones qui se sont exprimés ont revendiqué le droit à la maîtrise de leur environnement, de leurs territoires et de leurs ressources, fondée sur leurs connaissances ancestrales et leurs pratiques traditionnelles pour lesquelles ils ont réclamé un cadre juridique.

Le développement des activités minières a souvent entravé le développement économique des communautés autochtones, a expliqué une de leurs représentantes péruviennes : les mines traditionnelles ont été privées de leurs revenus et les systèmes fluviaux pollués. Les grands projets de barrage ou d'aménagement touristique ont détourné les fleuves, noyé à jamais des sites sacrés ou transformé des territoires riches en zones arides. Le représentant de plusieurs communautés mésoaméricaines au sein de la Fondation pour la promotion des connaissances autochtones a ainsi souligné que ces populations vivent souvent dans la pauvreté extrême en dépit de la richesse de leurs terres.

L'autre préoccupation exprimée de façon récurrente avait trait à l'agriculture : l'Alliance mondiale des peuples autochtones des forêts tropicales a indiqué qu'avec la multiplication des organismes génétiquement modifiés, la biodiversité disparaissait et les savoirs ancestraux étaient oubliés. À l'inverse, deux orateurs venus du Brésil ont raconté comment les 11 à 12 % du territoire national garantis comme territoires autochtones avaient été mieux préservés du déboisement et de la désertification : les autochtones sont peut-être plus modernes dans leurs enseignements traditionnels que tous les enseignements modernes, a fait valoir l'un d'eux.

À ce titre, les représentants des peuples autochtones ont estimé que la reconnaissance de leur droit à l'autodétermination, le respect et la reconnaissance de leurs cultures et de leur vision du monde sont leurs seules garanties pour l'avenir de leurs enfants et la protection de leurs ressources naturelles. Ils ont donc réclamé un cadre juridique et éthique protégeant leurs droits sur leurs terres ancestrales, reconnaissant également l'apport des savoirs traditionnels pour la gestion de l'environnement.

Ils ont demandé à l'Instance d'aider à la mise en place de programmes et de mécanismes soulignant la responsabilité des industries et intégrant la notion de dommage culturel et de veiller à ce que les États consultent les peuples autochtones avant d'élaborer lois et programmes qui les concernent. Ils l'ont appelée à travailler avec les organismes qui traitent des connaissances traditionnelles afin qu'ils puissent se coordonner avec les organismes de l'ONU. Le représentant d'un Réseau environnemental autochtone du Nouveau-Mexique a aussi demandé à l'Instance d'appuyer l'organisation d'une conférence mondiale défendant les droits des peuples autochtones, dans le cadre du suivi de la Déclaration de Kimberley d'août 2002.

La représentante du Fonds international pour le développement agricole (FIDA) a confirmé que lorsque les droits de propriété ne sont pas reconnus, les risques de marginalisation sont accrus et elle a assuré que le Fonds cherchait de son côté à promouvoir une meilleure utilisation des ressources et des savoirs autochtones, en matière notamment de gestion des écosystèmes et de médecine traditionnelle.

Le Président a par ailleurs donné lecture d'une lettre adressée par l'Instance au Président du Conseil de sécurité concernant le sort des populations pygmées de République démocratique du Congo, demandant à pouvoir le rencontrer à ce sujet dans le cours de cette deuxième session.

La deuxième session de l'Instance permanente sur les questions autochtones poursuivra ses travaux lundi 19 mai à 10h00 avec l'examen des questions de santé.

LES PEUPLES AUTOCHTONES ET LE DÉVELOPPEMENT DURABLE

LA DÉCLARATION DE KIMBERLEY

Territoire Khoi-San
Kimberley, Afrique du Sud, 20-23 août 2002

Nous, les Peuples autochtones, marchons vers le futur dans les traces de nos ancêtres.

(Déclaration de Kari-Oca, Brésil, 30 mai 1992)

Nous les Peuples autochtones de tous les continents, rassemblés ici, réaffirmons la Déclaration de Kari-Oca et la Charte de la Terre des Peuples autochtones. Nous réaffirmons nos déclarations précédentes sur la pérennisation humaine et environnementale. *

Depuis 1992, les écosystèmes de la terre ont évolué en se détériorant. Nous sommes en crise. Nous sommes dans une spirale de changement climatique qui s'accélère.

Aujourd'hui, nous réaffirmons notre lien à la Terre Mère et la responsabilité que nous avons dans le soutien de la paix, l'équité et la justice pour les générations à venir. Nous continuons à poursuivre les engagements donnés au Sommet de la Terre, repris dans la déclaration politique et le plan d'action qui l'accompagne. Les engagements qui ont été donnés aux Peuples autochtones dans le Programme 21, impliquant notre participation pleine et effective, n'ont pas été mis en application à cause d'un manque de volonté politique.

En tant que peuples, nous réaffirmons nos droits à l'autodétermination et au droit de détenir, contrôler et exploiter les terres et territoires de nos ancêtres. Nos terres et nos territoires sont au cœur de notre existence — nous sommes les terres et les terres sont nous ; nous avons un lien indéniable, spirituel et matériel avec nos terres et nos territoires, et ils sont liés de façon inextricable à notre survie et à la préservation du développement futur de nos systèmes de connaissances et de nos cultures, de nos méthodes de conservation et de maintien de la diversité biologique et du management de l'écosystème.

Nous avons le droit de déterminer et d'établir les priorités et les stratégies pour notre développement par nous-mêmes, et pour l'utilisation de nos terres et de nos territoires et autres ressources.

Nous sommes les peuples d'origine, attachés à la terre par notre cordon ombilical et la poussière de nos ancêtres. Nos lieux sacrés exigent le plus grand respect. Troubler ce qui reste de nos familles et nos aînés est une profanation de la plus grande ampleur et constitue une violation grave de nos droits de l'homme. Nous appelons au rapatriement de tous les restes humains Khoin San actuellement conservés dans les musées et autres institutions par le monde, ainsi que les restes humains de tous les autres Peuples autochtones. Nous maintenons les droits à nos sites sacrés et rituels, aux restes de nos ancêtres, y compris l'accès aux cimetières, aux sites archéologiques et historiques.

L'acceptation nationale, régionale et internationale et la reconnaissance des Peuples autochtones sont essentielles pour la réalisation du maintien humain et environnemental. Notre système de connaissances traditionnelles doit être respecté, promu et protégé ; nos droits collectifs de propriété intellectuelle doivent être garantis et assurés. Notre connaissance traditionnelle ne relève pas du domaine public ; c'est une propriété collective, culturelle et intellectuelle, protégée par notre loi coutumière. L'utilisation non autorisée et le détournement de la connaissance traditionnelle sont du vol.

La globalisation économique constitue l'un des principaux obstacles à la reconnaissance des droits des Peuples autochtones. Les corporations transnationales et les pays industrialisés imposent leur programme global lors des négociations et accords du système des Nations Unies, la Banque Mondiale, le Fonds Monétaire International, l'Organisation du Commerce Mondial et autres organisations qui réduisent les droits contenus dans les constitutions des nations et dans les conventions et accords internationaux. Les modèles non durables d'extraction, de récolte, de production et de consommation conduisent à un changement climatique, à une pollution galopante et à la destruction de l'environnement, nous chassant de nos terres et créant un taux considérable de pauvreté et de maladie.

Nous sommes profondément inquiets des activités des corporations minières multinationales sur les terres autochtones qui ont conduit à la perte et à l'enlaidissement de nos terres, comme on peut le voir ici sur le territoire Khoi San. Ces activités ont entraîné d'immenses problèmes de santé, ont gêné l'accès et l'occupation de nos sites sacrés, détruit et réduit la Terre Mère, et ont sapé nos cultures.

Peuples autochtones, nos terres et nos territoires ne sont pas des cibles de développement pour le tourisme. Nous avons des droits et des responsabilités vis-à-vis de nos terres et de nos territoires. Nous sommes responsables de la défense de nos terres, nos territoires et des peuples autochtones contre l'exploitation du tourisme par les gouvernements, les agences de développement, les entreprises privées, les ONG et les particuliers.

Reconnaissant le rôle vital que jouent l'élevage nomade et la chasse-cueillette parmi les moyens d'existence de nombreux Peuples autochtones, nous poussons les états à reconnaître, accepter, supporter et investir dans l'élevage nomade et la chasse-cueillette, en tant que système économique viable et durable.

Nous réaffirmons les droits de nos peuples, nations et communautés, de nos femmes, nos hommes, nos aînés et les plus jeunes à avoir un bien-être physique, mental, social et spirituel.

Nous sommes déterminés à assurer la participation égalitaire de tous les Peuples indigènes du monde entier, pour tout ce qui concerne la planification d'un futur durable, incluant les femmes, les hommes, les aînés et les plus jeunes. Un accès égalitaire aux ressources est indispensable pour réaliser cette participation.

Nous recommandons aux Nations Unies de promouvoir le respect pour la reconnaissance, l'observance et l'application de traités, d'accords et autres arrangements constructifs conclus entre les Peuples autochtones et les États, ou leurs successeurs, selon l'esprit et l'intention d'origine, et de faire honorer et respecter par les États de tels traités, accords et autres arrangements constructifs.

Le langage est la voix de nos ancêtres depuis l'origine des temps. La protection, la stabilisation et le développement de notre langage sont des sujets d'extrême urgence. Le langage est une partie de l'âme de nos nations, de notre être et le chemin vers le futur.

Dans l'hypothèse de l'établissement de partenariats pour acquérir une durabilité humaine et environnementale, ces partenariats doivent être établis en respectant les principes suivants : nos droits à la terre et à l'autodétermination, honnêteté, transparence et bonne confiance, consensus libre, préalable et bien informé, respect et reconnaissance de nos cultures, langages et croyances spirituelles.

Nous nous réjouissons de l'établissement du Forum Permanent des Nations Unies sur les questions autochtones et encourageons les Nations Unies à obtenir tout le support nécessaire tant politique qu'institutionnel et financier de telle sorte que cela puisse fonctionner effectivement selon son mandat, conforme à la Résolution E/2000/22 de l'ECOSOC. Nous soutenons la poursuite des Groupes de Travail des Nations Unies sur les Populations autochtones, en nous appuyant sur l'importance de son mandat visant à établir des standards internationaux sur les droits des Peuples autochtones.

Nous demandons une Conférence Mondiale sur les Peuples autochtones et le Développement Durable comme le point fort de la Décennie Internationale des Nations Unies pour les Peuples autochtones du Monde entier (1995-2004) et comme une suite concrète du Sommet Mondial sur le Développement Durable.

Nous continuons à nous rencontrer dans l'esprit de l'unité inspirée par les peuples de Khoi-San et leur hospitalité. Nous réaffirmons notre solidarité mutuelle comme Peuples autochtones du monde dans notre lutte pour une

Le représentant de l'Indonésie insisté sur la protection des écosystèmes, car l'environnement pour les populations autochtones a une importance fondamentale : quand il est détruit, elles perdent leur passage vers un monde viable. Il a donc réaffirmé son appui aux engagements contenus dans la Déclaration de Johannesburg relative aux populations autochtones et a soutenu l'idée d'un sommet sur les populations autochtones et le développement durable. Il a encouragé l'Instance permanente sur les questions autochtones à traduire les documents pertinents dans les langues autochtones et à les diffuser auprès des communautés autochtones ; il a également prôné une enquête sur le savoir-faire des autochtones en matière de protection de l'environnement et a demandé à l'Instance de promouvoir l'association des populations autochtones aux délibérations sur le développement durable.

La **Fundación para la Promoción de Canoc Indígena,** représentant des communautés méso-américaines, a rappelé que ces peuples sont classés parmi ceux qui vivent dans une pauvreté extrême en dépit des richesses et ressources de leurs territoires. Son représentant s'est déclaré préoccupé par les processus d'intégration et de mondialisation découlant des accords commerciaux et des accords passés dans le cadre de l'OMC, qui entraînent une baisse de qualité de vie pour les peuples autochtones. Il s'est opposé à plusieurs grands projets touristiques ou hydrographiques de la région maya :

la conception et l'application de tels projets doivent passer par le consentement préalable et libre et par la reconnaissance au droit à l'autodétermination. Il a également réclamé un cadre juridique protégeant les droits des autochtones sur leurs territoires et reconnaissant l'apport des connaissances traditionnelles dans la gestion de l'environnement. Enfin, il a appelé les États à adopter des mesures urgentes pour protéger les programmes agricoles menacés par le déboisement et la désertification des territoires autochtones.

Le délégué du **Conseil Saami** a rappelé que la région arctique abrite quelque 50 peuples autochtones. De nouvelles zones y ont été ouvertes à l'industrie pétrolière et gazière ; le climat très dur et la fragilité de ces territoires mettent ces peuples en danger et leurs droits sont oubliés. Le Conseil Saami entend coopérer avec le Conseil arctique, qui comprend des éléments prometteurs pour relever les défis sur une base régionale, a-t-il expliqué. Le Conseil Saami en fait partie et souhaite confronter son point de vue avec les autres peuples de la région. Il a souhaité des études sur le respect par les organes de l'ONU des principes fondamentaux et sur le consentement préalable des peuples autochtones et demandé que les résultats soient remis au Secrétariat de l'Instance.

Pour **Cordillera Peoples's Alliance**, le souci premier est le pillage des ressources naturelles et sa déléguée a plaidé pour des industries minières responsables ; ces industries ont entravé le développement économique des peuples autochtones, les mines traditionnelles ont été privées de leurs revenus et, en outre, les systèmes fluviaux ont été pollués par les déchets toxiques. Mais ce n'est que la partie visible de l'iceberg, selon elle : si les droits des peuples autochtones sur leurs territoires et leur droit à l'autodétermination ne sont pas reconnus, ces catastrophes se multiplieront. L'Instance permanente sur les questions autochtones doit donc développer des programmes et des mécanismes sur la responsabilité des industries et la compensation des communautés qui endurent les dommages engendrés par leurs activités.

Le représentant de **Peace Campaign Group** a expliqué que de nombreux groupes basent leurs croyances, leurs modes de vie et leurs traditions sur les forêts qui sont source de vie. Les peuples autochtones des collines du Bangladesh vivaient une vie prospère depuis des siècles jusqu'à ce que leur environnement soit devenu hostile, ce qui a aggravé non seulement leur dépendance envers le monde développé, mais également leur marginalisation. Nous avons été témoins de la militarisation de nos terres et de l'exploitation commerciale de nos forêts. De 1979 à 1984, le Gouvernement a tenté de procéder à un programme de transfert systématique des populations musulmanes, des centaines de milliers de personnes ayant alors dû abandonner la terre de leurs ancêtres. Le Gouvernement militaire du Bangladesh a créé un conseil de développement pour les peuples autochtones qui vise en réalité à les assimiler à la culture bangladaise. Le Gouvernement a utilisé des fonds de la Banque mondiale pour éliminer l'habitat des terres autochtones.

Mme VANDA ALTARELLI, Fonds international pour le développement agricole (FIDA), a expliqué que le Fonds se concentre sur l'élimination de la pauvreté dans les zones rurales avec la participation des populations pauvres elles-mêmes. Grâce à cette expérience de terrain, nos activités sont réellement fondées sur les aspirations des peuples pauvres, parmi elles les populations autochtones qui sont les plus pauvres parmi les pauvres. Les droits de propriété n'étant pas reconnus, les risques de marginalisation en sont accrus. Le Fonds cherche également à promouvoir une meilleure utilisation des ressources et savoirs autochtones en matière notamment de gestion des écosystèmes et de médecine traditionnelle.

Le représentant du **Conseil des Sages**, a dénoncé, au nom d'un collectif d'association, les destructions des monuments traditionnels au Nouveau-Mexique et la violation des lieux sacrés. La protection de ces lieux doit faire partie des travaux de l'Instance qui doit reconnaître comme un droit de l'homme l'enseignement de la religion et des croyances spirituelles, l'accès aux lieux spirituels et la protection des lieux sacrés. Nous demandons à l'Instance de reconnaître le droit des peuples autochtones à lutter contre des projets de développement nuisibles.

Le **Frente Indegenio Oaxaqueno and binacional**, qui défend les migrants et travailleurs agricoles autochtones originaires du Mexique en Californie, se soucie particulièrement de l'impact des produits pesticides sur la santé : ces polluants s'attachant en outre à leurs vêtements, ils touchent aussi les familles, femmes et enfants. Son délégué a demandé à l'Instance d'adopter les principes reconnus depuis 1989 d'interdire les termes péjoratifs pour qualifier ces personnes qui ont été obligées de quitter leur pays, de faire pression sur le gouvernement américain pour qu'il souscrive à ces principes établis par les conventions internationales, comme celle de l'OIT. L'Instance doit assumer une politique plus énergique en faveur des migrations des autochtones.

Au nom du **Caucus des populations autochtones pour le développement durable et la Fondation Tebtebba**, une représentante a recommandé à l'instance d'encourager les mises en œuvre concrètes des résultats des sommets-conférences pertinents sur les questions autochtones, d'inviter les organes des Nations Unies à œuvrer à la mise en œuvre des plans d'action de Johannesburg et Kimberley.

Pour la **Haudenosaunee Six Nations of Iroquois Confederacy of Turtle Island** (Amérique du Nord), la protection des connaissances traditionnelles et des ressources génétiques sont garanties par les propres lois de ces communautés que chacun doit respecter. Dans une communauté, les connaissances traditionnelles, le droit à l'autodétermination, le respect et la reconnaissance de la culture et de la vision du monde sont ses seules garanties pour l'avenir de ses enfants et la protection de ses ressources naturelles. La représentante a demandé à l'Instance de veiller à ce que les États consultent les peuples autochtones avant d'élaborer des lois et programmes qui les concernent ; qu'elle travaille avec les organismes qui traitent des connaissances traditionnelles pour qu'il y ait une coordination avec les organismes de l'ONU qui traitent de ces questions.

NAVIN RAI, de la Banque Mondiale a évoqué un examen en cours des conditions d'extraction minière par un département de la Banque ; plusieurs études ont été demandées au titre de cette enquête pour corriger l'idée selon laquelle beaucoup de projets miniers ont été réalisés depuis plusieurs années dont certains auraient eu un impact négatif sur les populations autochtones. Les données à disposition de la Banque ne confirment pas cette idée.

Reprenant la parole, Mme ALTARELLI, du FIDA, a précisé que son organisme était en train de mettre en place un groupe de politiques au sein de son Département des affaires extérieures, destinées à la coopération avec les populations autochtones et qui, une fois installé, pourra collaborer avec l'Instance.

Mme HENRIETTA MARRIE, Secrétariat de la Convention sur la diversité biologique, a expliqué que les questions relatives à la propriété intellectuelle des populations autochtones et au développement des mécanismes participatifs de leurs communautés sont à la base du travail du Secrétariat. Ces activités sont menées grâce à la collecte de fonds et à la diffusion d'informations. Nous menons à l'heure actuelle une étude sur les connaissances traditionnelles qui sera présentée en janvier 2004. Une réunion d'un groupe d'experts sur l'impact de la biogénétique sur l'environnement aura lieu prochainement.

Le représentant de l'**Association Awete Kaiwa** a fait état des conditions de vie désastreuses dans les favelas où de nombreuses communautés autochtones vivent désormais. Nous ne disposons plus de bois ou de nos herbes médicinales. Nous sommes arrivés au bout de nos possibilités et nous demandons à l'Instance de nous aider.

La représentante de l'**Association Halau Ku Mana** a expliqué que 20 % des sans-abri à Hawaï sont autochtones dont 14 % d'enfants. Elle a demandé à l'Instance d'approuver immédiatement le projet de déclaration sur les droits des peuples autochtones.

La représentante de **Caucus du Pacifique** a fait part de sa grande satisfaction au sujet des résultats des travaux de la première session de l'Instance permanente tout en regrettant que les informations relatives aux aspects administratifs et budgétaires n'aient pas été plus détaillées. Nous recommandons notamment que le Secrétariat de la Convention sur la biodiversité participe à nos travaux et que l'ECOSOC crée un groupe de travail chargé d'étudier des lignes directrices sur les questions portant sur l'environnement.

Le représentant de **Yachay Wasi** a rappelé que les ancêtres des communautés autochtones ont demandé aux générations futures de préserver la terre et l'équilibre naturel. Aujourd'hui pourtant, l'agriculture a pris un nouveau visage Les technologies émergentes dans le domaine des sciences de la vie, notamment de la biogénétique, vont modifier nos modes de pensée mêmes au XXIe siècle et mettre en péril les moyens de subsistance traditionnels des agriculteurs. Nous voulons pouvoir breveter nos ressources et en garder le contrôle. Le temps est également venu de réclamer le droit à l'autodétermination.

La représentante du **Centre universitaire d'études d'Hawaï**, une jeune femme de vingt ans, a expliqué que 100 000 hectares sont contrôlés par des militaires américains dont 56 % devaient être utilisés au profit du peuple hawaïen, mais ont été en fait pillés. Tous les sites culturels et les traditions sont piétinés par les militaires ; 45 lieux, contaminés, sont désormais toxiques et 400 dépôts toxiques devront être nettoyés à grands frais. Elle a donc demandé qu'Hawaï soit inscrite sur la liste des territoires à décoloniser.

Un délégué de l'association **ACRICAR**, qui représente les Lamas andins et d'autres peuples autochtones du Pérou, a exposé la discrimination notoire dont celles-ci sont l'objet dans ce pays, notamment dans les zones d'altitude, à plus de 3000 m au-dessus de la mer. Nombre d'entreprises minières usurpent les terres de ceux qui vivent de l'alpaga, éleveurs de lamas ou de vigognes. Certains lieux sont transformés en terres arides. Certaines communautés autochtones souffrent des politiques visant à éradiquer la coca au profit d'autres cultures. Il a recommandé à l'Instance de demander aux gouvernements de respecter les droits des territoires et peuples autochtones du Pérou et d'autres pays.

Pour l'**Association des femmes autochtones de la région du Pérou**, sa présidente a dénoncé les graves pollutions liées à l'industrie minière ; les femmes et les enfants autochtones de la région qui élèvent les alpagas sont affectés. Elle a demandé à l'Instance de prier le Gouvernement de cesser sa politique discriminatoire à leur égard.

Le représentant de l'**Institut de la propriété intellectuelle du Brésil** a rappelé que ce pays abrite 230 peuples et représente la plus grande diversité linguistique et culturelle de la Terre, mais ces peuples autochtones n'ont pas de représentation politique. Néanmoins, 12 % du territoire national ont été assurés comme terres autochtones. La science examine notre terre comme source de richesse, mais sans respecter nos traditions et nos cultures et sans tenir compte d'un partage possible de richesses, a-t-il dénoncé. Les autochtones sont peut-être pourtant les plus modernes, dans leurs enseignements traditionnels, que tous les enseignements modernes, a-t-il suggéré. Ils ont droit à une alimentation sans manipulation génétique, à vivre des médicaments qu'ils produisent. Le représentant a donc invité l'Instance à se rapprocher des peuples en venant tenir sa prochaine session au Brésil.

Le représentant du Brésil a déclaré que la reconnaissance des droits des peuples autochtones est l'un des principes du Brésil où plus de 11 % du territoire est réservé aux populations autochtones qui y vivent en permanence. Le défi est de faire respecter la loi pour qu'elle devienne une source de droit pour ces populations. L'obligation de créer des lignes de démarcation et de respecter les terres est essentielle au maintien de la biodiversité. La zone de forêt de pluie la plus importante se trouve en effet dans les zones autochtones de l'Amazonie. Nous devons promouvoir le principe du consentement préalable à tout projet sur les terres autochtones.

Le représentant de **Indigenous Environmental Network**du Nouveau-Mexique a demandé à l'Instance permanente d'organiser une conférence mondiale défendant les droits des peuples autochtones sur le suivi de la Déclaration de Kimberley d'août 2002. Nous réaffirmons notre droit à la terre avec laquelle nous avons un rapport spirituel. Le modèle de développement occidental a détruit des systèmes familiaux et d'alimentation qui nous avaient permis de vivre pendant des générations.

La représentante de l'**Alliance mondiale des peuples autochtones des forêts tropicales** a expliqué que les alliances entre communautés autochtones ont permis de pérenniser les connaissances traditionnelles et d'assurer leur sécurité alimentaire. Avec la multiplication des agents génétiquement modifiés, la biodiversité disparaît et les systèmes de savoir ancestraux sont oubliés. Les institutions des Nations Unies doivent allouer des fonds à la restauration de la biodiversité, reconnaître les droits des peuples autochtones à leurs domaines territoriaux ancestraux et sites sacrés, au contrôle de leurs ressources et enfin celui de participer au Congrès mondial des zones protégées. Nous demandons à l'Instance d'élaborer un cadre éthique, d'intégrer la notion de dommage culturel comme un élément des instruments juridiques visant à nous protéger, et de veiller à la cohésion entre les divers instruments relatifs aux peuples autochtones et à l'environnement. Il faudrait, dans le cadre de la Convention cadre des Nations Unies sur les changements climatiques, créer un groupe de travail sur les peuples autochtones.

Une représentante, s'exprimant au nom du **Réseau d'information autochtone et de l'Organisation des femmes africaines autochtones**, a expliqué que la désertification en Afrique s'accentue de jour en jour posant le problème de la survie des générations futures. La pression démographique, la mauvaise gouvernance, les activités des multinationales, les changements climatiques, l'effet de serre et les conséquences de la sécheresse sont catastrophiques pour les modes de vie nomades. Nous recommandons une amélioration des moyens de communication, la réalisation d'une étude sur les peuples autochtones et leur environnement, nous invitons les gouvernements africains à manifester davantage d'intérêt pour les peuples autochtones et à mettre un terme à la discrimination qui est exercée contre eux ; nous demandons aux institutions des Nations Unies de favoriser la participation des peuples africains aux débats relatifs à l'environnement.

Le représentant de la **Conférence polaire Inuit** a expliqué que cette communauté continue de dépendre en grande partie de la terre et des ressources marines pour l'alimentation. La couche de glace devient de plus en plus fine en raison du réchauffement de l'atmosphère et en 2004 une étude évaluera les changements climatiques dans la région du cercle polaire. En 2001, la Convention de Stockholm a tenté de limiter les émissions de polluants et nous invitons les États membres à ratifier ce texte.

La représentante du Danemark, au nom du Groenland, a expliqué que son Gouvernement avait créé un partenariat avec les organisations autochtones pour promouvoir le développement durable qui s'est concrétisé par l'organisation d'un atelier associant 43 organisations autochtones. Un plan d'action a été élaboré et une commission de planification a été créée. L'idée de base était de lancer des activités spécifiques et de faire rapport à l'Instance permanente. Il a été convenu de travailler aux questions suivantes : propriété intellectuelle, droits des peuples autochtones et leur inclusion dans le cadre d'une approche sectorielle.

Le représentant de **OPIAC ET AMAAI** au Brésil a expliqué que ces deux organisations travaillent à la gestion environnementale des terres autochtones, à la sensibilisation des jeunes autochtones, à la préservation et à l'utilisation durable des ressources naturelles. Nous nous heurtons à un problème grave de déforestation en raison de la surexploitation des forêts à la frontière du Brésil et du Pérou. La population augmente alors que les ressources s'amoindrissent du fait de leur mauvaise exploitation. Nous recommandons à l'Instance de tenter de promouvoir la gestion durable des terres sur la base d'une réelle coordination avec les organismes des Nations Unies. Nous aimerions qu'une étude soit menée sur la mise en œuvre du programme Agenda 21 par les communautés autochtones et que ces dernières soient associées à l'examen des questions écologiques.

Le représentant de l'**Association Habitatpro** du Pérou a développé l'idée du caractère sacré de la terre, de sa gestion et de sa survie. Selon lui, la mondialisation n'est que la poursuite du colonialisme, le néolibéralisme n'est qu'une façon de perpétrer l'exploitation. Les grandes entreprises pétrolières et forestières ont envahi les terres et anéanti leurs ressources ; la destruction des forêts a eu de graves conséquences sur la chasse et les cultures. L'invasion européenne dans les vallées andines a été dévastatrice pour l'environnement. Aujourd'hui l'Instance doit lutter pour que la déclaration sur les droits des peuples autochtones soit adoptée.

L'organisation **Minorités ethniques et droits des autochtones d'Afrique** a évoqué la dégradation environnementale qui touche tous les territoires africains autochtones. Pour son représentant, les États africains n'ont pas été sensibles aux souffrances des communautés autochtones, comme en témoigne la situation dans le delta du Niger, au Nigéria : l'exploitation du pétrole pollue les terres et la pauvreté qui en résulte exacerbe les tensions ethniques. Cette situation, selon les experts, risque de mettre en péril la survie de millions de personnes.

La représentante de **Wara Instituto Indígena**, venue du Brésil, a déploré que les États aient ignoré la nécessité de prendre en considération les savoirs traditionnels dans la gestion de l'environnement. Or, au Brésil, une grande partie des terres préservées sont des terres autochtones. Par conséquent garantir le droit à la terre signifie garantir un développement durable. Il faut donc que les États protègent les systèmes de valeurs et de savoirs des autochtones.

Un délégué de la **Aboriginal and Torres Strait Islander Commission** a estimé que le véritable problème est que les communautés autochtones ne disposent pas de droit d'accès à leurs terres. L'analyse des statistiques montre que ce sont les grandes entreprises qui bénéficient de tout ce système ; mais en Australie, les aborigènes n'arrivent pas à faire valoir leurs arguments devant les tribunaux. L'association a donc souhaité que le Gouvernement australien revoie sa législation concernant les autochtones.

Le représentant du **Comité de coordination africain entre les peuples autochtones** a insisté sur le droit des autochtones à participer à la gestion de l'environnement, droit qui n'est pas respecté dans la majorité des États africains. Il a donc recommandé à l'Instance, à l'ECOSOC et aux gouvernements de redoubler d'efforts pour mettre un terme à la discrimination raciale dans tous les domaines. Il a demandé aux membres de l'Instance d'élaborer une recommandation sur la participation des autochtones aux questions concernant l'environnement.

Le représentant de **Aboriginal and Torres Strait Islander Social Justice Commissioner** a expliqué que le Gouvernement australien ne reconnaît pas le principe du consentement préalable informé qu'il refuse d'appliquer aux peuples autochtones, tout comme il refuse de leur accorder le droit à l'autodétermination. Sans l'exercice de ce droit, les peuples autochtones ne disposeront pas du droit à la gestion de leurs terres.

Le représentant de **l'Université des régions autonomes de la côte caraïbe du Nicaragua** a indiqué que les zones protégées constituent le seul modèle de développement durable. Ceci n'est pas une nouveauté pour nous car notre histoire nous a toujours amenés à protéger la nature. Malheureusement les cadres législatifs imposés à ces zones sont discriminatoires dans la mesure où ils ne nous permettent pas de commercialiser nos produits ou d'exercer nos connaissances traditionnelles. Il est nécessaire de recommander à l'ECOSOC d'élaborer des lignes directrices contraignantes pour les États prévoyant une gestion durable des écosystèmes et la préservation de ce lien spirituel entre nous et la nature. Le

Fonds mondial pour l'environnement doit mettre en place des mécanismes de travail et dégager des ressources pour que nos propositions soient prises en considération.

Le représentant de l'**Organisation nationale de Colombie** a recommandé aux gouvernements de Bolivie et de Colombie d'éliminer les cultures illégales de manière progressive et concertée, de dégager des ressources pour les cultures alternatives, de tenir compte des avis des responsables autochtones et de mettre en place les procédures de consultation et de participation avec les populations concernées.

Le représentant de l'**Assemblée nationale autochtone pour l'autonomie,** a réaffirmé le lien des peuples autochtones avec la nature. Cette conception n'a pas grand-chose à voir avec les valeurs du monde non autochtone qui ne reconnaît pas l'importance des ressources des communautés autochtones. Le représentant a dénoncé la construction de barrages ayant mené à l'inondation de territoires autochtones, mais non à leur électrification ainsi que la déforestation de terres ancestrales. Nous sommes préoccupés par le fossé qui existe entre les déclarations de bonnes intentions des dirigeants politiques et la réalité sur le terrain. Nous demandons que l'Instance élabore une recommandation afin que des enquêtes soient menées dans les communautés autochtones spoliées de leur terre. Il faut que les accords de Johannesburg et de Kyoto soient suivis d'effet, que les gouvernements créent des centres de communication permettant aux autochtones d'avoir des relations avec les peuples du monde. Enfin, le représentant a jugé indispensable de proclamer une nouvelle décennie des peuples autochtones.

M. CHARLES MC NEILL, Programme des Nations Unies pour le développement (PNUD), a souligné que les populations autochtones sont celles qui ont le moins de chances de participer aux décisions internationales, mais le PNUD s'est engagé à travailler au niveau local avec elles depuis le Sommet de Johannesburg : les activités du Programme ont été restructurées en ce sens, notamment pour ce qui a trait à la gestion de l'eau, celle des sols, à la biodiversité, la gouvernance environnementale et le droit à la propriété intellectuelle. En Colombie, le PNUD travaille avec sept groupes autochtones afin de créer un réseau de zones protégées ; en Guinée un projet a été lancé dans les montagnes ; et l'Équateur fait l'objet d'un autre programme. Les cadres de développement sont des outils essentiels et les populations autochtones sont invitées à coopérer avec le PNUD.

La déléguée des **Ashaninka** du Pérou, au nom de l'association AIDESEP qui représente les communautés d'Amazonie péruvienne, a demandé au Gouvernement péruvien d'accorder la priorité à l'octroi de titres de propriété sur les territoires communaux : 130 communautés sont concernées. Elle a sollicité l'appui de l'Instance dans cette revendication. Les organisations autochtones ne sont pas contre le développement, mais celui-ci doit se faire en accord avec leurs besoins et leurs modes de vie. Il convient de ne pas autoriser de concessions forestières ou de construction de routes dans les forêts avant que ces titres de propriété aient été octroyés.

L'**Association Jeunesse autochtone** d'Hawaï a rappelé que les connaissances traditionnelles se perdent sans territoire ; ce déclin de l'environnement et du peuple hawaïen fait que ce dernier a perdu tout contrôle des terres et des décisions. L'an dernier 19 % des Hawaïens autochtones avaient le revenu le plus bas de l'île. La représentante a expliqué que sa communauté hésite malgré tout à demander l'aide de son Gouvernement pour ne pas se sentir colonisée. Elle a invité à approuver immédiatement le projet de Déclaration sur les droits des peuples autochtones et d'inscrire Hawaï sur la liste des peuples à décoloniser.

L'Association russe des peuples du Grand Nord a expliqué que depuis dix ans, ces régions ont connu de grandes difficultés et que leurs ressources ont disparu. Sa représentante a donc appelé à tout mettre en œuvre pour que tous les peuples aient le même accès aux ressources naturelles.

La représentante de **Regional Action Group for the Environnment (RAGE) et de Haudenosaunee Six Nations of Iroquoi Confederacy of Turtle Island** a dénoncé les violations constantes des droits des peuples autochtones, notamment le déni de leurs des droits fondamentaux par les Gouvernements des États-Unis et du Canada. Nos terres sont polluées par des déchets nucléaires. Notre nation qui comptait 150 000 personnes a été réduite à 650 personnes en raison du génocide perpétré par ces gouvernements. Nous avons utilisé tous les moyens à notre disposition au sein des tribunaux américains et canadiens, mais en vain. Nous demandons à l'Instance de nous venir en aide.

La représentante de la **tribu Ibaloi des Philippines** a réitéré le principe selon lequel la terre est synonyme de vie, notamment la pêche, l'agriculture et les matières premières. Il a dénoncé les activités des industries minières aux Philippines qui ne respectent pas leur mode de vie traditionnel. Les membres de notre communauté n'ont jamais été consultés avant le lancement de projets miniers. À l'heure actuelle, le plus grand barrage de toute l'Asie est sur le point d'être terminé après que nos terres aient été sacrifiées « pour le bien-être de tous », sauf nous, car nous qui ne bénéficions même pas des bienfaits de l'électricité. Le Gouvernement promet un développement égal pour tous que la réalité dément ces paroles.

Le représentant de **l'Assemblée des Premières Nations** a exprimé sa préoccupation quant à l'état de la planète. Le Sommet mondial sur le développement durable a pourtant montré la contribution importante des peuples autochtones au développement durable. La plupart de nos principes fondamentaux et valeurs sont autant valables aujourd'hui qu'ils ne l'étaient hier. Les intérêts et droits des peuples autochtones ne sont pas toujours pris en considération dans les accords internationaux. Nous demandons à l'Instance de créer un mécanisme pour les compensations et de promouvoir la participation des autochtones à l'élaboration et à la mise en œuvre des traités internationaux touchant à l'environnement. L'Instance doit reconnaître le fait que la question relative au consentement préalable informé a été remise en cause dans les enceintes internationales.

Le représentant de **Ogiek Welfare Council and Ogiek Rural Integral Projects** basé au Kenya a expliqué que pour un grand nombre de pays africains, le processus d'indépendance a été trop rapide, créant ainsi un vide important. Ces jeunes nations ont vu la naissance de dictatures et c'est à ce moment que notre continent a connu une période de violation des droits des communautés autochtones. Ceux-ci se voient voler leurs terres sous le prétexte du développement national. Cette Instance est le seul « cadeau de ce siècle » même s'il a fallu 26 ans pour assister à sa naissance, un retard dû au manque de volonté politique comme le montre l'absence de traités sur les questions autochtones. L'Instance doit recommander aux États de ratifier les traités touchant à la gestion de l'environnement, d'ouvrir des centres de dialogue entre les communautés autochtones et les gouvernements respectifs. Nous encourageons l'Instance à élaborer des normes écologiques qui serviraient de guide aux entreprises ; à déclarer un moratoire sur tous les projets d'exploitation gazière ou pétrolière en attendant un audit ; à réaliser une étude sur la question de la dette écologique et son impact sur les communautés autochtones.

Les membres de l'Instance ont ensuite pris la parole : PARSHURAM TAMANG a souligné que ces contributions avaient permis d'entendre nombre de recommandations. WILLIE LITTELCHILD a apporté son appui à tous ceux qui ont lancé des appels pour protéger et préserver ce patrimoine commun qu'est la Terre, surtout l'eau utilisée également à des fins spirituelles.

Pour AYITEGAN KOUEVI, l'impact des industries minières sur l'environnement des peuples autochtones est particulièrement préoccupant.

D'où la nécessité de mettre en place un cadre juridique pour s'attaquer aux actions discriminatoires, de reconnaître le droit coutumier et la Déclaration de Kimberley et de respecter les conventions signées en matière d'environnement. QIN XIAOMEI a appelé les Gouvernements à prendre des mesures pour respecter les principes élaborés lors du Sommet mondial sur le développement durable.

Pour IDA NICOLAISEN, il est important de rechercher des informations fiables sur l'habitat et les pratiques de subsistance en Afrique, avec l'aide des peuples autochtones et des instituts de recherche. OTILIA LUX DE COTI a émis pour sa part trois recommandations : aux États, de légiférer pour la protection des forêts et des fleuves ; de garantir la participation des citoyens et l'assentiment des peuples autochtones au moment de la conception des programmes d'investissement ; enfin, aux organismes des Nations Unies de promouvoir un programme préservant l'environnement afin de garantir l'autosuffisance et la sécurité alimentaire des communautés autochtones. Elle a également demandé que la Déclaration de Kimberley soit entérinée dans le cadre des Nations Unies.

FORTUNATO TURPO CHOQUEHUANCA a recommandé aux gouvernements d'appliquer de façon drastique les normes pour la protection des ressources naturelles et l'environnement. NJUMA EKUNDANAYOa souligné que les autochtones étaient actuellement traqués chez eux par des intérêts extérieurs : les déserts avancent, les arbres ne repoussent plus, ce qui fait qu'en Afrique, le désert du Kalahari au sud et celui du Sahara au nord vont finir par se rencontrer. Les autochtones n'y gagnent rien et laissent même leur vie dans des conflits inutiles.

ANTONIO JACANAMIJOY a appelé lui aussi à adopter des mécanismes de protection des connaissances traditionnelles ; il a jugé important que le PNUE et les autres agences de l'ONU commencent à organiser des conférences régionales avec les organisations autochtones.

Déclaration de Corobici sur les connaissances traditionnelles dans le domaine des forêts, San José, Costa Rica 6 et 7 décembre 2004

Préambule

1. Nous, les peuples autochtones, rassemblés ici à San Jose, Costa Rica, réaffirmons les principes contenus dans la Déclaration de Kari Oca, la Déclaration de Leticia, la Déclaration de Kimberley, le Plan des peuples autochtones sur la mise en oeuvre du développement durable et le Plan d'action de Wendake. Les peuples autochtones contribuent à la gestion durable et à la protection de forêts à travers une série d'actions telles que la défense communautaire des forêts, des consultations nationales, la documentation des études de cas, et l'application des connaissances autochtones sur la mise en oeuvre du développement durable et le Plan d'action de Wendake.

2. Les peuples autochtones offrent des solutions concrètes à de nombreux problèmes auxquels doit aujourd'hui faire face l'humanité. Les peuples autochtones peuvent contribuer de manière significative à un avenir durable pour l'humanité entière, en renforçant leurs rôles à travers une participation efficace dans des domaines tels que la gestion des forêts et le développement durable.

3. Nous sommes choqués par l'accélération de la détérioration de nos terres, territoires, forêts, ressources hydrologiques et sous-sol ainsi que par les abus continuels sur nos droits. L'accès libre et l'utilisation de nos terres, forêts et ressources hydrologiques nous sont refusés. L'octroi de titres fonciers est reporté pour favoriser de tierces parties. Les aires protégées, les concessions d'exploitation pétrolière, forestière et de pêche ainsi que les plantations forestières sont implantées sur nos terres ce qui aboutit à l'expulsion de — et à l'imposition de — mesures de restriction sur nos peuples. On emprisonne et on harcèle arbitrairement les dirigeants et les communautés qui défendent leurs forêts. On criminalise les luttes pour nos droits et nos territoires sont militarisés. L'augmentation du nombre de ces cas et le manque de réparation légale sont alarmants, comme l'ont souligné les dirigeants et experts présents à cette réunion.

4. Nous exprimons nos graves préoccupations à propos de l'attitude des instances des Nations Unies concernant la manière fragmentée dont ils traitent les connaissances traditionnelles, sans reconnaître leur nature holistique et leur unité inséparable de nos droits en tant que peuples.

5. Nous sommes préoccupés que les processus nationaux et internationaux relatifs aux accords de commerce libre entre les états encouragent l'usurpation et la dégradation de nos forêts, terres et territoires, ainsi que la biopiraterie et l'accès non contrôlé aux ressources génétiques dans nos forêts, terres et territoires.

6. Les obstacles les plus importants à la mise en œuvre de normes et mécanismes internationaux relatifs aux droits de l'homme et aux libertés fondamentales des peuples autochtones sont le manque de volonté politique des états nations, les lois injustes et discriminatoires, et le manque de fonds et de ressources suffisants pour permettre le développement autonome et la participation pleine dans tous les processus.

7. Les Connaissances traditionnelles dans le domaine des forêts (CTDF) des peuples autochtones sont intimement liées à notre vie. Elles ne peuvent être séparées de notre relation avec nos territoires. Nous insistons sur l'importance des valeurs spirituelles, visions du monde et cosmologies uniques des peuples autochtones, qui sont toutes raccordées au cercle sacré de la vie et enrichissent la diversité culturelle de toute l'humanité. Ces connaissances n'existent pas si elles sont dissociées des peuples et des territoires.

8. Les Connaissances traditionnelles dans le domaine des forêts des peuples autochtones ne sont pas des marchandises. Elles ne peuvent pas être extraites, documentées et commercialisées. Elles sont liées à notre développement culturel intergénérationnel, à notre survie, à nos croyances, à notre spiritualité et à nos systèmes médicaux. Elles sont inséparables de nos terres et territoires. Leurs utilisations sont limitées aux personnes ayant l'autorité de les utiliser en accord avec notre droit coutumier.

9. Nos connaissances traditionnelles représentent bien plus qu'un savoir relatif à certaines plantes et à certains animaux. Elles sont intimement liées au monde spirituel, aux écosystèmes et à la diversité biologique se trouvant sur nos terres et territoires et elles transcendent les frontières nationales. Le détournement fragmenté de ces connaissances constitue un grave abus sur

l'intégrité de nos vies, de nos territoires et de notre développement autonome.

Prenant en considération tout ce qui précède, nous exigeons une fois de plus la reconnaissance des principes suivants dans toutes les politiques et questions associées aux CTDF

Principes généraux

1. Les peuples autochtones ont le droit à l'autodétermination. Nous avons des systèmes légaux et judiciaires basés sur nos droits collectifs à nos territoires et ressources naturelles, y compris les ressources du sous-sol.

2. L'application du principe du consentement libre, préalable et informé est fondamentale dans toutes les décisions qui pourraient toucher nos territoires, terres et forêts et la planification du développement.

3. La question des connaissances traditionnelles doit être envisagée de manière holistique, inséparable de nos droits en tant que peuples.

4. Nous sommes les possesseurs et gardiens de nos connaissances traditionnelles, nous sommes ceux qui décident de la nature de leur utilisation et application, et des conditions sous lesquelles on peut y avoir accès. Les peuples autochtones s'opposent à une utilisation des connaissances traditionnelles qui viole la spiritualité et la cosmovision associées aux connaissances traditionnelles.

5. Nous avalisons une approche basée sur le droit comme moyen le plus approprié pour traiter du thème des forêts et des connaissances traditionnelles, ainsi que des efforts pour éradiquer la pauvreté. Une telle approche reconnaît aussi bien les droits collectifs que les droits individuels des peuples autochtones, qui comprennent nos droits à l'autodétermination, nos droits à utiliser et contrôler nos ressources naturelles, à notre patrimoine culturel, à notre auto-développement, à nos langues et à nos modes de vie traditionnels.

6. Nous, les peuples autochtones, avons le droit à un développement qui nous est approprié, selon nos propres critères et conditions et à notre rythme, géré et guidé par nos dirigeants, institutions et processus. Notre droit au développement comprend le droit d'utiliser nos forêts, nos ressources hydrologiques et nos sous-sols que nous avons protégés et utilisés de façon

durable depuis des siècles, d'une manière que nous estimons appropriée, y compris par des systèmes d'utilisation des forêts et de gestion des forêts innovateurs et contemporains.

7. Nous soulignons le besoin de renforcer le rôle critique des femmes autochtones dans la préservation et la transmission des connaissances traditionnelles. Le rôle des anciens et des guides spirituels, comme possesseurs et transmetteurs des connaissances traditionnelles aux générations suivantes, doit également être reconnu.

PROTOCOLE DE NAGOYA SUR L'ACCÈS AUX RESSOURCES GÉNÉTIQUES ET LE PARTAGE JUSTE ET ÉQUITABLE DES AVANTAGES DÉCOULANT DE LEUR UTILISATION RELATIF À LA CONVENTION SUR LA DIVERSITÉ BIOLOGIQUE

Adopté à la 10e Conférence des Parties à la Convention sur la Diversité Biologique des Nations Unies, le 29 octobre 2010 à Nagoya au Japon
Entré en vigueur le 12 octobre 2014

Les parties au présent Protocole,

Etant Parties à la Convention sur la diversité biologique, ci-après dénommée « la Convention »,

Rappelant que le partage juste et équitable des avantages découlant de l'utilisation des ressources génétiques est l'un des trois objectifs centraux de la convention et reconnaissant que le Protocole poursuit la réalisation de cet objectif dans le cadre de la Convention,

Réaffirmant les droits souverains des Etats sur leurs propres ressources naturelles et conformément aux dispositions de la Convention,

Rappelant en outre l'article 15 de la Convention,

Conscients de l'importante contribution au développement durable du transfert de technologie et de la coopération dans ce domaine en vue de renforcer les capacités de recherche et d'innovation et d'ajouter de la valeur aux ressources génétiques dans les pays en développement conformément aux articles 16 et 19 de la Convention,

Reconnaissant que la sensibilisation du public à la valeur économique des écosystèmes et de la diversité biologique, et au partage juste et équitable de cette valeur économique avec les gardiens de la diversité biologique est une importante mesure d'incitation disponible pour la conservation de la diversité biologique et l'utilisation durable de ses éléments constitutifs,

Reconnaissant la contribution potentielle de l'accès et du partage des avantages à la conservation et à l'utilisation durable de la diversité biologique, à l'éradication de la pauvreté et à un environnement durable, contribuant ainsi à la réalisation des Objectifs du millénaire pour le développement,

Conscients des liens qui existent entre l'accès aux ressources génétiques et le partage juste et équitable des avantages découlant de l'utilisation de ces ressources,

Reconnaissant l'importance d'assurer la certitude juridique en ce qui concerne l'accès aux ressources génétiques et le partage juste et équitable des avantages découlant de leur utilisation,

Reconnaissant en outre l'importance de promouvoir l'équité et la justice dans la négociation de conditions convenues d'un commun accord entre les fournisseurs et les utilisateurs de ressources génétiques,

Reconnaissant également le rôle vital des femmes en matière d'accès et de partage des avantages et *affirmant* la nécessité d'une participation pleine et entière des femmes à tous les niveaux du développement et de l'application des politiques pour la conservation de la diversité biologique,

Fermement décidées à appuyer d'avantage l'application effective de des dispositions de la Convention relatives à l'accès et au partage des avantages,

Reconnaissant qu'une solution novatrice est nécessaire relativement au partage juste et équitable des avantages découlant de l'utilisation des ressources génétiques et des connaissances traditionnelles associées aux ressources génétiques dans des situations où il n'est pas possible d'accorder ou d'obtenir le consentement préalable donné en connaissance de cause,

Reconnaissant l'importance des ressources génétiques pour la sécurité alimentaire, la santé publique, la conservation de la diversité biologique, et l'atténuation des changements climatiques et l'adaptation à ceux-ci,

Reconnaissant la nature spéciale de la diversité biologique agricole, ses traits distinctifs et ses problèmes nécessitant des solutions distinctives,

Reconnaissant l'interdépendance de tous les pays en ce qui a trait aux ressources génétiques pour l'alimentation et l'agriculture ainsi que leur nature et leur importance particulière pour assurer la sécurité des aliments à l'échelle mondiale et pour le développement durable de l'agriculture dans le contexte de l'atténuation de la pauvreté et des changement climatiques, et *reconnaissant* le rôle fondamental du Traité international sur les ressources phytogénétiques pour l'alimentation et l'agriculture et de la Commission des ressources génétiques pour l'alimentation et l'agriculture de la FAO à cet égard,

Conscientes du Règlement sanitaire international (2005) et de l'importance d'assurer l'accès aux pathogènes humains aux fins de préparation et d'intervention pour la santé publique,

Reconnaissant les travaux en cours sur l'accès et le partage des avantages dans différentes instances,

Rappelant le programme multilatéral sur l'accès et le partage des avantages créé en vertu du Traité international sur les ressources phytogénétiques pour l'alimentation et l'agriculture développé en harmonie avec la Convention,

Reconnaissant que les instruments internationaux relatifs à l'accès et au partage des avantages devraient être complémentaires en vue d'atteindre les objectifs de la Convention,

Rappelant l'article 8 j) de la Convention, tel qu'il a trait aux connaissances traditionnelles associées aux ressources génétiques et au partage juste et équitable des avantages découlant de l'utilisation de ces connaissances,

Prenant note du lien d'interdépendance entre les ressources génétiques et les connaissances traditionnelles et le caractère inséparable de ces ressources pour les communautés autochtones et locales, de l'importance des connaissances traditionnelles pour la conservation de la diversité biologique et de l'utilisation durable de ses éléments constitutifs, et pour la pérennité des moyens de subsistance de ces communautés,

Reconnaissant la diversité des circonstances uniques dans lesquels les connaissances traditionnelles sont détenues ou possédées par les communautés autochtones et locales,

Sachant que les communautés autochtones et locales ont le droit d'identifier les détenteurs légitimes de leurs connaissances traditionnelles associées aux ressources génétiques au sein de leurs communautés,

Reconnaissant en outre les circonstances uniques dans lesquelles certains pays possèdent des connaissances traditionnelles associées aux ressources génétiques, orales ou documentées ou sous d'autres formes, reflétant un riche patrimoine culturel présentant un intérêt pour la conservation et l'utilisation durable de la diversité biologique,

Prenant note de la Déclaration des Nations Unies sur les droits des peuples autochtones,

Affirmant que rien dans le présent Protocole ne doit être interprété de façon à diminuer ou à supprimer les droits que possèdent les communautés autochtones et locales,

Sont convenus de ce qui suit :

ARTICLE 1

OBJECTIF

L'objectif du présent Protocole est le partage juste et équitable des avantages découlant de l'utilisation des ressources génétiques, notamment grâce à un accès satisfaisant aux ressources génétiques et à un transfert approprié des technologies pertinentes, compte tenu de tous les droits sur ces ressources et aux technologies et grâce à un financement adéquat, contribuant ainsi à la conservation de la diversité biologique et à l'utilisation durable de ses éléments constitutifs.

ARTICLE 2

EMPLOI DES TERMES

Les termes définis à l'article 2 de la Convention s'appliquent au présent Protocole. En outre, aux fins du présent Protocole, on entend par :

a) « Conférence des Parties » la Conférence des Parties à la Convention ;

b) « sur la diversité biologique ;

c) « Utilisation des ressources génétiques » les activités de recherche et de développement sur la composition génétique et/ou biochimique de ressources génétiques, notamment par l'application de la biotechnologie, conformément à la définition fournie dans l'article 2 de la Convention ;

d) « Biotechnologie » toute application technologique qui utilise des systèmes biologiques, des organismes vivants ou des dérivés de ceux-ci, pour réaliser ou modifier des produits ou des procédés à usage spécifique, conformément à la définition fournie dans l'article 2 de la Convention ;

e) « Dérivé » tout composé biochimique qui existe à l'état naturel résultant de l'expression génétique ou du métabolisme de ressources biologiques ou génétiques, même s'il ne contient pas d'unités fonctionnelles d'hérédité.

ARTICLE 3

CHAMP D'APPLICATION

Le présent protocole s'applique aux ressources génétiques qui relèvent de la compétence de l'article 15 de la Convention ainsi qu'aux avantages découlant de l'utilisation de ces ressources. Le Protocole s'applique également aux connaissances traditionnelles associées aux ressources génétiques relevant de la compétence de la Convention et aux avantages découlant de l'utilisation de ces connaissances.

ARTICLE 4

RELATION AVEC LES AUTRES ACCORDS ET INSTRUMENTS INTERNATIONAUX

1. Les dispositions du présent Protocole ne modifient en rien les droits et obligations découlant pour une Partie contractante d'un accord international existant, sauf si l'exercice de ces droits ou le respect de ces obligations causait de sérieux dommages à la diversité biologique ou constituait pour elle une menace. Le présent paragraphe n'a pas pour objet de créer une hiérarchie entre le présent Protocole et d'autres accords internationaux.

2. Rien dans le présent Protocole n'empêche l'élaboration et l'application d'autres accords internationaux pertinents, y compris d'autres accords spécialisés d'accès et de partage des avantages, à condition qu'ils soutiennent

et n'aillent pas à l'encontre des objectifs de la Convention et du présent Protocole.

3. Le présent Protocole est appliqué de manière complémentaire aux autres instruments internationaux qui s'y rapportent. Les travaux ou pratiques utiles et pertinents en cours dans le cadre de ces instruments internationaux et organisations internationales compétents sont dûment pris en compte, à condition qu'ils soutiennent et n'aillent pas à l'encontre des objectifs de la Convention et du présent Protocole.

4. Le présent Protocole est l'instrument de l'application des dispositions de la Convention relative à l'accès et au partage des avantages. Lorsqu'un instrument international spécialisé en matière d'accès et de partage des avantages s'applique, est conforme aux objectifs de la Convention et du présent Protocole et ne va pas à l'encontre de ceux-ci, le présent Protocole ne s'applique pas pour la ou les partie(s) contractante(s) à l'instrument spécialisé en ce qui concerne la ressource génétique spécifique couverte par l'instrument spécialisé et pour les besoins de celle-ci.

ARTICLE 5
PARTAGE JUSTE ET ÉQUITABLE DES AVANTAGES

1. Conformément aux paragraphes 3 et 7 de l'article 15 de la Convention, les avantages découlant de l'utilisation des ressources génétiques et des applications de la commercialisation subséquente sont partagés de manière juste et équitable avec la Partie qui fournit lesdites ressources et qui est le pays d'origine de ces ressources ou une Partie qui a acquis les ressources génétiques conformément à la Convention. Ce partage est soumis à des conditions convenues d'un commun accord.

2. Chaque partie prend les mesures législatives, administratives ou de politique nécessaires afin de s'assurer que les avantages découlant de l'utilisation des ressources génétiques qui sont détenues par les communautés autochtones et locales, conformément au droit interne de ces communautés autochtones et locales sur ces ressources génétiques, sont partagés de manière juste et équitable avec les communautés concernées conformément à des conditions convenues d'un commun accord.

3. Chaque Partie prend les mesures législatives, administratives ou de politique nécessaires pour appliquer le paragraphe 1.

4. Les avantages peuvent inclure, mais ne sont pas limités aux avantages monétaires et non monétaires énumérés à l'annexe I.

5. Chaque Partie prend les mesures législatives, administratives ou de politique nécessaires pour assurer le partage juste et équitable des avantages découlant de l'utilisation des connaissances traditionnelles associées aux ressources génétiques avec les communautés autochtones et locales

détentrices de ces connaissances. Ce partage est soumis à des conditions convenues d'un commun accord.

ARTICLE 6
ACCÈS AUX RESSOURCES GÉNÉTIQUES

1. Dans l'exercice de ses droits souverains sur ses ressources naturelles et conformément à sa législation ou à ses exigences règlementaires nationales en matière d'accès et de partage des avantages, l'accès aux ressources génétiques pour leur utilisation est subordonné au consentement préalable donné en connaissance de cause par la partie qui fournit lesdites ressources, qui est le pays d'origine desdites ressources ou une Partie qui a acquis les ressources génétiques conformément à la Convention, sauf mention contraire par la Partie en question.
2. Conformément à la législation interne, chaque Partie prend les mesures nécessaires pour s'assurer que le consentement préalable donné en connaissance de cause ou l'accord et la participation des communautés autochtones et locales sont obtenus pour l'accès aux ressources génétiques lorsqu'elles ont le droit établi d'accorder l'accès à ces ressources.
3. Conformément au paragraphe 1 ci-dessus, chaque Partie qui exige le consentement préalable donné en connaissance de cause prend les mesures législatives, administratives et politiques nécessaires en vue de :

a) Assurer la certitude juridique, la clarté et la transparence de ses exigences internes en matière d'accès et de partage des avantages ;

b) Prévoir les règles et procédures justes et non arbitraires sur l'accès aux ressources génétiques ;

c) Mettre à disposition des informations sur la manière de solliciter un consentement préalable en connaissance de cause ;

d) Prévoir une décision écrite claire et transparente d'une autorité nationale, de manière économique et dans un délai raisonnable ;

e) Prévoir la délivrance au moment de l'accès d'un permis ou de son équivalent comme preuve de la décision d'accorder le consentement préalable en connaissance de cause et de la conclusion de conditions convenues d'un commun accord, et notifier le Centre d'échange sur l'accès et le partage des avantages en conséquence ;

f) S'il y lieu et conformément à la législation interne, établir des critères et/ou procédés pour l'obtention du consentement préalable en connaissance de cause ou l'accord et la participation des communautés autochtones et locales à l'accès aux ressources génétiques ;

g) Établir des règles et des procédures claires sur la demande et la définition des conditions convenues d'un commun accord. Ces conditions doivent être arrêtées par écrit et peuvent inclure, entre autres :

i) Une clause sur le règlement des différends ;
ii) Les conditions de partage des avantages, compte tenu également des droits de propriété intellectuelle ;
iii) Les conditions de l'utilisation ultérieure par des tiers, le cas échéant ; et
iv) Les conditions de changement d'intention, le cas échéant.

ARTICLE 7
ACCÈS AUX CONNAISSANCES
TRADITIONNELLES ASSOCIÉES
AUX RESSOURCES GÉNÉTIQUES

Chaque Partie prend les mesures nécessaires pour s'assurer l'accès aux connaissances traditionnelles associées aux ressources génétiques détenues par les communautés autochtones et locales et est soumise au consentement préalable donné en connaissance de cause ou à l'accord et à la participation de ces communautés autochtones et locales conformément à la législation interne et que des conditions convenues d'un commun accord ont été établies.

ARTICLE 8
CONSIDÉRATIONS SPÉCIALES

En élaborant et en mettant en œuvre sa législation ou ses exigences règlementaires en matière d'accès et de partage des avantages, chaque Partie :

a) Crée des conditions propres à promouvoir et encourager la recherche qui contribue à la conservation de la diversité biologique et à en assurer l'utilisation durable, en particulier dans les pays en développement, notamment par des mesures simplifiées d'accès pour la recherche à des fins non commerciales, compte tenu de la nécessité d'aborder le changement d'intention de cette recherche ;

b) Prend dûment en considération les situations d'urgence actuelles ou imminentes qui menacent ou nuisent à la santé humaine, animale ou végétale, telles que définies au niveau national et international. Les Parties peuvent prendre en considération la nécessité de mesures expéditives des avantages aux ressources génétiques et partage de ceux qui sont dans le besoin, en particulier les pays en développement, à des traitements abordables ;

c) Tient compte de l'importance des ressources génétiques pour l'alimentation et l'agriculture et du rôle spécial qu'elles jouent pour la sécurité alimentaire.

ARTICLE 9
CONTRIBUTION À LA CONSERVATION
ET À L'UTILISATION DURABLE

Les Parties encouragent les utilisateurs et les fournisseurs à orienter les avantages découlant de l'utilisation des ressources génétiques vers la conservation de la diversité biologique et l'utilisation durable de ses éléments constitutifs.

ARTICLE 10
MÉCANISME MULTILATÉRAL MONDIAL DE PARTAGE DES AVANTAGES

Les Parties considèrent la nécessité et les modalités d'un mécanisme multilatéral mondial de partage des avantages pour traiter le partage juste et équitable des avantages résultant de l'utilisation des ressources génétiques et des connaissances traditionnelles associées aux ressources génétiques qui se trouvent dans des situations transfrontières ou pour lesquelles il n'est pas possible d'accorder ou d'obtenir le consentement préalable donné en connaissance de cause. Les avantages partagés par les utilisateurs de ressources et de connaissances traditionnelles associées aux ressources génétiques par l'intermédiaire de ce mécanisme sont utilisés pour soutenir la conservation de la diversité biologique et l'utilisation durable de ses éléments constitutifs.

ARTICLE 11
COOPÉRATION TRANSFRONTIÈRE

1. Lorsque les mêmes ressources génétiques sont situées in situ sur le territoire de plus d'une Partie, avec les Parties concernées s'efforcent de coopérer, selon qu'il convient, avec la participation des communautés autochtones et locales concernées, s'il y a lieu, afin d'appliquer le présent Protocole.
2. Lorsque les mêmes connaissances traditionnelles associées aux ressources génétiques sont partagées par des communautés autochtones et locales différentes dans plusieurs Parties, ces Parties s'efforcent de coopérer, selon qu'il convient, avec la participation des communautés autochtones et locales concernées en vue d'appliquer l'objectif du Protocole.

ARTICLE 12
CONNAISSANCES TRADITIONNELLES
ASSOCIÉES AUX RESSOURCES GÉNÉTIQUES

1. En s'acquittant de leurs obligations aux termes du présent Protocole, les Parties tienne dûment compte, conformément au droit interne, s'il ya lieu, des lois, des protocoles et procédures communautaires, des communautés autochtones et locales relatives aux relatives aux connaissances traditionnelles associées aux ressources génétiques.

2. Avec la participation active des communautés autochtones et locales concernées, les Parties, mettent sur pied des mécanismes pour informer les utilisateurs potentiels de connaissances traditionnelles associées aux ressources génétiques de leurs obligations, y compris les mesures diffusées par le biais du Centre d'échange sur l'accès et le partage des avantages en matière d'accès à ces connaissances et de partage juste et équitable des avantages découlant de leur utilisation.

3. Les parties s'efforcent d'appuyer, selon qu'il convient, l'élaboration par les communautés autochtones et locales, y compris les femmes de ces communautés, de :

a) Protocoles communautaires relatifs à l'accès aux connaissances traditionnelles associées aux ressources génétiques et au partage juste et équitable des avantages découlant de leur utilisation ;

b) Conditions minimales pour la négociation des conditions convenues d'un commun accord afin d'assurer le partage juste et équitable des avantages découlant de l'utilisation des connaissances traditionnelles associées aux ressources génétiques ; etc.

c) Clauses contractuelles modèles pour le partage des avantages découlant de l'utilisation des connaissances traditionnelles associées aux ressources génétiques.

4. En appliquant le présent Protocole, les Parties, dans la mesure du possible, ne limitent pas l'utilisation coutumière ou l'échange de ressources génétiques et de connaissances traditionnelles associées au sein des communautés autochtones et locales et entre elles, conformément aux objectifs de la Convention.

ARTICLE 13
CORRESPONDANTS NATIONAUX ET AUTORITÉS
NATIONALES COMPÉTENTES

1. Chaque Partie désigne un correspondant national pour l'accès et la partage des avantages. Le correspondant national fournit les renseignements suivants :

a) Aux demandeurs d'accès aux ressources génétiques, des informations sur les procédures d'obtention du consentement donné en connaissance de cause et la conclusion de conditions convenues d'un commun accord, y compris le partage des avantages ;

b) Aux demandeurs d'accès aux connaissances traditionnelles associées aux ressources génétiques, dans la mesure du possible, des informations sur les procédures d'obtention du consentement donné en connaissance de cause ou l'approbation et la participation, selon qu'il convient, des communautés autochtones et locales, et la conclusion de conditions convenues d'un commun accord, y compris le partage des avantages ;

c) des informations sur les autorités nationales compétentes, les communautés autochtones et locales et les parties prenantes concernées.

Le correspondant national est responsable d'assurer la nation avec le Secrétariat.

2. Chaque Partie désigne une ou plusieurs autorités nationales compétentes en matière d'accès et de partage des avantages. Les autorités nationales compétentes sont chargées, conformément aux mesures législatives, administratives et politiques nationales en vigueur, d'accorder l'accès ou, s'il y a lieu, de délivrer une preuve écrite que les conditions d'accès ont été respectées, et de fournir des conseils sur les procédures et les conditions d'obtention du consentement préalable donné en connaissance de cause et de conclusion de conditions convenues d'un commun accord.

3. Une partie peut désigner une seule entité pour cumuler les fonctions de correspondant et d'autorité nationale compétente.

4. Chaque Partie communique au Secrétariat, au plus tard à la date d'entrée en vigueur du présent Protocole, les coordonnées de son correspondant national et de l'autorité ou des autorités nationales compétentes. Lorsqu'une Partie désigne plus d'une autorité nationale compétente, elle indique au Secrétariat, avec sa notification à cet effet, quels sont les domaines de responsabilité respectifs de ces autorités. Le cas échéant, il sera au moins précisé quelle est l'autorité compétente responsable des ressources génétiques sollicitées. Chaque Partie notifie immédiatement au Secrétariat toute modification de la désignation de son correspondant national, de ses coordonnées, ou des responsabilités de son ou de ses autorités nationales compétentes.

5. Le Secrétariat met cette information à la disposition en vertu du paragraphe 4 ci-dessus par le biais du Centre d'échange sur l'accès et le partage des avantages.

ARTICLE 14
CENTRE D'ÉCHANGES SUR L'ACCÈS ET LE PARTAGE DES AVANTAGES ET ÉCHANGE D'INFORMATION

1. Un centre d'échange sur l'accès et le partage des avantages est créé dans le cadre du mécanisme d'échange prévu au paragraphe 3 de l'article 18 de la Convention. Il sert de moyen de partage d'information relative à l'accès et au partage des avantages. En particulier, il permet d'accéder aux informations pertinentes pour l'application du Protocole que fournit chaque Partie.
2. Sans préjudice de la protection des informations confidentielles, chaque Partie communique au Centre d'échange sur l'accès et le partage des avantages toute information qu'elle est tenue de fournir en vertu du présent Protocole et des décisions prises par la Conférence des Parties siégeant en tant que réunion des Parties au Protocole. Ces informations comprennent notamment :

a) Les mesures législatives, administratives et de politique en matière d'accès et de partage des avantages ;

b) Les informations concernant le correspondant national et l'autorité ou les autorités nationales compétentes ; et

c) des permis ou équivalents délivrés au moment de l'accès comme preuve de la décision d'accorder le consentement donné en connaissance de cause ou la conclusion de conditions convenues d'un commun accord.

3. Des informations supplémentaires, le cas échéant et selon qu'il convient, pourraient inclure :

a) Les autorités compétentes pertinentes des communautés autochtones et locales, et des renseignements, ainsi qu'il en est décidé ;
b) Les clauses contractuelles modèles ;
c) Les méthodes et outils développés pour surveiller les ressources génétiques ; et
d) les codes de conduite et les meilleurs pratiques.

4. Les modalités de fonctionnement du Centre d'échange sur l'accès et le partage des avantages, y compris ses rapports d'activité, sont examinées et arrêtées par la conférence des Parties siégeant en tant que réunion des parties au Protocole à sa première réunion et font l'objet d'examens ultérieurs.

ARTICLE 15
RESPECT DE LA LÉGISLATION OU DES EXIGENCES INTÉRIEURES RELATIVES À L'ACCÈS ET AU PARTAGE DES AVANTAGES

1. Chaque Partie prend des mesures législatives, administratives ou de politique appropriées, efficaces et proportionnées afin de garantir que les ressources génétiques exploitées dans sa juridiction ont été soumises au

consentement préalable donné en connaissance de cause, et que les conditions convenues d'un commun accord ont été établies, conformément à la législation ou aux exigences internes relatives à l'accès et au partage des avantages de l'autre Partie.

2. Les parties prennent des mesures appropriées, efficaces et proportionnées pour traiter des situations de non-respect des mesures adoptées conformément au paragraphe 1 ci-dessus.

3. Les Parties coopèrent, dans la mesure du possible et selon qu'il convient en cas de violation présumée de la législation ou des exigences internes en matière d'accès et de partage des avantages mentionnés au paragraphe 1 ci-dessus.

ARTICLE 16

RESPECT DE LA LÉGISLATION OU DES EXIGENCES INTERNES EN MATIÈRE D'ACCÈS ET DE PARTAGE DES AVANTAGES RELATIFS AUX CONNAISSANCES TRADITIONNELLES ASSOCIÉES AUX RESSOURCES GÉNÉTIQUES

1. Chaque Partie prend les mesures législatives, administratives ou de politique nécessaires pour assurer que l'accès aux connaissances traditionnelles associées aux ressources génétiques exploitées dans leur juridiction a été soumis au consentement préalable donné en connaissance de cause ou à l'accord et à la participation des communautés autochtones et locales et que des conditions convenues d'un commun accord ont été établies, conformément à la législation ou aux exigences internes relatives à l'accès et au partage de l'autre Partie où ces communautés autochtones et locales sont situées.

2. Chaque Partie prend des mesures appropriées, efficaces et proportionnées pour traiter des situations de non — respect de mesures adoptées conformément au paragraphe 1 ci-dessus.

3. Les parties coopèrent, dans la mesure du possible et selon qu'il convient, en cas de violation présumée de la législation ou des exigences internes en matière d'accès et de partage des avantages mentionnés au paragraphe 1 ci-dessus.

ARTICLE 17
SURVEILLANCE DE L4UTILISATION
DES RESSOURCES GÉNÉTIQUES

1. Afin de soutenir la conformité, chaque Partie prend les mesures nécessaires, selon qu'il convient, pour surveiller l'utilisation et augmenter la transparence concernant l'utilisation des ressources génétiques. Ces mesures comprennent :

a) La désignation d'un ou plusieurs points de contrôle, comme suit :

i) Les points de contrôle désignés recueillent ou recevraient selon qu'il convient, les informations concernant l'obtention du consentement préalable donné en connaissance de cause, la source de la ressource génétique, l'établissement de conditions convenues d'un commun accord et/ou l'utilisation des ressources génétiques, le cas échéant ;

ii) Chaque Partie, s'il y a lieu et selon les caractéristiques particulières du point de contrôle désigné, exige que les utilisateurs de ressources génétiques fournissent à un point de contrôle désigné les renseignements précisés dans le paragraphe ci-dessus. Chaque Partie prend des mesures appropriées, efficaces et proportionnées nécessaires pour traiter le cas de non-respect ;

iii) Ces renseignements, y compris ceux provenant de certificats de conformité reconnus à l'échelle internationale, lorsqu'ils sont disponibles, doivent être donnés aux autorités nationales compétentes, à la Partie qui donne le consentement préalable en connaissance de cause et au Centre d'échange sur l'accès et le partage des avantages, selon qu'il convient et sans préjudice de la protection de l'information confidentielle ;

iv) Les points de contrôle doivent être efficaces et leurs fonctions se rapporter à l'application de cet alinéa a). Ils s'inscrivent dans le cadre des ressources génétiques ou de la collecte d'informations pertinentes à tout stade de la recherche, du développement, de l'innovation, de la pré commercialisation ou de la commercialisation ;

b) Encourager les utilisateurs et les fournisseurs de ressources génétiques à inclure, dans les conditions convenues d'un commun accord, de l'information sur l'application de ces dispositions, notamment par l'obligation de faire rapport ;

c) Encourager l'utilisation d'outils et de systèmes de communication efficaces par rapport au coût.

2. Un permis ou son équivalent délivré conformément au paragraphe 3e) de preuve que l'article 6 est mis à la disposition du Centre d'échange sur l'accès et le partage des avantages constitue un certificat de conformité reconnu à l'échelle internationale.

3. Un certificat de conformité reconnu à l'échelle internationale sert de preuve que l'accès de la ressource génétique auquel il se rapporte a fait l'objet d'un consentement préalable donné en connaissance de cause et de la conclusion convenues d'un commun accord, ainsi qu'il est précisé dans la législation ou la règlementation interne relative à l'accès et au partage des avantages de la Partie qui donne le consentement préalable en connaissance de cause.

4. Le certificat de conformité reconnu à l'échelle internationale contient au minimum les renseignements suivants lorsqu'ils ne sont pas confidentiels :

a) L'autorité de délivrance ;
b) La date de délivrance ;
c) Le fournisseur ;
d) L'identificateur du certificat ;
e) La personne ou entité à laquelle le consentement préalable a été donné ;
f) Le sujet ou les ressources génétiques couverts par le certificat ;
g) Une confirmation que des conditions convenues d'un commun accord ont été établies ;
h) Une confirmation que le consentement préalable en connaissance de cause a été obtenu ; et
i) l'utilisation à des fins commerciales.

ARTICLE 18
CONFORMITÉ AUX CONDITIONS CONVENUES D'UN COMMUN ACCORD

1. En appliquant le paragraphe 3 g) de l'article 6 et de l'article 7, chaque Partie encourage les fournisseurs et les utilisateurs de ressources génétiques et/ou de connaissances traditionnelles associées aux ressources génétiques à inclure dans les conditions convenues d'un commun accord des dispositions pour couvrir, le cas échéant, le règlement, le règlement des différends, notamment :

a) La juridiction à laquelle elles soumettent les procédures de règlement des différends ;
b) La loi applicable ; et/ou
c) Les possibilités de règlement extrajudiciaire des différends, telles que la médiation et l'arbitrage.

1. Chaque Partie veille à garantir la possibilité de recours dans leurs systèmes juridiques, conformément aux conditions juridictionnelles applicables, en cas de différend concernant les conditions convenues d'un commun accord.

2. Chaque Partie prend les mesures efficaces nécessaires concernant :

a) L'accès à la justice ; et

b) l'utilisation de mécanismes de reconnaissance mutuelle et d'application des décisions arbitrales et des jugements étrangers.

3. La Conférence des Parties siégeant en tant que réunion des Parties au Protocole évalue l'efficacité de cet article, conformément à l'article 31 du présent Protocole.

ARTICLE 19
CLAUSES CONTRACTUELLES MODÈLES

1. Chaque Partie encourage, selon qu'il convient, l'élaboration, la mise à jour et l'utilisation de clauses contractuelles modèles sectorielles et intersectorielles pour les conditions convenues d'un commun accord.

2. La Conférence des Parties siégeant en tant que réunion des Parties au Protocole examine périodiquement l'utilisation des clauses contractuelles modèles sectorielles et intersectorielles.

ARTICLE 20
CODES DE CONDUITE, LIGNES DIRECTRICES
ET/OU NORMES DE MEILLEURES PRATIQUES

1. Chaque Partie encourage, selon qu'il convient, l'élaboration, la mise à jour et l'utilisation de codes de conduite, lignes directrices et meilleures pratiques et/ou normes relatives à l'accès et au partage des avantages.

2. La Conférence des Parties siégeant en tant que réunion des parties au Protocole examine périodiquement l'utilisation de codes de conduite, lignes directrices et meilleures pratiques et/ou normes et envisage l'adoption de codes de conduite, lignes directrices et meilleures pratiques et/ou normes spécifiques.

ARTICLE 20
SENSIBILISATION

Chaque Partie prend les mesures pour sensibiliser le public à l'importance des ressources génétiques et des connaissances traditionnelles associées aux ressources génétiques, et aux questions liées à l'accès et au partage des avantages. Ces mesures peuvent inclure, entre autres :

a) La promotion du Protocole, y compris de son objectif ;

b) L'organisation de réunions de communautés autochtones et locales et de parties prenantes concernées ;

c) La mise en place et le maintien de bureaux d'assistance pour les communautés autochtones et locales, les parties prenantes concernées ;

d) La diffusion d'informations par le biais d'un centre d'échange national ;

e) La promotion de codes de conduite, lignes directrices et meilleures pratiques et/ou normes de normes de consultation avec les communautés autochtones et locales et de parties prenantes concernées ;

f) La promotion d'échanges d'expérience aux niveaux national, régional et international, selon qu'il convient ;

g) L'éducation et la formation des utilisateurs et des fournisseurs de ressources génétiques et connaissances traditionnelles associées aux ressources génétiques concernant leurs obligations en matière d'accès et de partage des avantages ;

h) La participation des communautés autochtones et locales et de parties prenantes concernées à l'application du présent Protocole ; et

i) la sensibilisation aux protocoles communautaires et aux procédures des communautés autochtones et locales.

ARTICLE 22

CAPACITÉS

1. Les Parties coopèrent à la création et au développement de capacités et au renforcement des ressources humaines et des capacités institutionnelles en vue de la mise en œuvre effective du Protocole dans les pays en développement Parties, en particulier dans les pays les moins avancés et dans les petits États insulaires en développement, ainsi que dans les Parties à économie en transition, régionales, sous-régionales et nationales. Dans ce contexte, les Parties devraient faciliter la participation des communautés autochtones et locales et des parties prenantes concernées, y compris les organisations non gouvernementales et le secteur privé.

2. Les besoins des pays en développement Parties, en particulier dans les pays les moins avancés et les petits États insulaires en développement parmi eux, ainsi que les Parties à économie en transition en matière de ressources financières conformément aux dispositions pertinentes de la Convention sont pleinement pris en compte dans la création et le renforcement des capacités aux fins de l'application du présent Protocole.

3. Les besoins des pays en développement Parties, en particulier dans les pays les moins avancés et les petits États insulaires en développement parmi eux, ainsi que les Parties à économie en transition identifient leurs besoins et leurs priorités en matière de capacités nationales au moyen d'autoévaluations des capacités nationales comme assise pour la prise de mesures appropriées aux fins d'application du présent Protocole. Ce faisant, ces Parties soutiennent les besoins et les priorités des communautés autochtones et locales et de

parties prenantes concernées en matière de capacités recensées par celles-ci, en mettant l'accent sur les besoins de capacités et les priorités des femmes.

4. En soutien de l'application du Protocole, la création et le renforcement des capacités pourraient viser notamment les domaines essentiels suivants :

a) La capacité d'appliquer le Protocole et de satisfaire aux obligations aux termes de celui-ci ;

b) La capacité de négocier des conditions convenues d'un commun accord ;

c) La capacité d'élaboration, de mettre en œuvre et de faire respecter des mesures législatives, administratives, ou de politique intérieure en matière d'accès et de partage des avantages ; et

d) la capacité des pays de développer leurs capacités endogènes de recherche afin d'ajouter la valeur à leurs propres ressources génétiques.

5. Les mesures prises en application des paragraphes 1à 4 ci-dessus peuvent inclure, entre autres :

a) Le développement juridique et institutionnel ;
b) La promotion de l'équité et de la justice dans les négociations, comme la formation en matière de négociation de conditions convenues d'un commun accord ;
c) La surveillance et l'importance de la conformité ;
d) L'emploi des meilleurs outils de communication et systèmes Internet disponibles pour les activités relatives à l'accès et au partage des avantages ;
e) L'élaboration et l'utilisation de méthodes d'évaluation ;
f) La bioprospection, recherche associée et études taxonomiques ;
g) Le transfert de technologie ainsi que l'infrastructure et la capacité technique d'en assurer la pérennité ;
h) L'augmentation de la contribution des activités d'accès et partage des avantages à la conservation de la diversité biologique et à l'utilisation durable de ses éléments constitutifs ;
i) Des mesures spéciales de renforcement des capacités des parties prenantes concernées en matière d'accès et de partage des avantages ; et
j) Des mesures spéciales de renforcement des capacités des communautés autochtones et locales en mettant l'accent sur les capacités des fermes de ces communautés en matière d'accès aux ressources génétiques et/ou aux connaissances traditionnelles associées aux ressources génétiques

6. Les informations sur les initiatives de création et renforcement des capacités prises aux niveaux national, régional et international en application des paragraphes 1 à 5 doivent être communiquées au Centre d'échange sur

l'accès et le partage des avantages afin de favoriser les synergies et la coordination de la création et du renforcement des capacités en matière d'accès et de partage des avantages.

ARTICLE 23
TRANSFERT DE TECHNOLOGIE,
COLLABORATION ET COOPÉRATION

Conformément aux articles 15, 16, 18 et 19 de la Convention, les parties collaborent et coopèrent aux programmes de recherche et de développement techniques et scientifiques, y compris les activités de recherche biotechnologique, afin de réaliser l'objectif du présent Protocole. Les Parties entreprennent, appuient et encouragent l'accès des pays en développement Parties à la technologie et le transfert de technologie à ces pays, en particulier les pays les moins avancés et les petits États insulaires en développement, ainsi que les Parties à économie en transition, afin de favoriser le développement et le renforcement d'une base technologique et scientifique solide et viable pour la réalisation des objectifs de la Convention et du présent Protocole. Dans la mesure du possible et selon qu'il convient, ces activités de collaboration ont lieu dans et avec une ou plusieurs Parties fournissant les ressources génétiques des pays d'origine de ces ressources, ou une ou plusieurs Parties qui ont acquis les ressources génétiques conformément à la Convention.

ARTICLE 24
NON-PARTIES

Les parties encouragent les non-Parties à respecter le Protocole et à communiquer au centre d'échange sur l'accès et le partage des renseignements appropriés.

ARTICLE 25
MÉCANISME DE FINANCEMENT
ET DES RESSOURCES FINANCIÈRES

1. Lorsqu'elles examinent la question des ressources financières destinées à l'application du Protocole, les Parties tiennent compte des dispositions de l'article 20 de la Convention.
2. Le mécanisme de financement de la Convention est le mécanisme de financement du Protocole.

3. En ce qui concerne la création et le renforcement des capacités visés à l'article 22 du présent Protocole, la Conférence des Parties siégeant en tant que réunion des Parties au Protocole tient compte, lorsqu'elle fournit des orientations concernant le mécanisme de financement visé au paragraphe 2 ci-dessus pour examen par la Conférence des Parties, du besoin de ressources financières des pays en développement Parties, en particulier des pays les moins avancés et des petits États insulaires en développement parmi eux, et des Parties à économie en transition, ainsi que des besoins de capacité et des priorités des communautés autochtones et locales, y compris les femmes de ces communautés.
4. Dans le cadre du paragraphe 1 ci-dessus, les Parties tiennent également compte des besoins des pays en développement Parties, en particulier ceux des pays les moins avancés et des petits États insulaires en développement ainsi que ceux des Parties à économie en transition, lorsqu'elles s'efforcent de déterminer et satisfaire leurs besoins en matière de création et de renforcement des capacités aux fins de l'application du Protocole.
5. Les orientations fournies au mécanisme de financement de la Convention dans les décisions pertinentes de la Conférence des Parties, y compris celles qui ont été approuvées avant l'adoption du Protocole, s'appliquent, *mutatis mutandis*, aux dispositions du présent article.
6. Les pays développés Parties peuvent aussi fournir des ressources financières et autres ressources pour l'application des dispositions du Protocole, dans le cadre d'arrangements bilatéraux, régionaux et multilatéraux, dont les pays en développement Parties et les Parties à économie en transition pourront user.

ARTICLE 26
CONFÉRENCE DES PARTIES SIÉGEANT
EN TANT QUE RÉUNION DES PARTIES
AU PROTOCOLE

1. La Conférence des Parties siège en tant que réunion des Parties au niveau Protocole.
2. Les Parties à la Convention qui ne sont pas Parties au Protocole peuvent participer en qualité d'observateur aux travaux de toute réunion de la Conférence des Parties siégeant en tant que Réunion des Parties au Protocole. Lorsque la Conférence des Parties siège en tant que réunion des Parties au Protocole, les décisions qui sont prises en vertu du Protocole le sont seulement par les Parties au Protocole.
3. Lorsque la Conférence des Parties siège en tant que réunion des Parties au Protocole, tout membre du Bureau de la Conférence des Parties

représentant une Partie à la convention qui n'est pas encore Partie au Protocole est remplacé par un nouveau membre qui est élu par les Parties au Protocole parmi elles. *mutatis mutandis*,

4. La Conférence des Parties siégeant en tant que réunion des Parties au Protocole suit l'application du Protocole et prend, dans le cadre de son mandat, les décisions nécessaires pour en favoriser l'application effective. Elle s'acquitte des fonctions qui lui sont assignées par le Protocole et :

a) Formule des recommandations sur toute question concernant l'application du Protocole.

b) Crée les organes subsidiaires jugés nécessaires pour faire appliquer le Protocole ;

c) Fait appel et recourt, en tant que de besoin, aux services, à la coopération et aux informations fournis par les organisations internationales et les organes intergouvernementaux et non gouvernementaux compétents ;

d) Détermine la présentation et la périodicité de la transmission des informations à communiquer en application de l'article 29 du présent Protocole et examine ces informations ainsi que les rapports soumis par ses organes subsidiaires ;

e) Examine et adopte, en tant que de besoin, les amendements au Protocole et à son annexe, ainsi qu'à toute annexe additionnelle au Protocole, jugés nécessaires pour son application ; et

f) exerce toute fonction que pourrait exiger l'application du Protocole.

5. Le règlement intérieur de la Conférence des Parties et les règles de gestion financière de la Convention s'appliquent *mutatis mutandis* au Protocole, à moins que la Conférence des Parties siégeant en tant que réunion des Parties au Protocole n'en décide autrement par consensus.

6. La première réunion de la Conférence des Parties à la Convention siégeant en que tant réunion des Parties au Protocole est convoquée par le Secrétariat et tenue concurremment avec la première réunion de la Conférence des Parties qui se tiendra après la date d'entrée en vigueur du Protocole. Par ma suite, les réunions ordinaires de la Conférence des Parties siégeant en tant que réunion des Parties au Protocole se tiendront concurremment avec les réunions ordinaires de la Conférence des Parties, à moins que la Conférence des Parties siégeant en tant que réunion des Parties au Protocole n'en décide autrement.

7. Des réunions extraordinaires de Conférence des Parties siégeant en tant réunion des Parties au Protocole peuvent avoir lieu à tout autre moment si la Conférence des Parties siégeant en tant que réunion des Parties au Protocole le juge nécessaire, ou à la demande écrite d'une Partie, sous réserve que cette demande soit appuyée par un tiers au moins des Parties dans les six mois suivants sa communication aux Parties par le Secrétariat.

8. L'Organisation des Nations Unies, ses institutions spécialisées et l'Agence internationale de l'énergie atomique, ainsi que tout État membre desdites organisations ou tout observateur auprès desdites organisations qui n'est pas Partie à la Convention, peuvent être représentées en qualité d'observateur aux réunions de la Conférence des Parties siégeant en tant que réunion des Parties au Protocole. Tout organe ou institution, à caractère national ou international, gouvernemental ou non gouvernemental, compétents dans les domaines visés par le présent Protocole et ayant informé le Secrétariat de son souhait d'être représenté en qualité d'observateur à une réunion de la Conférence des Parties siégeant en tant que réunion des Parties au Protocole, peut être admis en cette qualité à moins qu'un tiers au moins des Parties présentes ne s'y oppose. L'admission et la participation d'observateurs sont régies par le règlement intérieur visé au paragraphe 5 ci-dessus, sauf disposition contraire du présent article.

ARTICLE 27
ORGANES SUBSIDIAIRES

1. Tout organe subsidiaire créé par ou en vertu de la Convention peut s'acquitter de fonctions au titre du Protocole, y compris sur décision de la Conférence des Parties siégeant en tant que réunion des Parties au présent Protocole. Une telle décision précise les tâches à entreprendre.
2. Les Parties à la Convention qui ne sont pas Parties au présent Protocole peuvent participer, en qualité d'observateur, aux travaux de toute réunion d'un organe subsidiaire de la Convention agit en tant qu'organe subsidiaire du Protocole, les décisions relevant du présent protocole sont prises uniquement par les parties au Protocole.
3. Lorsqu'un organe subsidiaire de la Convention exerce ses fonctions en tant qu'organe subsidiaire du Protocole, tout membre du Bureau de cet organe subsidiaire représentant une Partie à la Convention qui n'est pas encore Partie au Protocole est remplacé par un nouveau membre qui est élu par les Parties au Protocole parmi elles.

ARTICLE 28
SECRÉTARIAT

1. Un Secrétariat établi en vertu de l'article 24 de la Convention fait fonction de Secrétariat du présent Protocole.
2. Le paragraphe 1 de l'article 24 de la Convention relatif aux fonctions du Secrétariat s'applique *mutatis mutandis* au présent Protocole.

Pour autant qu'ils sont distincts, les coûts des services de secrétariat afférents au présent Protocole sont pris en charge par les Parties au Protocole. La Conférence des Parties siégeant en tant que réunion des Parties au présent Protocole prend, à sa première réunion, les dispositions financières nécessaires à cet effet.

ARTICLE 29
SUIVI ET ÉVALUATION DES RAPPORTS

Chaque Partie veille au respect des obligations qui sont les siennes en vertu du présent protocole et, à des intervalles réguliers et sous la forme décidée par la Conférence des Parties siégeant en tant que réunion des Parties au Protocole sur les mesures qu'elle a prises pour appliquer les dispositions du présent Protocole.

ARTICLE 30
PROCÉDURES ET MÉCANISMES PROPRES
À ENCOURAGER LE RESPECT DES DISPOSITIONS
DU PRÉSENT PROTOCOLE

La Conférence des Parties siégeant en tant que réunion des Parties au Protocole examine et approuve, à sa première réunion, des procédures et des mécanismes institutionnels de coopération propres à encourager le respect des dispositions du Protocole et à traiter les cas de non-respect. Ces procédures et mécanismes comportent des dispositions visant à offrir des conseils ou une assistance, le cas échéant. Ils sont distincts et sans préjudice de la procédure et des mécanismes de règlement des différends prévus à l'article 27 de la Convention.

ARTICLE 31
ÉVALUATION ET EXAMEN

La Conférence des Parties siégeant en tant que réunion des Parties au Protocole procède, quatre ans après l'entrée en vigueur du Protocole, puis ensuite à des intervalles déterminés par la Conférence des Parties siégeant en tant que réunion des Parties au Protocole, à une évaluation de son efficacité.

ARTICLE 32
SIGNATURE

Le présent Protocole est ouvert à la signature des Parties à la Convention au Siège de l'Organisation des Nations Unies à New York du 2 février 2011 au 1er févier 2012.

ARTICLE 33
ENTRÉE EN VIGUEUR

1. Le présent Protocole entre en vigueur le quatre-vingt-dixième jour suivant la date de dépôt du cinquantième instrument de ratification d'acceptation, d'approbation ou d'adhésion, par les États ou les organisations régionales d'intégration économique qui sont Parties à la convention.
2. Le présent Protocole entre en vigueur pour un État ou une organisation régionale d'intégration économique qui le ratifie, l'accepte, l'approuve ou y adhère après le dépôt du cinquantième instrument de ratification ainsi qu'il est mentionné au paragraphe 1 ci-dessus, soit le quatre-vingt-dixième jour après la date de dépôt, par cet État ou cette organisation régionale d'intégration économique, de son instrument de ratification, d'acceptation, d'approbation ou d'adhésion, soit au moment où la Convention entre en vigueur pour cet État ou cette organisation régionale d'intégration économique, la date la plus tardive étant retenue.
3. Aux fins des paragraphes 1 et 2 ci-dessus, aucun des instruments déposés par une organisation régionale d'intégration économique n'est considéré comme venant s'ajouter aux instruments déjà déposés par les États membres de ladite organisation.

ARTICLE 34
RESERVES

Aucune réserve ne peut être faite au présent Protocole.

ARTICLE 35
DÉNONCIATION

1. À l'exception d'un délai de deux ans à compter de la date d'entrée en vigueur du présent Protocole à l'égard d'une Partie, cette Partie peut dénoncer le présent protocole par notification écrite au Dépositaire.
2. Cette dénonciation prend effet à l'expiration d'un délai d'un an à compter de la date de sa réception par le Dépositaire, ou à toute date ultérieure qui pourra être spécifiée dans ladite notification.

ARTICLE 36
TEXTES FAISANT FOI

L'original du présent Protocole, dont les textes en anglais, arabe, chinois, espagnol, français et russe font également foi, sera déposé auprès du Secrétaire général de l'Organisation des Nations Unies.

FAIT à Nagoya, le vingt-neuf octobre deux mil dix.

AVANTAGES MONÉTAIRES ET NON MONÉTAIRES

1. Les avantages monétaires pourraient comprendre ce qui suit sans y être limités :

a) Droits d'accès/droits par échantillon collecté ou autrement acquis ;
b) Paiements initiaux ;
c) Paiements par étapes ;
d) Paiements de redevances ;
e) Droits de licence en cas de commercialisation ;
f) Droits spéciaux à verser à des fonds d'affectation spéciale en faveur de la conservation et de l'utilisation durable de la diversité biologique ;
g) Salaires et conditions préférentielles s'il en est convenu d'un commun accord ;
h) Financement de la recherche ;
i) Coentreprises ;
j) Copropriétés des droits de propriété intellectuelle pertinents.

2. Les avantages non monétaires pourraient comprendre ce qui suit sans y être limités :

a) Partage des résultats de la recherche et de la mise en valeur ;
b) Collaboration, coopération et contribution aux programmes de recherche scientifique et mise en valeur, notamment aux activités de recherche biotechnologique, autant que possible dans la Partie qui fournit les ressources génétiques ;
c) Participation au développement de produits ;
d) Collaboration, coopération et contribution à l'éducation et à la formation :
e) Accès aux installations de conservation *ex-situ* de ressources génétiques et aux bases de données ;
f) Transfert au fournisseur des ressources génétiques, des connaissances et technologies à des conditions justes et les plus favorables, y compris à des conditions de faveur et préférentielles s'il en est ainsi convenu d'un commun accord, et en particulier transfert des connaissances et de la technologie qui utilisent les ressources génétiques, y compris la biotechnologie, ou qui ont trait à la conservation et à l'utilisation durable de la diversité biologique ;
g) Renforcement des capacités en matière de transfert de technologie ;
h) Renforcement des capacités institutionnelles ;
i) Ressources humaines et matérielles nécessaires au renforcement des capacités pour l'administration et l'application des règlements d'accès ;

j) Formation relative aux ressources génétiques avec la pleine participation des pays qui fournissent et, autant que possible, dans ces pays ;
k) Accès à l'information scientifique ayant trait à la conservation et à l'utilisation durable de la diversité biologique, y compris les inventaires biologiques et les études taxonomiques ;
l) Apports à l'économie locale,
m) Recherche orientée vers les besoins prioritaires, tels que la sécurité alimentaire et la santé, compte tenu des utilisations internes des ressources génétiques dans la Partie qui fournit les ressources génétiques ;
n) Relations institutionnelles et professionnelles qui peuvent découler d'un accord d'accès et de partage des avantages des activités de collaboration ultérieures ;
o) Avantages en matière de sécurité alimentaire et des moyens de subsistance ;
p) Reconnaissance sociale ;
q) Copropriété et des droits de propriété intellectuelle pertinents.

DÉCISION ADOPTÉE PAR LA CONFÉRENCE DES PARTIES À LA CONVENTION SUR LA DIVERSITÉ BIOLOGIQUE À SA DIXIÈME RÉUNION, NAGOYA, JAPON, 27 OCTOBRE 2010

X/ 42. Code de conduite éthique Tkarihwaié : ri propre à assurer le respect du patrimoine culturel et intellectuel des communautés autochtones et locales

La Conférence des Parties

Rappelant les recommandations 1, 8 et 9 du rapport de la deuxième session de l'Instance permanente des Nations Unies sur les questions autochtones prises en note par la Conférence des Parties au paragraphe 5 de la décision VII/16 et dans la décision VIII/5 F de la Conférence des Parties,
concernant les éléments d'un code de conduite éthique propre à assurer le respect du patrimoine culturel et intellectuel des communautés autochtones et locales présentant un intérêt pour la conservation et l'utilisation durable de la diversité biologique, et prenant en considération la tâche 16 du programme de travail sur l'article 8 j) et les dispositions connexes,

Soulignant que, s'agissant de ce code, « patrimoine culturel et intellectuel » désigne le
patrimoine culturel et la propriété intellectuelle des communautés autochtones et locales et est interprété dans le contexte de la Convention comme signifiant les connaissances, innovations et pratiques des communautés autochtones et locales qui incarnent des modes de vie traditionnels d'intérêt pour la conservation et l'utilisation durable de la diversité biologique,

Désireuse de favoriser le respect intégral du patrimoine culturel et intellectuel des communautés autochtones et locales présentant un intérêt pour la conservation et l'utilisation durable de la diversité biologique,

Rappelant qu'en vertu de l'article 8 j) de la Convention, les Parties à la Convention sur la
diversité biologique ont entrepris, sous réserve de leur législation nationale, de respecter, de conserver et de maintenir les connaissances, innovations et pratiques des communautés autochtones et locales incarnant des modes de vie traditionnels présentant un intérêt pour la conservation et l'utilisation durable de la diversité biologique (ci-après appelées « connaissances traditionnelles »), et de favoriser leur application à plus grande échelle avec l'approbation et la participation des dépositaires de ces connaissances, innovations et pratiques, et d'encourager le partage équitable des avantages découlant de l'utilisation de ces connaissances, innovations et pratiques,

Reconnaissant que le respect des connaissances traditionnelles nécessite que leur soit attribuée la même valeur qu'aux connaissances scientifiques occidentales et qu'elles soient jugées complémentaires de ces dernières, et que ce principe est essentiel à la promotion du respect intégral du patrimoine culturel et intellectuel des communautés autochtones et locales présentant un intérêt pour la conservation et l'utilisation durable de la diversité biologique,

Reconnaissant également que toute mesure visant à assurer le respect, la conservation et le maintien de l'utilisation des connaissances traditionnelles, tels les codes de conduite éthique, a beaucoup plus de chances de succès si elle bénéficie de l'appui des communautés autochtones et locales et qu'elle est conçue et présentée d'une manière compréhensible,

Reconnaissant en outre l'importance d'appliquer les lignes directrices volontaires Akwé:Kon pour la conduite d'études des impacts culturels, environnementaux et sociaux d'aménagements proposés ayant lieu ou susceptibles d'avoir un impact sur des sites sacrés et sur des terres ou des eaux occupées ou utilisées traditionnellement par des communautés autochtones et locales,

Rappelant que l'accès des communautés autochtones et locales aux terres et aux eaux qu'elles ont toujours occupées ou utilisées et la possibilité de pratiquer leurs connaissances traditionnelles sur ces terres et ces eaux sont primordiaux au maintien des connaissances traditionnelles et au développement d'innovations et de pratiques présentant un intérêt pour la conservation et l'utilisation durable de la diversité biologique,

Gardant à l'esprit l'importance de préserver et de développer les langues traditionnelles utilisées par les communautés autochtones et locales comme riches sources de connaissances médicales et de pratiques agricoles traditionnelles, dont la diversité biologique agricole et l'élevage, les terres, l'air, l'eau et les écosystèmes complets, qui sont transmis d'une génération à l'autre.

Tenant compte du principe holistique des connaissances traditionnelles et de leur contexte multidimensionnel qui comprend, entre autres, des qualités spatiales2, culturelles3, spirituelles et temporelles.

Tenant compte en outre des divers organes, instruments, programmes, stratégies, normes, rapports et processus internationaux pertinents et de l'importance de leur harmonisation, de leur complémentarité et de leur application efficace, notamment et selon qu'il convient :

a) La Convention sur l'élimination de toutes les formes de discrimination raciale (1965) ;
b) La Convention no 169 de l'Organisation internationale du travail relative aux peuples autochtones et tribaux (OIT, 1989) ;
c) La Convention sur la diversité biologique (1992) ;
d) La Convention pour la sauvegarde du patrimoine culturel immatériel (UNESCO 2003)
e) La Convention sur la protection et la promotion de la diversité des expressions culturelles (2005) ;
f) La Déclaration universelle des droits de l'homme (1948) ;
g) Le Pacte international relatif aux droits civils et politiques (1966) ;
h) Le Pacte international relatif aux droits économiques, sociaux et culturels (1966) ;
i) La deuxième Décennie internationale des populations autochtones du monde (2005 -
2014) ;
j) La Déclaration des Nations Unies sur les droits des peuples autochtones (UNESCO,
2001) ;
k) La Déclaration universelle sur la bioéthique et les droits de l'homme (UNESCO, 2005) ;
l) Les Lignes directrices de Bonn sur l'accès aux ressources génétiques et le partage juste et équitable des avantages découlant de leur utilisation (CDB, 2002) ;
m) Les Lignes directrices Akwe:Kon (CDB, 2004) ;
n) La Déclaration des Nations Unies sur les droits des peuples autochtones (2007).

Ayant examiné les éléments du code de conduite éthique propre à assurer le respect du patrimoine culturel et intellectuel des communautés autochtones et locales présentant un intérêt pour la conservation et l'utilisation durable de la diversité biologique,

1. *Adopte* les éléments du code de conduite éthique qui figurent dans l'annexe ci-jointe ;

2. *Décide* d'intituler les éléments du code de conduite éthique le « Code de conduite éthique Tkarihwaié:ri5 propre à assurer le respect du patrimoine culturel et intellectuel des communautés autochtones et locales présentant un intérêt pour la conservation et l'utilisation durable de la diversité biologique » ;

3. *Invite* les Parties et les gouvernements à utiliser les éléments du code de conduite éthique comme modèle pour « orienter l'élaboration de modèles de codes de conduite fondés sur l'éthique en matière de recherche, d'accès, d'utilisation, d'échange et de gestion de l'information sur les connaissances, les innovations et les pratiques traditionnelles utiles à la conservation et l'utilisation durable de la diversité biologique » 6 en fonction des circonstances nationales et besoins uniques de chaque Partie et reconnaissant la richesse de la diversité culturelle des communautés autochtones et locales ;

4. *Invite également* les Parties et les gouvernements à entreprendre des campagnes d'éducation et de sensibilisation et à formuler des stratégies de communication destinées à sensibiliser les ministères et agences gouvernementaux pertinents, les institutions universitaires, les promoteurs du secteur privé, les parties prenantes éventuelles intervenant dans les projets de développement et/ou les projets de recherche, les industries extractives, la foresterie et le grand public aux éléments du code de conduite éthique, afin qu'ils les incorporent, le cas échéant, dans les politiques et les processus aux niveaux transnational, national et local régissant les interactions avec les communautés autochtones et locales ;

5. *Invite* les secrétariats d'accords intergouvernementaux, ainsi que les agences, les organisations et les processus dont le mandat et les activités sont liés à la diversité biologique à prendre en considération les éléments du code de conduite éthique et à les intégrer dans leurs travaux ;

6. *Invite en outre* le Fonds pour l'environnement mondial, les institutions de financement et les organismes de développement internationaux, et les organisations non gouvernementales compétentes, selon qu'il convient et selon leur mandat et leurs responsabilités, à étudier la possibilité d'offrir une assistance aux communautés autochtones et locales, surtout les femmes, afin de les sensibiliser et d'accroître leurs capacités et leur compréhension des éléments du code de conduite éthique.

LE CODE DE CONDUITE ÉTHIQUE TKARIHWAIÉ:RI PROPRE À ASSURER LE RESPECT DU PATRIMOINE CULTUREL ET INTELLECTUEL DES COMMUNAUTÉS AUTOCHTONES ET LOCALES PRÉSENTANT UN INTÉRÊT POUR LA CONSERVATION ET L'UTILISATION DURABLE DE LA DIVERSITÉ BIOLOGIQUE

Section 1

JUSTIFICATION

1. Les éléments d'un code de conduite éthique ci-après sont volontaires et ont pour objet de fournir une orientation en ce qui concerne les activités/interactions avec les communautés autochtones et locales et l'élaboration de codes de conduite à l'échelon local, national et régional, dans le but de favoriser le respect, la préservation et le maintien des connaissances, innovations et pratiques traditionnelles qui présentent un intérêt pour la conservation et l'utilisation durable de la diversité biologique. Ils ne doivent pas être vus comme un moyen de modifier ou d'interpréter les obligations des Parties à la Convention sur la diversité biologique ou de tout autre instrument international. Ils ne doivent pas être interprétés comme modifiant les lois nationales, les traités, les accords ou autres arrangements constructifs qui peuvent déjà exister.

2. Ces éléments d'un code de conduite éthique ont pour but de favoriser le respect du patrimoine culturel et intellectuel des communautés autochtones et locales qui présente un intérêt pour la conservation et l'utilisation durable de la diversité biologique. Ce faisant, ils contribuent à la réalisation des objectifs de l'article 8 j) de la Convention sur la diversité biologique et de son plan d'action pour le maintien et l'utilisation des connaissances, innovations et pratiques traditionnelles des communautés autochtones et locales.

3. Ces éléments visent à donner des orientations pour l'établissement ou l'amélioration des cadres nationaux nécessaires afin de régir les activités/interactions avec les communautés autochtones et locales, notamment par les ministères et organismes gouvernementaux, les établissements d'enseignement, les promoteurs du secteur privé, les intervenants éventuels dans les projets de développement et/ou de recherche, les industries extractives, la foresterie et d'autres acteurs éventuels, et en particulier pour le développement d'activités/interactions sur des terres et des eaux traditionnellement occupées par des communautés autochtones et locales, tout en permettant à ces communautés de promouvoir le respect de leurs connaissances traditionnelles et des ressources biologiques et génétiques qui s'y rattachent.

4. Lorsque le consentement ou l'autorité des communautés autochtones et locales est requis en ce qui concerne les connaissances traditionnelles associées à la conservation et l'utilisation durable de la diversité biologique, les communautés autochtones et locales sont en droit d'identifier les détenteurs de leurs connaissances, conformément à leur droit coutumier et leurs procédures coutumières.

Section 2

PRINCIPES ÉTHIQUES

5. Les principes éthiques ci-dessous visent à promouvoir le respect du droit des communautés autochtones et locales de jouir de leur patrimoine culturel et intellectuel, notamment les connaissances, les innovations et les pratiques traditionnelles qui présentent un intérêt pour la conservation et l'utilisation durable de la diversité biologique, de le protéger et de le transmettre aux futures générations, et ces principes devraient servir de fondement dans toutes les relations avec les communautés autochtones et locales.

6. Il est hautement souhaitable que les activités/interactions avec les communautés autochtones et locales reposent sur les principes suivants :

A. Principes éthiques généraux
Respect des règlements existants

7. Ce principe reconnaît l'importance des règlements convenus d'un commun accord ou des accords au niveau national qui existent dans de nombreux pays et que le respect doit toujours s'appliquer à ces arrangements.

Propriété intellectuelle

8. Les préoccupations et les revendications collectives et individuelles au sujet de la propriété intellectuelle et culturelle sur les connaissances, innovations et pratiques traditionnelles qui présentent un intérêt pour la conservation et l'utilisation durable de la diversité biologique devraient être reconnues et traitées dans le cadre des négociations avec les communautés autochtones et locales, avant d'entreprendre des activités/interactions.

Non-discrimination

9. Les principes d'éthique et les règles qui régissent toutes les activités/interactions devraient être non discriminatoires, compte tenu des mesures correctives s'appliquant au sexe, aux groupes désavantagés et à la représentation.

Transparence/Divulgation complète

10. Les communautés autochtones et locales devraient être pleinement informées à l'avance de la nature, la portée et l'objet de toute activité/interaction proposée et exécutée par d'autres qui pourrait faire appel à leurs connaissances, innovations et pratiques traditionnelles en matière de conservation et d'utilisation durable de la diversité biologique, ayant lieu ou susceptible d'avoir des incidences sur des sites sacrés et sur des terres et des eaux occupées ou utilisées traditionnellement par des communautés autochtones et locales. Cette information devrait être fournie en tenant compte du bassin de connaissances et des pratiques culturelles des communautés autochtones et locales, et y faire activement appel.

Consentement préalable en connaissance de cause et/ou approbation et participation

11. Toute activité/interaction liée aux connaissances traditionnelles présentant un intérêt pour la conservation et l'utilisation durable de la diversité biologique ayant lieu ou susceptible d'avoir des incidences sur des sites sacrés et des terres et des eaux traditionnellement occupées ou utilisées par les communautés autochtones et locales, et ayant un impact sur des groupes spécifiques, devrait être réalisée avec le consentement préalable en connaissance de cause et/ou l'approbation des communautés autochtones et locales. Ce consentement ou cette approbation ne devrait pas être contraint, forcé, ou manipulé.

Respect interculturel

12. Les connaissances traditionnelles devraient être respectées en tant qu'expression légitime de la culture, des traditions et de l'expérience des communautés autochtones et locales, dans le cadre de la pluralité des bassins de connaissances existantes. Il est hautement souhaitable que les personnes qui entretiennent des relations avec les communautés autochtones et locales respectent l'intégrité, la moralité et la spiritualité des cultures, des traditions et des relations des communautés autochtones et locales, et évitent d'imposer des concepts, des normes et des jugements de valeur dans le dialogue entre les cultures. Le respect du patrimoine culturel, des sites cérémoniaux et sacrés, des espèces sacrées et des connaissances secrètes et sacrées mérite une attention particulière dans toute activité/interaction.

Protection de la propriété collective ou individuelle

13. Les ressources et connaissances des communautés autochtones et locales peuvent être détenues à titre collectif ou individuel. Quiconque entretient des relations avec les communautés autochtones et locales devrait veiller à comprendre l'équilibre des droits et obligations collectifs et individuels. Le

droit dont disposent les communautés autochtones et locales de protéger, collectivement ou autrement, leur patrimoine culturel et intellectuel, matériel et immatériel, devrait être respecté.

Partage juste et équitable des avantages

14. Les communautés autochtones et locales devraient tirer des avantages justes et équitables de leur contribution aux activités/interactions liées à la diversité biologique et aux connaissances traditionnelles associées qui sont prévues ou sont susceptibles d'avoir des incidences sur des sites sacrés et des terres ou des eaux traditionnellement occupées ou utilisées par des communautés autochtones et locales. Le partage des avantages devrait être considéré comme un moyen de renforcer les communautés autochtones et locales et de promouvoir les objectifs de la Convention sur la diversité biologique. Il devrait être équitable entre les groupes et au sein de ceux-ci et tenir compte des procédures communautaires pertinentes.

Protection

15. Les activités/interactions proposées qui relèvent des attributions de la Convention devraient comprendre des efforts raisonnables pour protéger et améliorer les relations qu'entretiennent les communautés autochtones et locales touchées avec l'environnement et, de ce fait, promouvoir les objectifs de la Convention.

Approche de précaution

16. Ce principe confirme l'approche de précaution mise de l'avant dans le principe 15 de la Déclaration de Rio sur l'environnement et le développement7 et dans le préambule de la Convention sur la diversité biologique. Les prévisions et les évaluations des dommages possibles à la diversité biologique devraient inclure des critères et indicateurs locaux, et associer pleinement les communautés autochtones et locales pertinentes.

B. Considérations particulières

Reconnaissance des sites sacrés, des sites présentant une importance culturelle et des terres et des eaux traditionnellement occupées ou utilisées par des communautés autochtones et locales

17. Ce principe reconnaît les liens intégraux des communautés autochtones et locales avec leurs sites sacrés, avec des sites présentant une importance culturelle et avec des terres et des eaux traditionnellement occupées ou utilisées par ces communautés, ainsi qu'avec les connaissances traditionnelles qui s'y rattachent, et le caractère indissociable de leur culture, de leurs terres et de leurs eaux. Dans un tel contexte, les lois nationales intérieures et les

obligations internationales devraient reconnaître le mode traditionnel de possession des terres des communautés autochtones et locales, car l'accès aux terres, aux eaux et aux sites sacrés est fondamental au maintien des connaissances traditionnelles et à la diversité biologique qui s'y rattache. Les terres et les eaux peu peuplées ne devraient pas être tenues pour désertes ou inoccupées, mais peuvent être occupées ou utilisées par des communautés autochtones et/ou locales.

Accès aux ressources traditionnelles

18. Les droits aux ressources traditionnelles sont de nature collective, mais ils peuvent englober d'autres intérêts et obligations et s'appliquer aux ressources traditionnelles qui se trouvent sur des terres et dans des eaux traditionnellement occupées ou utilisées par des communautés autochtones et locales. L'accès des communautés autochtones et locales aux ressources traditionnelles est essentiel à l'utilisation durable de la diversité biologique et à la survie des cultures. Les activités/interactions ne devraient pas nuire à l'accès aux ressources traditionnelles, sauf en cas d'approbation de la communauté concernée. Les activités/interactions devraient respecter les règles coutumières régissant l'accès aux ressources quand cela est exigé par la communauté concernée.

Interdiction de déplacement arbitraire

19. Les activités/interactions liées à la diversité biologique et aux objectifs de la Convention, telle la conservation, ne devraient pas causer le déplacement des communautés autochtones et locales de leurs terres et de leurs eaux qu'elles ont toujours occupées ou utilisées, par la force ou par la contrainte, sans leur consentement. Les communautés autochtones et locales qui acceptent d'être déplacées devraient être indemnisées. Ces communautés autochtones et locales devraient avoir le droit de retourner à leurs terres traditionnelles, si possible. Aucune activité/interaction ne devrait entraîner par la force ou la contrainte le retrait de membres de communautés autochtones et locales, surtout les aînés, les personnes handicapées et les enfants, de leur famille.

Intendance/garde traditionnelle

20. L'intendance/garde traditionnelle reconnaît le lien d'interdépendance holistique entre l'humanité et les écosystèmes, ainsi que les obligations et les responsabilités des communautés autochtones et locales de protéger et de conserver leur rôle traditionnel d'intendants et de gardiens de ces écosystèmes par le maintien de leur culture, de leurs croyances spirituelles et de leurs pratiques coutumières. Par conséquent, la diversité culturelle, y compris la diversité linguistique, est essentielle à la conservation et l'utilisation durable

de la diversité biologique. Les communautés autochtones et locales doivent donc, lorsque cela convient, participer activement à la gestion des terres et des eaux qu'elles occupent ou utilisent traditionnellement, y compris des sites sacrés et des aires protégées. Les communautés autochtones et locales peuvent également considérer certaines espèces de végétaux et d'animaux comme sacrées et, à titre d'intendantes de la diversité biologique, être responsables de leur bien-être et de leur viabilité. Cette réalité devrait être respectée et prise en considération dans toutes les activités/interactions.

Reconnaissance des structures sociales des communautés autochtones et locales — familles élargies, communautés et nations autochtones

21. Pour les communautés autochtones et locales, toutes les activités/interactions se déroulent dans un contexte social. Les aînés, les femmes et les jeunes jouent un rôle déterminant dans le processus de dissémination de la culture, qui est fondé sur le transfert intergénérationnel des connaissances, des innovations et des pratiques. La structure sociale des communautés autochtones et locales devrait donc être respectée, y compris le droit de transmettre leur culture et leurs connaissances selon leurs traditions et leurs coutumes.

Dédommagement et/ou indemnisation

22. Tous les efforts devraient être déployés afin de protéger de toute conséquence néfaste les communautés autochtones et locales et les terres et les eaux qu'elles ont toujours occupées ou utilisées, leurs sites et leurs espèces sacrés, et leurs ressources traditionnelles, qui pourrait découler de quelque activité/interaction liée à la diversité biologique, à sa conservation et à son utilisation durable. Si elles devaient subir de telles conséquences néfastes, un dédommagement ou une indemnisation appropriés devra leur être accordé conformément à la législation nationale et aux obligations internationales pertinentes, à des conditions convenues d'un commun accord entre les communautés autochtones et locales et les parties ayant entrepris ces activités/interactions.

Rapatriement

23. Des efforts devraient être déployés en vue du rapatriement des informations nécessaires pour faciliter la récupération des connaissances traditionnelles liées à la diversité biologique.

Relations pacifiques

24. Les conflits entre les communautés autochtones et locales et les gouvernements locaux ou nationaux, causés par les activités/interactions liées

à la conservation ou à l'utilisation durable de la diversité biologique, devraient être évités. Si cela s'avérait impossible, il faudrait mettre en place des mécanismes de résolution des différends et des griefs adaptés aux réalités culturelles et nationales. Les personnes et les organismes qui entretiennent des relations avec les communautés autochtones et locales devraient aussi éviter d'intervenir dans les différends entre les communautés autochtones et locales.

Soutien des initiatives de recherche des communautés autochtones et locales

25. Les communautés autochtones et locales devraient avoir la possibilité de participer activement à la recherche qui les concerne ou qui utilise leurs connaissances traditionnelles, relativement aux objectifs de la Convention, d'arrêter leurs projets et priorités en matière de recherche, de mener leurs propres recherches, y compris établir leurs instituts de recherche et de promouvoir le renforcement de la coopération, des capacités et des compétences.

Section 3

MÉTHODES

Négociations de bonne foi

26. Les personnes qui utilisent les éléments de ce code sont encouragées à interagir de bonne foi et à s'engager formellement dans un procédé de négociation en toute bonne foi.

Subsidiarité et prise de décisions

27. Toutes les décisions relatives aux activités/interactions avec les communautés autochtones et locales liées aux objectifs de la Convention devraient être élaborées et développées à l'échelon voulu pour assurer la responsabilisation et la pleine participation des communautés autochtones et locales, en gardant à l'esprit que ces activités/interactions devraient respecter les structures décisionnelles des communautés autochtones et locales.

Partenariat et coopération

28. Toutes les activités/interactions entreprises dans l'esprit des éléments du code de conduite éthique devraient être fondées sur le partenariat et la coopération afin de soutenir, de maintenir et d'assurer l'utilisation durable de la diversité biologique et des connaissances traditionnelles.

Éléments liés à la parité des sexes

29. La méthodologie devrait tenir compte du rôle crucial que jouent les femmes des communautés autochtones et locales dans la conservation et

l'utilisation durable de la diversité biologique, et ainsi confirmer la nécessité de la participation pleine et entière des femmes à tous les niveaux d'établissement et de mise en œuvre des politiques en faveur de la conservation de la diversité biologique, selon qu'il convient.

Participation pleine et entière/approche participative

30. Ce principe reconnaît l'importance fondamentale que revêt la participation pleine et entière des communautés autochtones et locales à toutes les activités/interactions relatives à la diversité biologique et à sa conservation qui sont susceptibles d'avoir un impact sur ces communautés, et le respect de leurs méthodes et échéances de prise de décisions. La conduite éthique devrait reconnaître l'existence de circonstances légitimes en vertu desquelles les communautés autochtones et locales limitent l'accès à leurs connaissances traditionnelles.

Confidentialité

31. La confidentialité de l'information et des ressources devrait être respectée, sous réserve du droit national. L'information fournie par les communautés autochtones et locales ne devrait ni être utilisée ni divulguée à des fins différentes de celles pour lesquelles elle a été obtenue, ni être fournie à un tiers sans le consentement des communautés autochtones et locales. La confidentialité est plus particulièrement de mise dans le cas d'information sacrée et/ou secrète. Les personnes qui travaillent avec les communautés autochtones et locales doivent savoir que des notions telles que « le domaine public » peuvent être étrangères à la culture des communautés autochtones et locales.

Réciprocité

32. L'information obtenue dans le cadre des activités/interactions avec les communautés autochtones et locales doit être mise en commun avec les communautés d'une façon et dans une forme qu'elles peuvent comprendre et qui respecte leur culture, afin de favoriser les échanges interculturels, les transferts de connaissances et de technologie, la synergie et la complémentarité.

Forum International des Peuples autochtones d'Afrique Centrale, Impfondo, République du Congo, 10-15 avril 2007

Communiqué Final

Sur l'initiative de la République du Congo, et avec l'appui technique, financier et matériel de l'Alliance WWF/Banque mondiale, la Coopération Technique Allemande (GTZ), l'UNICEF, le PNUE, l'OMS, le PAM, le WWF, l'UICN et le secteur privé forestier national, s'est tenu à Impfondo du 10 au 15 avril le Forum des Populations autochtones d'Afrique Centrale (FIPAC), sur le thème : « L'implication des Peuples autochtones dans la gestion durable et la conservation des écosystèmes forestiers d'Afrique Centrale ».

La cérémonie d'ouverture était présidée par Son Excellence Monsieur Henri Djombo, Ministre de l'Économie Forestière de la République du Congo, Représentant du Président de la République du Congo. Y prenaient également part :

- Monsieur Désiré KOLINGBA NZANGA, Ministre de la Jeunesse, des Sports, des Arts et de la Culture de la République Centrafricaine,
- Madame Awa OUTH MAM DJAME, Ministre de l'Environnement et du Cadre de Vie de la République du Tchad,
- Monsieur Gilbert DJOMBO BOMONDJO, Préfet du Département de la Likouala
- Monsieur Laurent Magloire SOME, Représentant Régional du Fonds Mondial pour la Nature (WWF) pour l'Afrique Centrale,
- Monsieur Kapupu Diwa MUTIMANWA, Coordinateur Général du Réseau des Populations autochtones et Locales d'Afrique Centrale sur la Gestion Durable des Forêts

Y assistaient également des membres du Corps Diplomatique accrédité en République du Congo (Messieurs les Ambassadeurs de la République d'Afrique du Sud, de la République Centrafricaine, de la République Démocratique du Congo, de la France), les Délégués autochtones de huit pays (Burundi, Cameroun, Ouganda, République Centrafricaine, République du Congo, République Démocratique du Congo, République Gabonaise, et Rwanda), des représentants d'organisations internationales (PNUE, UNICEF, Banque Mondiale, OIT, le Secrétariat de la Convention des Nations Unies sur la lutte contre la désertification), d'organisations non gouvernementales nationales et internationales (FPP, WCS, CED, CERAD, WWF, CARPE/USAID…), les sociétés forestières.

Se sont jointes aux travaux les délégations du Cameroun et du Gabon, conduites respectivement par Monsieur Nana ABOUBAKAR, Ministre Délégué auprès du ministre de l'Environnement et de la protection de la Nature, et par Monsieur Alphonse OWELE, Conseiller du Ministre de l'Économie Forestière, des Eaux, de la Pêche et des Parcs Nationaux de la République Gabonaise.

Le Forum visait trois objectifs essentiels :

- Contribuer à renforcer les capacités des Peuples autochtones d'Afrique centrale sur les droits qui leur sont reconnus dans les conventions internationales et les législations nationales relatives à la gestion durable et à la conservation des écosystèmes forestiers ;
- Favoriser des échanges autour des expériences et des cas de reconnaissance et de protection des droits des peuples autochtones dans le domaine de la gestion durable et de la conservation des écosystèmes forestiers d'Afrique centrale ;
- Élaborer un plan d'action sous-régional pour l'implication accrue des Peuples autochtones dans la gestion durable et la conservation des écosystèmes forestiers d'Afrique centrale, conformément aux dispositions des conventions internationales et des législations nationales de gestion et de conservation de la biodiversité.

Les travaux se sont déroulés suivant six étapes principales :

- La cérémonie d'ouverture
- Les rapports nationaux
- Les travaux en groupe
- Les caucus autochtones
- La restitution en plénière
- Les manifestations culturelles

1. La cérémonie d'ouverture

Elle a été marquée par quatre allocutions :

- L'allocution de Monsieur Kapupu Diwa MUTIMANWA, Coordinateur Général du Réseau des Populations autochtones et Locales d'Afrique Centrale sur la Gestion Durable des Forêts, qui a remercié, au nom des Autochtones, le Gouvernement de la République du Congo, et les populations de la Likouala, hôtes du Forum, ainsi que les diverses institutions ayant contribué à l'organisation de ces assises. Il a émis le vœu que le même enthousiasme des gouvernements et des agences de coopération bilatérale et multilatérale se poursuive dans l'accompagnement du plan d'action issu du FIPAC.

- Le discours de bienvenue de Monsieur Gilbert DJOMBO BOMONDJO, Préfet du Département de la Likouala, qui a procédé à un rappel historique confirmant l'antériorité de la présence des peuples autochtones dans la forêt d'Afrique centrale, et rappelant l'importance de la jouissance de la pleine citoyenneté par les Autochtones.
- L'allocution de Monsieur Laurent Magloire SOME, Représentant Régional du Fonds Mondial pour la Nature (WWF), parlant au nom de l'Alliance WWF-Banque Mondiale, qui a salué la tenue de ce Forum, et confirmé l'engagement et le soutien de l'Alliance à ce processus visant à assurer une meilleure implication des communautés autochtones dans la gestion des forêts du Bassin du Congo.
- L'allocution d'ouverture de Son Excellence Monsieur Henri DJOMBO, Ministre de l'Économie Forestière de la République du Congo, qui a indiqué les liens entre les Autochtones et les Forêts, reconnus dans plusieurs processus internationaux. Il a présenté les initiatives en cours dans son pays pour assurer la reconnaissance, la promotion et la protection des droits des Autochtones. Ont ainsi été citées, entre autres mesures, la consécration constitutionnelle de l'égalité des droits en faveur de tous les citoyens congolais, la non-discrimination dans les recrutements au sein de la fonction publique et des sociétés privées, la préparation d'une loi sur la promotion et la protection des peuples autochtones.

2. Les rapports nationaux

Les participants ont suivi la présentation des rapports nationaux sur la situation des peuples autochtones et la gestion durable des ressources forestières. Les délégués des peuples autochtones chargés des présentations étaient les suivants : Honorable Liberate NICAYENZI (Burundi), Madame Hélène AYE MONDO (Cameroun), Monsieur Jérôme SITAMON (République Centrafricaine), Monsieur Louis NGOUELE IBARA (République du Congo), Monsieur Jacques IPOMA (République Démocratique du Congo), Monsieur Charles UWIRAGIYE (Rwanda).

La plénière a mis en place un Bureau Général du Forum, composé comme suit :

Modération générale : Monsieur Zéphyrin KALIMBA, assisté de l'Honorable Liberate NICAYENZI et de Monsieur Patrice BIGOMBE

Secrétariat Général : Monsieur Kapupu DIWA, assisté de Madame Jenny Springer, et de Messieurs Parfait MOUSSA DIHOUKAMBA et Samuel Alain NGUIFFO

3. Les travaux en ateliers

Trois ateliers ont été constitués, autour des thématiques suivantes :

- ***L'atelier numéro 1, sur les aspects juridiques et politiques***, dont la modération était assurée par Madame Hélène AYE MONDO, assistée de Messieurs Moke LOAMBA, Marius BIYEKELE et David BOMPOLO
- ***L'atelier numéro 2 sur les aspects sociaux et économiques***, dont la modération était assurée par Monsieur Stéphan ILUNDU BULAMBO, assisté de Messieurs John NELSON, Louis DEFO et Émile NGOUAKA
- ***L'atelier numéro 3 sur les aspects culturels*** dont la modération était assurée par Monsieur Louis NGOUELE IBARA, assisté de Messieurs Venant MESSE, Saint-Jérôme SITAMON et Alexandre NTOUTOUBELE.

La responsabilité principale de la modération générale, ainsi que celle des ateliers a été assurée par des délégués autochtones.

Après avoir écouté des présentations ayant pour but d'informer les participants sur des questions relatives aux thèmes en débat, les ateliers se sont penchés sur leurs termes de référence, qui prévoyaient :

- L'identification de 5 préoccupations majeures des autochtones liées au thème analysé
- L'identification, pour chacune des préoccupations, d'une action à mener pour essayer de résoudre le problème
- Pour chacune des actions, l'identification d'un résultat escompté
- L'identification des institutions en charge et des échéances.

Les participants à l'atelier numéro 1 ont écouté des présentations portant sur la situation des peuples autochtones en Afrique centrale, les instruments politiques et juridiques de protection des peuples autochtones dans le monde et en Afrique, la Charte africaine des Droits de l'Homme et des Peuples, la mise en œuvre de la Convention sur la Biodiversité en relation avec les droits des Peuples autochtones, les stratégies de lutte contre la pauvreté et des Peuples autochtones, et les possibilités de sécurisation foncière par la création de chefferies administratives autochtones.

Les participants autochtones ont noté des points positifs dans la prise en compte de leur situation dans quelques pays d'Afrique centrale, et ont invité les États à suivre ces initiatives encourageantes. C'est par exemple le cas au Burundi par exemple, où la Constitution prévoit une représentation des Autochtones au sein du Parlement et du Sénat. De même, en République du Congo, une loi spécifique aux Autochtones est en préparation. Enfin, en République Démocratique du Congo, des Autochtones sont membres de la Commission interministérielle sur le processus de conversion des titres forestiers.

Ils ont constaté un faible accès des Autochtones aux services sociaux de base, une participation faible de leurs leaders et leurs communautés à la vie publique de leurs États, et une faiblesse du cadre juridique en faveur des Autochtones dans les pays d'Afrique centrale. Ils ont enfin noté la faiblesse de la cohérence des interventions de différents acteurs en faveur des Autochtones, et souhaité une adhésion des États aux principaux instruments juridiques internationaux relatifs aux peuples autochtones.

Au cours de l'atelier numéro 2, les présentations ont porté sur des questions relatives à la sécurisation des droits des Autochtones dans le cadre de la conservation de la biodiversité, la cartographie comme instrument d'identification des usages communautaires en zone forestière, les possibilités d'utilisation alternative des ressources forestières par les peuples autochtones, et la valorisation desdites ressources par l'écotourisme.

Les participants à cet atelier ont noté avec satisfaction des efforts accomplis par quelques pays ou partenaires dans la promotion des droits sociaux des Autochtones, notamment la gratuité de la scolarisation des enfants du primaire au Burundi. Ils ont toutefois relevé des difficultés persistantes dans l'accès à l'éducation, aux soins de santé, à la terre, aux ressources naturelles et aux revenus tirés de la gestion durable des ressources naturelles. Ils ont souhaité l'adaptation des systèmes, programmes et calendriers scolaires aux modes de vie des populations autochtones.

L'atelier numéro 3 a insisté sur la richesse du patrimoine culturel des Autochtones d'Afrique centrale, qui fait malheureusement l'objet d'un mépris de certains non autochtones, et d'une exploitation à des fins commerciales ne profitant pas aux communautés autochtones. Les participants ont noté l'impact négatif des acteurs extérieurs sur les pratiques culturelles des autochtones, et l'absence de structures d'archivage et d'animation culturelle au sein des peuples autochtones de la région.

4. Les caucus autochtones

Le programme prévoyait l'organisation de caucus autochtones à la fin de chaque journée du Forum, et toute la matinée du 13 avril. Les caucus ont été organisés sous la responsabilité du REPALEAC.

5. La restitution en plénière

Les travaux des ateliers ont donné lieu à une restitution en plénière, suivie de débats, avant leur adoption. Les préoccupations des peuples autochtones tels qu'exprimés lors des débats et des travaux en ateliers s'articulent autour des thèmes suivants :

- L'amélioration du statut juridique et politique des populations autochtones d'Afrique centrale, par la ratification des instruments juridiques internationaux, l'adoption de lois nationales assurant la promotion et la protection des peuples autochtones ;
- La reconnaissance des liens ancestraux entre les autochtones, les forêts et les terres
- La représentation des peuples autochtones dans les instances nationales de prise de décision
- La prise en compte des préoccupations et spécificités des communautés autochtones dans les stratégies nationales de réduction de la pauvreté
- La question de l'éducation, afin de faire face au déficit de formation des autochtones
- La question de la santé, pour atténuer le taux de mortalité et de morbidité particulièrement élevé chez les peuples autochtones
- La protection et la promotion du savoir-faire traditionnel des peuples autochtones en matière de gestion de la biodiversité
- L'amélioration des conditions de vie des communautés autochtones
- La valorisation de la culture et des connaissances des peuples autochtones d'Afrique centrale.

6. La cérémonie de clôture

La cérémonie de clôture s'est tenue sous la présidence de Monsieur le Ministre de l'Économie Forestière de la République du Congo, et a été marquée par les temps forts suivants :

- La lecture de la motion de remerciements par un Représentant des peuples autochtones, par Madame Jeanne Marthe MINKOUE MI-ELLA (Gabon)
- La lecture du communiqué final du FIPAC, par Monsieur Louis NGOUELLE IBARA
- Le discours de Monsieur le Coordonnateur Général du REPALEAC, Monsieur Kapupu Diwa MUTIMANWA
- Le discours de Monsieur Laurent Magloire SOME, Représentant de l'Alliance WWF/Banque Mondiale
- Le discours de Monsieur Gilbert DJOMBO BOMONDJO, Préfet du Département de la Likouala
- Le discours de clôture de Son Excellence Henri DJOMBO, Ministre de l'Économie Forestière, Représentant du Président de la République du Congo.

7. Les manifestations culturelles

Le programme du Forum a été marqué par une animation culturelle permanente, assurée par les délégués des peuples autochtones, et leurs frères et sœurs du Département de la Likouala et des Départements voisins.
Deux grandes soirées culturelles formelles ont été organisées à l'intention des délégués au Forum.
Les manifestations culturelles se sont déroulées au lieu dit Gangania, site qui abritait le village du Forum, spécialement construit pour l'occasion.

8. Les étapes futures

Les participants ont identifié les étapes suivantes :

- La poursuite et la finalisation du processus d'élaboration d'un plan d'action stratégique sous-régional sur la question des peuples autochtones en rapport avec la gestion durable des forêts en Afrique centrale, suivant des modalités qui seront définies dans le cadre de la COMIFAC. Ce plan renforcerait le plan de convergence ;
- L'institutionnalisation du FIPAC, suivant une périodicité de trois ans, et la mise en place d'un mécanisme de suivi impliquant le Secrétariat Exécutif de la COMIFAC ;
- Le renforcement de l'implication des peuples autochtones comme acteurs dans le cadre de la mise en œuvre du plan de convergence de la COMIFAC ;
- La signature d'une convention de collaboration entre le REPELEAC et la COMIFAC ;

- La prise en compte des préoccupations et spécificités des peuples autochtones dans les stratégies nationales de réduction de la pauvreté et des politiques sectorielles
- La mise en place, au sein de tous les États, d'un mécanisme d'évaluation de l'impact des projets et programmes sur les peuples autochtones
- La mise en œuvre par les États d'Afrique centrale d'actions visant à l'adoption de la Déclaration des Nations Unies sur les droits des peuples autochtones.

ATELIER STATUTAIRE DU GROUPE DE TRAVAIL CONVENTION SUR LA DIVERSITÉ BILOGIQUE DE LA COMMISSION DES FORETS D'AFRIQUE CENTRALE

COMMUNIQUE FINAL

Dans le cadre de la formalisation du Groupe de travail Biodiversité mis en place à Sao Tomé et Principe, il s'est tenu du 07 au 11 mai 2007, à Douala au Cameroun, un atelier statutaire du Groupe de Travail CDB de la COMIFAC.
Cet atelier a regroupé une vingtaine des participants représentant l'ensemble des membres dudit groupe conformément aux recommandations de l'atelier de Sao Tomé.

L'atelier visait comme objectifs :

- La mise en place définitive du Groupe de travail ;
- L'analyse des besoins en renforcement des capacités ;
- L'analyse des problèmes communs à la mise en œuvre de la CDB ;
- L'analyse des indicateurs 2010 de la CDB ;
- La préparation des réunions de SBSTTA et du groupe de travail à composition non limitée sur l'examen de l'application de la Convention (WGRI).

Les principales articulations de l'atelier ont été :

- La cérémonie d'ouverture ;
- La mise en place du bureau de l'atelier ;
- La présentation du programme, des objectifs de l'atelier ;
- La présentation des participants ;
- La présentation de la Convention sur la Diversité Biologique ;
- L'analyse des conclusions des travaux de l'atelier de Sao Tomé ;
- L'analyse des problèmes communs pour la mise en œuvre de la CDB ;
- L'analyse des indicateurs 2010 de la CDB ;
- L'étude sur l'état des lieux relatifs au processus APA ;
- La préparation des réunions SBSTTA et WGRI ;
- L'examen du projet de décision COMIFAC instituant le groupe de travail ;
- L'adoption de la feuille de route et du chronogramme des activités du groupe de travail.

Les articulations ci-dessus ont été regroupées en deux grandes étapes :

- La séance d'ouverture
- Les travaux ponctués par des communications, des échanges en plénière et en groupes.

1. **La séance d'ouverture** a été marquée par l'intervention liminaire du Secrétaire Exécutif adjoint de la COMIFAC, Monsieur NDOMBA NGOYE Raymond, qui dans ces propos, a rappelé les grandes articulations de l'atelier et les principales décisions issues de l'atelier de Sao Tomé. Abordant son discours de circonstance, Monsieur NDOMBA NGOYE Raymond, après avoir souhaité la bienvenue aux participants et remercié les partenaires au développement qui appuient le groupe de travail, a décliné les objectifs de l'atelier ainsi que les principaux résultants attendus. Il a clos son propos en souhaitant plein succès aux travaux de l'atelier.

2. **Les travaux** ont débuté après la mise en place du bureau de l'atelier constitué de :

Modérateur : NDAYIZIGA Oscar du Burundi ;
Rapporteur : ASSOUMOU EBO Etienne du Cameroun.

Abordant le premier point des travaux, Monsieur AL JANABI SUHEL a fait une communication relative à la Convention sur la Diversité Biologique afin de permettre à l'ensemble des participants de prendre connaissance du contenu de la CDB.

La seconde communication a permis de porter les conclusions de l'atelier de Sao Tomé à la connaissance des participants. Réagissant à celle-ci, les participants ont formulé des commentaires sur la structure du groupe, la feuille de route de la phase préparatoire et se sont interrogés sur le financement du groupe de travail.

Par ailleurs, les participants ont tour à tour identifié les obstacles à la mise en œuvre de la CDB et le niveau de mise en œuvre des objectifs 2010 de la CDB. En matière des obstacles, les participants ont retenu, entre autres :

- Les difficultés éprouvées dans la mise en œuvre des activités habilitantes en raison des procédures lourdes des agences d'exécution du Fonds pour l'Environnement Mondial ;
- L'insuffisance des moyens financiers pour réaliser les programmes de la CDB ;

- La non-mise en œuvre des stratégies nationales et plans d'action sur la Diversité Biologique ;
- L'insuffisance de communication tant entre les Points Focaux CDB qu'entre les administrations en charge de la biodiversité ;
- L'insuffisance ou le manque des capacités tant institutionnelles qu'individuelles nécessaires à la mise en oeuvre de la CDB ;
- L'insuffisance du cadre législatif notamment en matière d'APA, de Biosécurité et des questions liées aux articles 8j et 10 c de la CDB ;
- Les conflits institutionnels liés aux chevauchements des compétences ;
- La mobilité des Points Focaux...

S'agissant des indicateurs, le groupe a constaté que la sous-région Afrique Centrale a fait des efforts considérables dans la mise en œuvre des indicateurs 2010 de la CDB. Toutefois des actions de terrain doivent davantage être réalisées et d'autres efforts doivent être fournis pour l'atteinte des buts 5, 6 et 7.

En ce qui concerne le processus APA, les participants ont retenu qu'une étude relative à la revue institutionnelle et juridique a été lancée. Conduite par un Consultant International et des Consultants nationaux, elle débutera le 17 juin 2007 et s'achèvera le 25 août 2007. Cependant, le travail effectif des consultants nationaux couvrira huit (8) jours.

Des échanges ont caractérisé l'analyse des documents élaborés par le Secrétariat de la CDB dans le cadre des réunions de SBSTTA et groupe de travail chargé de l'examen de l'application de la Convention.

En somme, le groupe de travail a adopté :

- six positions sur les points jugés prioritaires durant les réunions SBSTTA et WGRI ;
- le projet de décision portant création du groupe de travail sur la biodiversité en Afrique Centrale en abrégé GTBAC ;
- les TRDs des consultants nationaux relatifs à l'étude APA ;
- la feuille de route et le chronogramme des activités du GTBAC

De même, le GTBAC a confirmé la composition du Comité de Pilotage et de la facilitation

Aussi, recommande-t-il

- au Secrétariat Exécutif de la COMIFAC de continuer à fournir des efforts afin que le Rwanda intègre le processus notamment la mise en œuvre du projet APA :
- à l'ensemble des membres du groupe de remplir les tâches identifiées dans la feuille de route et le chronogramme ;
- au bureau de l'atelier et la facilitation de finaliser le rapport final d'ici le 20 mai 2007 ;
- aux points focaux d'achever la consultation et les échanges par mail relatifs aux documents des réunions WGRI et SBSTTA d'ici le 20 juin 2007 ;
- aux bailleurs de fonds à l'instar du bureau franco-allemand, CARPE, GTZ Biodiversité de continuer à appuyer les activités du Groupe de travail dans le cadre de travail de la mise en œuvre de la CDB.

Fait à Douala, le 11 mai 2007

Le Groupe de Travail sur la Biodiversité en Afrique Centrale.

TABLE DES MATIÈRES

PRÉFACE..7

INTRODUCTION GÉNÉRALE...17

SECTION I : ÉPISTÉMOLOGIE DE L'ÉTUDE DES DROITS DES COMMUNAUTÉS AUTOCHTONES ET LOCALES DANS LA CONVENTION SUR LA DIVERSITÉ BIOLOGIQUE...18

SECTION II : LES NOTIONS DE « DROITS » ET DE « COMMUNAUTÉS AUTOCHTONES ET LOCALES » DANS LA CONVENTION SUR LA DIVERSITÉ BIOLOGIQUE...24

SECTION III : LES MODÈLES D'ANALYSE DES DROITS DES COMMUNAUTÉS AUTOCHTONES ET LOCALES DANS LA CONVENTION..36

PREMIÈRE PARTIE : LES DROITS RECONNUS AUX COMMUNAUTÉS AUTOCHTONES ET LOCALES DANS LA CONVENTION SUR LA DIVERSITÉ BIOLOGIQUE...45

CHAPITRE I : LA DENSITÉ DES DROITS RECONNUS AUX COMMUNAUTÉS AUTOCHTONES ET LOCALES DANS LA CONVENTION SUR LA DIVERSITÉ BIOLOGIQUE...47

SECTION I : LES DROITS DIRECTS RECONNUS AUX COMMUNAUTÉS AUTOCHTONES ET LOCALES DANS LA CONVENTION SUR LA DIVERSITÉ BIOLOGIQUE...47

SECTION II : LES DROITS INDIRECTS RECONNUS AUX COMMUNAUTÉS AUTOCHTONES ET LOCALES DANS LA CONVENTION SUR LA DIVERSITÉ BIOLOGIQUE...61

CHAPITRE II : L'EFFECTIVITÉ DES DROITS DES COMMUNAUTÉS AUTOCHTONES ET LOCALES DANS LA CONSERVATION ET L'UTILISATION DE LA DIVERSITÉ BIOLOGIQUE...............................69

SECTION I : LES MÉCANISMES DE GARANTIE EFFECTIVE DES DROITS DES COMMUNAUTÉS AUTOCHTONES ET LOCALES DANS LA CONSERVATION ET L'UTILISATION DE LA DIVERSITÉ BIOLOGIQUE… 69

SECTION II : LES ACTEURS DE LA GARANTIE DES DROITS DES COMMUNAUTÉS AUTOCHTONES ET LOCALES……………………………..74

DEUXIÈME PARTIE : LES LACUNES DE L'AMÉNAGEMENT JURIDIQUE DE LA GARANTIE EFFECTIVE DES DROITS DES COMMUNAUTÉS AUTOCHTONES ET LOCALES DANS LA CONVENTION SUR LA DIVERSITÉ BIOLOGIQUE……………………………………………………………...87

CHAPITRE III : LES LACUNES DE L'AMÉNAGEMENT JURIDIQUE DE LA GARANTIE EFFECTIVE DES DROITS DES COMMUNAUTÉS AUTOCHTONES ET LOCALES DANS LA CONVENTION SUR LA DIVERSITÉ BIOLOGIQUE……………………………………………………………...89

SECTION I : UNE PRISE EN COMPTE LIMITÉE DES LIENS ENTRE LES COMMUNAUTÉS AUTOCHTONES ET LOCALES ET LES RESSOURCES BIOLOGIQUES…………………………………………………………….89

SECTION II : UNE FORMALISATION PARCELLAIRE DES DROITS DES COMMUNAUTÉS AUTOCHTONES ET LOCALES DANS LA CONVENTION SUR LA DIVERSITÉ BIOLOGIQUE……………………………………...94

CHAPITRE IV : LES LACUNES DANS LA GARANTIE EFFECTIVE DES DROITS DES COMMUNAUTÉS AUTOCHTONES ET LOCALES……………99

SECTION I : LA LIMITATION DE L'ÉTENDUE DES DROITS D'USAGE DES COMMUNAUTÉS AUTOCHTONES ET LOCALES……………………………..99

SECTION II : LA FAIBLESSE DES MESURES INCITATIVES POUR L'AFFIRMATION DES DROITS DES COMMUNAUTÉS AUTOCHTONES ET LOCALES……………………………………………………………………106

CONCLUSION GÉNÉRALE : BESOIN DE L'ÉLARGISSEMENT DU CHAMP ET DE L'ÉTENDUE DES DROITS DES COMMUNAUTÉS AUTOCHTONES ET LOCALES DANS LA CONVENTION SUR LA DIVERSITÉ BIOLOGIQUE…111

BIBLIOGRAPHIE GÉNÉRALE……………………………………………117

ANNEXES……………………………………………………………………...129

Structures éditoriales du groupe L'Harmattan

L'Harmattan Italie
Via degli Artisti, 15
10124 Torino
harmattan.italia@gmail.com

L'Harmattan Hongrie
Kossuth l. u. 14-16.
1053 Budapest
harmattan@harmattan.hu

L'Harmattan Sénégal
10 VDN en face Mermoz
BP 45034 Dakar-Fann
senharmattan@gmail.com

L'Harmattan Cameroun
TSINGA/FECAFOOT
BP 11486 Yaoundé
inkoukam@gmail.com

L'Harmattan Burkina Faso
Achille Somé – tengnule@hotmail.fr

L'Harmattan Guinée
Almamya, rue KA 028 OKB Agency
BP 3470 Conakry
harmattanguinee@yahoo.fr

L'Harmattan RDC
185, avenue Nyangwe
Commune de Lingwala – Kinshasa
matangilamusadila@yahoo.fr

L'Harmattan Congo
67, boulevard Denis-Sassou-N'Guesso
BP 2874 Brazzaville
harmattan.congo@yahoo.fr

L'Harmattan Mali
ACI 2000 - Immeuble Mgr Jean Marie Cisse
Bureau 10
BP 145 Bamako-Mali
mali@harmattan.fr

L'Harmattan Togo
Djidjole – Lomé
Maison Amela
face EPP BATOME
ddamela@aol.com

L'Harmattan Côte d'Ivoire
Résidence Karl – Cité des Arts
Abidjan-Cocody
03 BP 1588 Abidjan
espace_harmattan.ci@hotmail.fr

Nos librairies en France

Librairie internationale
16, rue des Écoles
75005 Paris
librairie.internationale@harmattan.fr
01 40 46 79 11
www.librairieharmattan.com

Librairie des savoirs
21, rue des Écoles
75005 Paris
librairie.sh@harmattan.fr
01 46 34 13 71
www.librairieharmattansh.com

Librairie Le Lucernaire
53, rue Notre-Dame-des-Champs
75006 Paris
librairie@lucernaire.fr
01 42 22 67 13

www.ingramcontent.com/pod-product-compliance
Lightning Source LLC
LaVergne TN
LVHW011258061026
849535LV00005B/1297